U0261456

王曹荣

内 容 提 要

本书以口诀形式叙述了电气作业人员必须具备的专业基础知识，必须遵守的《电力安全工作规程》，应当懂得的电击防护技术措施，正确使用电气测量仪表，有效解决在电气设备和电力线路的设计安装、运行维护中所遇到的技术性问题。全书共分为安全规程篇、基础知识篇、防护技术篇、电气设备篇、电力线路篇、电气测量篇等六个方面的内容，口诀总数达300余首。在每首口诀后面，增加了相关的知识要点，既是对口诀的解释，也是对口诀的补充。

本书实用性强、通俗易懂、易于掌握，非常适合新从业电工人员学习使用，可供其他电工人员、电气专业技术人员或电气安全管理人员使用，也可供各类职业技术类院校电工专业的师生参考。

图书在版编目（CIP）数据

新编电工口诀300首/王曹荣编著．—北京：中国电力出版社，2019.9

ISBN 978-7-5198-3418-0

Ⅰ.①新…　Ⅱ.①王…　Ⅲ.①电工技术—基本知识　Ⅳ.①TM

中国版本图书馆CIP数据核字（2019）第148489号

出版发行：中国电力出版社
地　　址：北京市东城区北京站西街19号（邮政编码100005）
网　　址：http：//www.cepp.sgcc.com.cn
责任编辑：王杏芸（010－63412394）
责任校对：黄　蓓　马　宁
装帧设计：王红柳
责任印制：杨晓东

印　　刷：三河市万龙印装有限公司
版　　次：2019年9月第一版
印　　次：2019年9月北京第一次印刷
开　　本：880毫米×1230毫米　32开本
印　　张：12.125
字　　数：324千字
印　　数：0001—2000册
定　　价：48.00元

版 权 专 有　　侵 权 必 究

本书如有印装质量问题，我社营销中心负责退换

前言

口诀，类似快板，有的地方也称顺口溜。口诀以语句精炼、朗朗上口、便于记忆等特点，深受广大读者的喜爱。编制电工口诀并非一件很容易的事情，需要有一定的语言和文字功底。在编制过程中，有的词句需要反复斟酌和多次推敲。既要考虑到专业术语，还要考虑到词句韵律，要更便于读者能够流利地朗诵、很快地理解和记忆。

本书由多年从事工厂供配电系统运行和电气设备管理的专业技术人员编写，内容涵盖了安全规程、基础知识、防护技术、电气设备、电力线路和电气测量等六个方面。本书口诀总数达300余首，其中大部分是编者经过精心编制和提炼出来的新口诀，也有一小部分是沿用了多年来一直流传的老口诀，希望读者都能喜欢。

电工人员要在较短时间内很快学习和掌握专业技能知识，电工口诀或许是一种有效的捷径。需要注意的是，电工口诀仍存在着不可避免的缺陷。其中出现的数值大多属于经验值或估算值，与实际值或计算值之间略有偏差。

由于受学识水平和工作经历的限制，本书难免出现不妥之处。望读者批评指正。

编者

目录

一、安全规程篇

1. 电工应当具备的基本条件

口诀

电工身体须健康，培训取证再上岗；
应知应会懂急救，工作现场全武装。

知识要点

电气作业人员必须达到法定工作年龄，无妨害工作的疾病和症状；必须接受相应的安全生产知识教育和岗位技能培训，掌握必要的电气知识和业务技能，熟悉《电力安全工作规程》相关知识，并经考试合格后持证上岗；必须具备必要的安全生产知识，学会紧急救护法，尤其是触电急救；进入工作现场，必须按规范戴安全帽、穿全棉长袖工作服和绝缘鞋（靴）。

2. 电工的职责

口诀

电工职责要记清，持证上岗须先行；
参加培训学本领，安全规程记心中。
巡视检查不急躁，发现问题早报告；
危险作业要审批，遵章守纪莫麻痹。

知识要点

电气作业人员应积极参加专业安全技术培训，做到持证上岗；严格执行电气安全法律法规及《电力安全工作规程》；做好对分管的电气设备和线路的巡视检查和隐患排查工作，及时汇报和处理发现的电气故障；架设临时线路或从事高空作业、高温作业或受限空间作业等危险作业，必须按照程序进行审批；自觉遵守相关管理制度和劳动纪律规定，并制止和纠正“三违”（违章指挥、违规操作、违反劳动纪律）现象。

3.《电力安全工作规程》 主要内容

口诀

安全规程三部分，应用场所要区分；
变电、线路有区别，配电不超2万伏。
安全措施两大类，同时采取为上策；
技术措施乃根本，组织措施是保障。

知识要点

《电力安全工作规程》包括三部分内容，分别是变电部分、线路部分和配电部分，分别适用于不同的工作场合。每个部分都对技术措施和组织措施两大类安全措施进行了分别详述；安全技术措施和安全组织措施紧密相关、缺一不可，互为补充、共起作用。

4. 电气作业的“两票”

口诀

电气作业两类票，确保安全不可少；
操作填写操作票，维检办理工作票。

知识要点

通常所说电气作业的“两票”是指“操作票”和“工作票”。“操作票”用于倒闸操作，“工作票”用于维修、检修工作，有多种形式供选择。

5. 安全组织措施

口诀

组织措施是保障，各项制度不能忘；
现场勘察有必要，危险因素记录上；
接着办理工作票，安全措施须周详；
许可之后方动工，全程监护不离岗；
间断、转移莫忽视，相关手续要跟上；
工作终结要汇报，工具、材料须清场。

知识要点

安全组织措施包含六大制度，分别是现场勘查制度、工作票制度、工作许可制度、工作监护制度、工作间断和转移制度、工作终结和恢复供电制度。

6. 现场勘察制度

口诀

电气作业开始前，现场勘察行在先；
现场设备和线路，作业环境记心间。
勘察记录要填写，重点内容要明显；
停电范围、危险源，安全措施须齐全。

知识要点

现场勘察制度是指在电气作业开始前，由电气作业相关人员依据工作任务对现场的设备或线路进行查看，确定停电范围，辨别危险源，识别危险因素，提出注意事项，制定组织、技术安全措施，并填写现场勘察记录。

7. 工作票相关人员

口诀

电气作业要求严，相关人员应配全；
工作票，专人填，许可、负责不可兼。
工作过程有人监，警示纠错须优先，
班组成员同努力，各负其责保安全。

知识要点

工作票应分别由工作票签发人、工作许可人、工作负责人和工作监护人签名。

工作票应由工作票签发人填写，也可由工作许可人或工作负责人填写。

工作许可人和工作负责人不得相互兼任。

工作监护人应指定专责监护人，也可以由工作负责人兼任。

8. 工作票种类

口诀

工作票，有多种，不同场合可选用；
第一、二种工作票，电气作业常用到。
设备线路须停电，第一种票必须选；
设备线路不影响，第二种票可担当。
设备线路不停电，带电作业票必须填；
突发事故要出险，使用紧急抢修单。

低压设备或线路，低压工作票可满足；
其他作业需指令，填写工作任务单。

知识要点

电气工作票一般分为第一种工作票、第二种工作票、带电作业工作票、事故（或故障）紧急抢修单、低压工作票及其他书面记录或口头、电话命令等，可分别用于变电站（发电厂）、电力线路、电力电缆、20kV及以下配电网中的设备和线路等四种工作场所。

各种工作票的格式参见附录A。

9. 工作票使用

口诀

工作票使用有规定，要与负责人相对应；
每人仅限票一张，不能多张手中拿。
负责人保管工作票，直到工作完成时；
中途人员有变更，相关内容要补充。
工作票因故要更换，重新办理莫嫌烦；
有效期内未完工，延期手续提前办。
工作票延期仅一次，相关人员要审批；
带电作业要求严，工作票期限不顺延。

知识要点

工作票是准许工作的书面命令，是开工前布置安全措施和开展工作的主要依据，也是履行工作许可、监护、间断、转移、终结和恢复送电制度所必需的手续。

应根据工作场所和工作任务，可分别选择变电站（发电厂）工作票、电力线路工作票、电力电缆工作票和配电工作票中的一种；工作票应一式两份，一份由工作许可人留存备查，另一份交工作负责人保管，直到工作完成办理终结手续时返回工作许可人。

10. 工作许可制度

口诀

工作许可非儿戏，许可人工作须仔细；
负责人不能擅开工，须等许可人发令后。
许可之前到现场，作业人员要记清；
停电范围要交底，安全措施全落实。
现场巡查无问题，与负责人要交接；
双方要把姓名签，许可时间要明确。
作业现场有隐患，许可工作须中断；
严禁约时停、送电，防止触电惹祸端。

知识要点

工作许可制度是指在电力设备、线路上开始工作时，必须事先得到工作许可人的许可，不得擅自进行工作的一项制度。

执行工作许可制度，是为了在完成安全措施以后，进一步加强工作许可人的安全责任意识，确保万无一失地采取安全措施。

11. 工作监护制度

口诀

工作监护责任大，人身安全须牵挂；
危险因素要告知，作业人员当确认。
监护最好设专人，工作负责人可兼任；

冒险行为要纠正，监护覆盖全过程。
监护人有事要离开，必须更换监护人；
变更手续要履行，作业人员都知道。
如果中途缺监护，现场作业须暂停；
作业人员齐防范，“四不伤害”境界高。

知识要点

工作监护制度是指作业人员在作业过程中必须有人监督和保护，以便及时纠正作业人员一切不安全行为和错误的一项制度。

监护人必须熟悉工作现场设备线路和安全措施落实等情况，必须确认被监护人员和监护范围；应设专责监护人，也可以由工作负责人兼任监护人。

“四不伤害”是指“自己不伤害自己”“自己不伤害别人”“自己不被别人伤害”和“别人不伤害别人”。

12. 工作间断和工作转移制度

口诀

因故作业要暂停，间断制度要执行；
工作人员全撤出，安全措施暂不动。
工作票要保存好，工作现场应看护；
需要继续作业时，不经许可自开工。
数日作业有区别，当日收工应清场；
次日复工要许可，安全措施当重做。
作业地点若改变，转移手续也须办；
许可、监护不能少，安全措施落实好。

知识要点

工作间断制度是指对于当天的作业因故需要暂停中断时而必须执行的一项制度；工作转移制度是指对于需要在同一电气连接部分的不同作业地点依次进行作业时所必须执行的一项制度。

13. 工作终结和恢复供电制度

口诀

作业任务全完成，终结制度要执行；
负责人要把现场看，有无疏漏未发现。
工作人员已撤离，安全措施也拆除；
材料工具清点完，设备线路可供电。
终结报告两形式，当面、电话都可以；
报告内容应简短，姓名、任务要说全。
许可人必须再查验，确认无误可供电；
负责、许可交接完，工作票上把名签。

知识要点

工作终结制度是指作业任务全部完成，作业人员已全部撤离现场、材料工具已清理完毕、安全措施已全部拆除后，需要恢复供电时所必须执行的一项制度；恢复供电制度是指接到工作终结报告，对停电设备、停电线路恢复供电必须执行的一项制度。

14. 安全技术措施

技术措施是根本，确保安全很关键；

停电操作按顺序，验电操作更保险。
接着挂上接地线，停电标牌手柄悬；
装设遮围把人拦，防止误入带电间。

知识要点

安全技术措施包括停电、验电、装设接地线、悬挂标识牌和装设遮栏（围栏）等五项措施。

在全部停电或部分停电的电力设备或线路上工作时，必须由运维人员完成以上技术措施，并经工作许可人许可后，工作负责人方可下令开始工作。

15. 停电操作规定

口诀

停电操作须小心，两人一起莫分开；
停电位置要找准，错断电源不应该。
操作之前要注意，防护用品穿戴齐；
模拟盘上先练习，确认无误再实施。
只分开关可不行，必须还把刀闸停；
手柄加锁挂标牌，告知他人莫乱来。
断开触点要明显，最好取下保险管；
多路电源都切断，谨防感应反送电。

知识要点

停电操作应由两人进行，一人负责操作，另一人负责监护；操作人必须穿绝缘靴、戴绝缘手套和护目镜等防护用品；一定要找对需要停电设备或线路对应的开关、隔离开关，防止误停、漏停；停电操作时，不但要断开开关，还要断开开关两边的隔离开关，并且对操作手柄加锁、悬挂标示牌；安装熔断器的线路，停电时必须取下熔断器管芯；对于多电源线路，停电时必须把每个电源点的开关和隔离开关都要断开，以防止反送电和感应电引发触电。

16. 验电操作规定

口诀

停电以后要验电，确认无电方心安；
验电操作莫疏忽，必须有人来监护。
验电器电压要适当，防护用品要戴上；
绝缘手柄拉到位，手握环后不越位。
首先确认验电器，带电体上试一试；
慢慢靠近带电体，声光报警无问题。
停电线路逐相验，联络开关验两边；
验电也要按顺序，由近及远保安全。
直接验电有困难，间接验电可替换；
多个信号同判断，有无电压细分辨。

知识要点

停电后验电是为了验证电气设备和线路不带电压，以防止发生带电装设接地线或带电合接地开关等恶性事故。

高压验电器要符合电压等级，并在试验有效期内；使用高压验电器必须穿绝缘靴、戴绝缘手套，要有人现场监护。

验电前要在带电体上确认验电器工作良好；验电时，要将绝缘杆拉足到位，确保有效长度，手握手柄处，不能超过护环，与带电体保持安全距离。

使用非接触式高压验电器时，应逐渐接近被验电设备的导体，直至发出报警声为止。严禁用验电器直接接触被验电设备的导体。

对于三相电力线路，必须每一相分别进行验电。

对于联络电源开关、隔离开关或双电源开关，必须在其两侧分别进行验电。

对于同杆（塔）架设的电力线路，验电时必须遵循“先低压、后高压，先下层、后上层，先近侧、后远侧”的顺序，确保人身安全。

对于无法直接验电的设备、线路，可以采用间接方法进行验电，也就是通过开关、隔离开关的机械指示位置、电气指示仪表及带电显示装置指示信号的变化确认设备、线路是否停电。

17. 装设接地线要求

口诀

停电之后经验电，确认无电挂地线；
装设地线应两人，相互监督保平安。
装设顺序要正确，先接地线、后相线；
先低压来、后高压，从近到远莫等闲。
工作未完不要移，中途变更须同意；
拆卸顺序有差异，先装后拆反着记。
若设临时接地体，埋深大于600厘；
截面大于190，接地电阻小于10。

知识要点

装设接地线是防止突然来电的唯一可靠的安全措施，同时也可以释放设备和线路中的残余电荷。

停电检修设备、线路，经过验电确认其无电压后，可以对其装设接地线。

装设接地线，应当由两人进行，一人操作、一人监护，操作者要穿绝缘靴、戴绝缘手套。

装设接地线时，先接接地端、后接导线端，先接低压端、后接高压端，先接下层、后接上层，先接近侧、后接远侧，并且要连接紧密可靠、接触导通良好。

接地线必须在检修之前装设好，在检修过程中要保持不动，在检修完毕之后才能拆除。

拆除接地线时，拆除顺序与装设顺序相反，遵循先接者后拆、后接者先拆的原则。

如果要增设临时接地体，接地体的埋设深度要大于0.6m，截面积要大于190mm^2，接地电阻要小于10Ω。

18. 悬挂标示牌要求

口诀

标示牌，作用大，停电检修须悬挂；
保护地线装设完，接着就把标牌悬。
停电开关或刀闸，手柄上面挂一面；
“禁止合闸”来警告，“有人工作”写上面。
错拉开关把电停，不出事故乃万幸；
误合开关把电送，十有八九出人命。
标示牌，种类多，选择悬挂分场所；
悬挂位置要明显，固定牢靠防脱落。

知识要点

悬挂标示牌的目的在于及时提醒作业人员纠正将要进行的错误操作或动作，确保作业人员在检修过程中的安全。

标示牌应在装设接地线完成之后立即悬挂，一般悬挂在停电设备或线路的电源隔离开关的操作手柄上，位置要明显，固定要牢靠。

停、送电时一定要小心谨慎，误停电会造成设备线路停运，误送电则会造成人员伤亡。

标示牌的种类较多，表达的内容也不相同，要根据不同的场合进行选用。

19. 装设遮栏（围栏）要求

口诀

莫说遮栏不重要，作业场所离不了；
人流通道设遮栏，防止误入带电间。
安装固定要牢靠，禁止移动或拆掉；
安全标牌要系牢，“止步、危险”当警告。
临时装设木遮栏，安全间距不能减；
户内最矮一米二，户外不低一米半。

知识要点

装设遮栏（围栏）的目的是为了限制作业人员的活动范围，以防止作业人员误入带电间隔或者接近高压带电设备。

遮栏或围栏必须安装固定牢靠。作业人员不得在工作中移动或拆除遮栏。

通常要在遮栏或围栏上面悬挂“止步、高压危险”的安全标示牌。

当人体与带电体之间的安全距离不能满足要求时，必须装设临时遮栏或临时围栏。而临时遮栏或临时围栏与带电体之间的距离必须满足人体正常活动范围与带电体之间的安全距离（见表1-1）。

表 1-1　人体及人体正常活动范围与带电体之间的安全距离

电压等级（kV）	≤10	20、35	66、110	220	330	500
人体与带电体之间的安全距离（m）	0.70	1.00	1.50	3.00	4.00	5.00
人体正常活动范围与带电体之间的安全距离（m）	0.50	0.70	1.00	1.50	3.00	4.00

20. 带电作业要求

口诀

带电作业好处多，防护技术须掌握；
无论直接与间接，小心谨慎莫出错。
绝缘用品穿戴全，现场专人来监护；
自动重合要停用，当日天气须晴朗。
流经人体电流值，不能超过 1 毫安；
电场强度有限值，小于 200 千伏/米。
安全措施有缺陷，不可冒险把活干；
停电作业虽麻烦，优先采用保安全。

知识要点

带电作业是指对带电的设备或线路，利用特殊的操作方法进行测试、维护、检修等方面的工作。

带电作业具有保证供电连续性、减轻作业强度、减少检修时间、降低设计要求和节约工程投资等优点。

按照作业人员是否直接接触带电体划分，带电作业可分为直接带电作业和间接带电作业。直接带电作业一般采用等电位作业方式，而间接带电作业采用中间电位或地电位作业方式。

带电作业时，作业人员与带电体之间不能发生闪络放电现象。

21. 低压带电作业（一）

口诀

低压作业别小看，触电事故很常见；
带电作业当避免，停电检修保安全。
带电作业有危险，安全措施须周全；
绝缘手套、绝缘靴，头目护品穿戴全。
常用器具应完好，绝缘手柄无缺陷；
双脚站立绝缘垫，作业空间莫受限。
拆、接之前先测试，火线、零线要分清；
先拆火来、后拆零，先接零来、后接火。
每次只动一根线，身体远离周围物；
作业时间要缩短，有人监护防出错。

知识要点

低压带电作业由于电压较低，作业人员的安全意识淡薄，容易发生触电伤亡事故。

带电作业虽然具有很多优点，但也有一定的危险性，应当避免或者减少，尽量采用停电作业方式。

带电作业时，作业人员必须戴安全帽、护目镜、绝缘手套、穿绝缘靴等防护用品，所使用的工器具，手柄的绝缘层必须完好无缺、绝缘良好。

带电作业人员在作业时双脚要站在绝缘垫或绝缘台上，作业空间要留够，不得妨碍作业。

在带电拆、接线路时，必须分清火线（相线）、中性线（地线）。接线时，应先接中性线（地线）、后接火线（相线）；拆线时，应先拆火线（相线）、后拆中性线（地线）。无论是带电接线，还是带电拆线，每次只允许操作一根导线，身体的任何部分不能接触到周围其他物品。

带电作业的时间不能太长，防止注意力分散或体力不支，整个操作过程必须有专人监护，防止出现差错。

22. 低压带电作业（二）

口诀

低压设备和线路，带电作业免不了；
安全防范勿轻视，触电事故也不少。
防护用品穿戴好，绝缘垫、台要干燥；
工具手柄绝缘好，禁用金属尺和锉刀。
现场操作许一人，专人全程来监护；
作业空间要足够，危险因素全知晓。
火线、零线要分清，禁止两线同时碰；
先断火线、后断零，先接零线、后接火。
作业时间不宜长，作业人员须专注；
临近线路当隔离，不可穿越工作区。

知识要点

由于电压等级较低，作业人员安全意识不强，对低压带电作业的安全防范措施落实不到位，因此在作业过程中容易发生电击事故。

带电作业人员必须穿戴好绝缘手套、绝缘靴（鞋）、安全帽、护目镜等防护用品，站在干燥的绝缘垫或绝缘台上，与大地保持可靠绝缘。

带电作业现场至少需要两个人，只能允许一人带电作业，另一人专责全程监护。

带电作业人员要分清相线（火线）、中性线（零线）或地线，在作业过程中只能接触到一根导线，不能同时接触到其他导线或与大地相连的物体。

带电作业人员需要切断电源时，应先断开相线，后断开中性线，需要接通电源时，应先接通中性线，后接通相线。

带电作业人员不得穿越未经绝缘处理的带电线路，并采取措施防止周围带电线路发生单相接地或相间短路故障。

作业现场有高压带电线路时，作业人员必须保证与高压带电线路之间的安全距离，并采取防止误碰高压带电线路的安全措施。

23. 低压停电作业

口诀

低压设备和线路，停电作业最安全；
停电操作有要求，现场设备先停转。
操作人员停电前，防护用品穿戴全；
停电回路要找准，带电区域设围栏。
多路电源相关联，空气开关要分断；
隔离开关也须断，“禁合”标牌手柄悬。
检修工作开始前，定把电压来检验；
残余电荷须释放，确认无电接地线。
检修现场挂标牌，安全措施应完善；
检修完毕送电前，工作现场要查验。
安全措施要拆除，工具材料须清点；
操作人员勿怠慢，复查无误再送电。

知识要点

停、送电时，操作人员应穿绝缘靴（鞋）、戴绝缘手套和护目镜等劳动防护用品。

停电时，应将与检修设备相关联的各方面的电源都断开；对于安装低压断路器（自动空气开关）、负荷开关或熔断器式刀开关的回路，可以直接对检修设备进行分断操作；只有隔离开关（刀闸）的回路，首先要将检修设备在现场停运、断电，再拉开回路隔离开关（刀闸）；对于安装熔断器的回路，断开电源后，应取下熔断器芯。

停电后，要在检修设备回路开关的操作手柄上悬挂“禁止合闸，有人工作”的标示牌，防止掉落，必要时设置围栏。

检修开始前，检修人员要对检修设备进行验电，必要时还要放电，并连接接地线；根据现场工作需要，在现场设置相关安全标志和其他安全措施。

检修完毕后，检修人员要对现场进行检查确认和清扫清理，防止检修材料和工器具掉落。

恢复供电时，操作人员首先要拆除接地线、标示牌、围栏等安全措施，安装熔断器，再按照送电操作顺序恢复供电。

24. 变电站安全要求

口诀

电站安全要达标，相关要求须达到；
位置选择要合理，靠近负荷中心处。
防火、防爆、防污染，远离各种危险源；
线路进出较方便，位于单位上风端。
土木建筑要合格，耐火等级须满足；
室内开门两方向，室外开门要朝外。
室内长度超定值，高压 7 米低压 10；

室外门数应增加，至少两端须设置。
设备安装合规范，通道间距足够宽；
屏护装置要完善，各种标识须齐全。
自然通风要良好，下进、上出效率高；
如果室内温度高，强制通风降温好。
安全用具要配置，存放保管须仔细；
灭火器材要合适，带电灭火不误事。
管理制度须建立，岗位责任全明晰；
操作规程制定齐，记录报表要添置。

知识要点

变电站的安全要求一般涉及建筑设计、设备安装、运行管理等环节。

变电站的选址位置要合理得当：要靠近企业用电负荷中心，进出线路方便，有利于生产和运输，远离危险场所，位于企业的上风侧。

变电站的土建结构要符合要求：低压配电室防火等级不低于三级、高压配电室的防火等级不低于二级，油浸式变压器室的防火等级不低于一级，配电室通往室外的门要向外开启，室内通道之间的门应向两个方向开启，高压配电室长度超过7m或低压配电室长度超过10m时，应设置两个及以上通往室外的门。

变电站设备安装应符合规范要求，检修通道、屏柜之间要留有足够的安全距离，门窗、围栏等屏护装置完好，各种标识清晰、正确。

变电站各室自然通风要良好，做到下进风、上排风，必要时进行强制通风，以利于热量散失和排放。

变电站安全用具和灭火器材应按照规范要求配置齐全和完好，

应采用可带电灭火的灭火器，如1211灭火器、二氧化碳灭火器、干粉灭火器等。

变电站应建立岗位责任、值班运行、巡视检查、检（维）修等管理制度，并制定、完善和规范各种标准操作规程。

25. 变电站管理制度

口诀

变电站，乃重地，安全措施须落实；
运维人员需配齐，规章制度要建立。
工作权限分主次，岗位职责列详细；
巡视检查要重视，参数状态莫漏记。
交接班，要按时，交接内容填真实；
“三个交接”要牢记，确认无误要签字。
操作、检修不一样，执行“两票”理应当；
器具保管要妥当，正常使用无影响。
设备缺陷要预防，带病运行祸端酿；
停电处理不能忘，重新投运慎思量。
安全保卫要加强，外访人员莫乱闯；
来者信息记台账，安全事故当预防。

知识要点

变电站应当建立岗位责任制度、交接班制度、倒闸操作票制度、巡视检查制度、检修工作票制度、工器具保管制度、设备缺陷管理制度及安全保卫制度等。

“三个交接”是指交接班要做到“现场交接”“口头交接”和“书面交接”。

"两票"是指"电气操作票"和"电气工作票"。"电气操作票"用于倒闸操作或停送电操作，"电气工作票"用于设备或线路的检（维）修或试验性工作。

26. 变电站人员工作要求

口诀

运维人员严把关，变电站工作有规范；
培训考核须取证，《安规》牢记在心间。
遵章守纪是底线，防护用品穿戴全；
应知应会是基本，业务技能要过关。
系统接线弄清楚，运行状况仔细观；
简单故障能排除，操作方法要熟练。
电气操作须两人，操作、监护要分开；
"两票"手续应齐全，不可约时停送电。
检修工作须谨慎，安全措施要落实；
工作人员被告知，停电范围、危险源。
巡视检查须仔细，人身安全要注意；
异常情况早发现，记录报表认真填。

知识要点

变电站运维人员的工作至关重要，其人员条件和工作质量必须达到相应的要求。

必须具备必要的电气"应知""应会"及触电急救等知识和技能，熟知《电力安全工作规程》，并经考核合格、持证上岗。

必须自觉遵守各项规章管理制度、工艺劳动安全纪律和操作管理程序，规范穿戴劳动防护用品。

必须严格执行“操作票”“工作票”以及操作监护制度，严禁口头约时进行停、送电操作。

应当确切掌握变配电系统的接线情况、主要电气设备的位置、性能和技术参数，具有一定的实际工作经验。

应当具有一定的故障排除能力，熟悉事故照明的配电情况和操作方法。

应当在停电检修时全面布置安全技术措施和安全组织措施，保证人身和设备安全，并告知工作人员停电设备范围、带电设备位置和其他危险源以及需要注意的安全事项。

应当做好巡视检查工作，保持与带电体之间的安全距离，及时发现、处理和汇报异常情况，遇到紧急情况可先断开有关设备的电源开关。

应当认真填写、抄报有关报表和记录，将日运行情况、检修和事故处理情况填入运行记录内，并按时上报。

对于不能判断发生原因的事故和异常现象应立即报告，报告前不得进行任何修理恢复工作。

27. 电气设备的四种状态

口诀

调控术语要统一，状态转换记心里；
设备状态有四种，刀闸、开关位不同。
刀闸、开关都闭合，“运行”状态带负荷；
只合刀闸、开关断，“热备用”状态待送电。
刀闸、开关全已断，“冷备用”状态不常见；
“检修”状态最麻烦，“冷备用”后挂地线。

知识要点

在电力调控术语中，将设备和线路的状态划分为“运行”“热备用”“冷备用”和“检修”四种状态。

“运行”是指设备和线路的隔离开关（刀闸）和断路器（开关）都在合上位置，保护装置和二次设备按规定投入，设备和线路带有规定电压的状态。

“热备用”是指设备和线路的断路器断开，而隔离开关仍在合上位置，保护装置正常运行的状态。

“冷备用”是指设备和线路没有故障、无安全措施，隔离开关和断路器都在断开位置，可以随时投入运行的状态。

“检修”是指设备和线路的所有断路器、隔离开关均断开，并挂好接地线或已合上接地开关的状态。

对于没有设置隔离开关的小车式或抽屉式开关柜来说，“运行”是指将开关推入到位并在合上位置的状态；“热备用”是指将开关推入到位而在断开位置的状态；“冷备用”是指将开关断开并拉出到位的状态；“检修”是指将断路器断开并拉出到位后，合上接地开关的状态。

28. 倒闸操作及其分类

口诀

倒闸操作有三种，监护操作最常用；
单人操作有风险，小心谨慎莫盲干。
检修人员要操作，监护人员不能缺；
确认开关已分断，操作刀闸才安全。
操作人员应注意，防护用品穿戴齐；
无论停电和送电，小心谨慎防错乱。

知识要点

倒闸操作主要是指分、合断路器或隔离开关，分、合直流操作回路，拆、装临时接地线等，以改变设备和线路的运行方式或状态等方面的操作。

倒闸操作可分为监护操作、单人操作和检修操作三种，每种操作对操作人员的资质水平都有不同的要求。

监护操作是指由两人同时完成同一项的操作；单人操作是指只由一人单独完成的操作；检修操作是指由检修人员完成的操作。

倒闸操作时，操作人员必须穿戴绝缘手套、绝缘靴和护目镜等防护用品；需要操作隔离开关（刀闸）时，要求断路器（开关）必须在断开位置。

29. 倒闸操作基本要求

口诀

倒闸操作执行前，操作票内容先填全；
紧急事故突发生，单一操作可不填。
操作必须两人行，一人操作、一人监；
复杂操作监护严，运维负责人须承担。
高压设备停送电，防护用品穿戴全；
脚站绝缘台或垫，高处使用绝缘杆。
开关、刀闸不一样，操作顺序莫搞反；
若遇特殊恶劣天，室外操作须中断。

知识要点

执行倒闸操作时，必须填写和使用操作票；如果遇到突发事故需要紧急处理，单一的分合断路器（开关）操作或者按照程序规定操作等工作，可以不再填写操作票。

倒闸操作必须由两个人同时完成，一人操作、一人监护，复杂操作必须由运维负责人监护。

操作高压设备时，操作人员必须穿戴绝缘靴和戴绝缘手套，操作高处设备时必须使用绝缘杆；装拆高压熔断器时，要戴绝缘手套和护目镜，使用绝缘夹钳，并且双脚要站在绝缘台或绝缘垫上。

进行倒闸操作时，操作人员要注意断路器（开关）、隔离开关（刀闸）的操作顺序，禁止带负荷分、合隔离开关；如果遇到雷、雨、雪、雾等恶劣天气，不得对室外设备进行操作。

30. 倒闸操作技术规定

口诀

倒闸操作有规定，停电、送电不相同；
刀闸、开关要配合，切忌刀闸带负荷。
停电须先断开关，开关断后、分刀闸；
刀闸分断有先后，先断负荷、后电源。
送电须先合刀闸，最后再把开关合；
刀闸闭合也有序，先合电源、后负荷。
母线停送要慎重，压互先送而后停；
倒换母线要求严，不能断电是关键。
变压器，停送电，断掉负荷要优先，
先停低压、后高压，先送高压、后低压。

知识要点

倒闸操作有规定的操作顺序，停电和送电的操作顺序也不一样。

倒闸操作时，断路器（开关）和隔离开关（刀闸）要相互配合，禁止带负荷操作隔离开关。

停电时，先断断路器、再断负荷侧隔离开关（线刀闸）、后断电源侧隔离开关（母刀闸）。

送电时，先合电源侧隔离开关（母刀闸）、再合负荷侧隔离开关（线刀闸）、后合断路器。

电压互感器要在母线送电前先合上，在母线断电后再断开；倒换母线时，要保证设备和线路供电的连续性，不能中断。

电力变压器停、送电应在断开负载后进行，先断低压侧、后断高压侧，先合高压侧、后合低压侧。

31. 倒闸操作执行程序

口诀

倒闸操作停送电，安全事项记心间；
首先填写操作票，各项内容填齐全。
操作须得二人行，一人操作、一人监；
防护用品穿戴好，操作顺序莫弄反。
监护人，发指令，操作人，要复诵；
每个项目操作完，接着“√”后面填。
停电先断负荷边，送电先合电源端；
开关先断而后合，刀闸后断合在先。
停电之后应验电，确认无电挂地线；
刀闸手柄标牌悬，工作现场设遮栏。
送电之前查现场，安全措施要拆完；
送电之后把电验，电压正常方心安。

知识要点

执行倒闸操作时，首先要依据调控指令填写操作票，操作内容按照操作先后顺序进行逐项填写，不得颠倒或遗漏。

倒闸操作应由两人同时执行，一人操作、一人监护，操作人必须穿戴好绝缘手套、绝缘靴和护目镜等防护用品；由监护人发布指令，操作人复述指令无误后立即操作，监护人在操作人完成的操作项目后打上“√”，予以标记；按照操作票上的先后顺序一项一项完成操作项目，直到所有操作项目完成为止。

停电操作顺序，应先断开断路器（开关）、再断开负荷侧隔离开关（线刀闸）、后断开电源侧隔离开关（母刀闸）；送电操作顺序，应先合上电源侧隔离开关、再合上负荷侧隔离开关、后合上断路器。

在停电之后应当对检修设备或线路进行验电，确认无电压后再连接地线，并在隔离开关（刀闸）的操作手柄上悬挂“禁止合闸、有人工作”标示牌，在检修工作现场，要设置围栏或遮栏。

检修完毕，在送电之前，工作负责人要对工作现场进行检查，确认工作人员全部撤离、材料工具清理完毕、安全措施全部拆除后，方可汇报工作终结恢复供电。

操作人员接到恢复供电申请后，须在拆除接地线和标示牌后方可进行送电操作，在检修设备或线路恢复供电之后，应当对其电源进行验电，确认供电电压正常。

32. 跌落式熔断器操作

口诀

跌落保险停送电，变压器负荷先切断；
操作顺序不能乱，防止短路惹祸端。
停电先断中间相，接着再断下风相；
送电先合上风相，最后再合中间相。

操作人员莫慌张，防护用品要戴上；
绝缘手套绝缘靴，必须使用令克棒。

知识要点

跌落式熔断器（跌落保险）一般用于室外电力变压器的三相电源控制。跌落式熔断器采用分相操作，在操作第二相时会产生强烈的电弧，有可能引发相间短路故障或触电事故。

操作前，操作人员应当首先切断电力变压器的低压端负荷，穿戴好绝缘靴、绝缘手套和护目镜等防护用品，检查并连接好绝缘杆（令克棒）。

操作人员在操作时应观察周围环境，并站好位置，以便于发力和操作。

在断开跌落式熔断器时，先断中相、再断下风侧边相、后断上风侧边相。

在闭合跌落式熔断器时，先合上风侧边相、再合下风侧边相、后合中相。

33. 隔离开关操作

口诀

隔离开关容量差，只能通断高电压；
负荷通断莫靠它，断路器分合威力大。
隔离开关、断路器，关系好似亲兄弟；
分、合操作有顺序，相互配合要默契。
断路器，重义气，先分后合很给力，
隔离开关讲规矩，先合后分不惹事。
隔离开关分合时，操作力度要合适；
分断操作要果断，触头闭合须紧密。

知识要点

隔离开关俗称刀闸，其结构本身没有灭弧装置，只能隔离电源电压，不能切断负荷电流。隔离开关的优点是它在断开时具有明显可见的电源分断点。

隔离开关只能在断路器断开的情况下进行操作，也就是隔离开关要在断路器合上之前先合上，在断路器断开之后再断开。

操作隔离开关时要迅速果断，不能犹豫不决，力度要合适，不能用力太猛，在闭合位置时，动、静触头应当连接紧密，并且闭合到位。

34. 高压开关柜操作

口诀

开关柜，停送电，操作顺序莫搞乱；
停电先把开关分，接着再把刀闸断。
刀闸分断也有序，线、母刀闸要分清；
先分线来后分母，从后往前依次停。
送电先把刀闸合，从前往后按序合；
先合母来线后合，最后再把开关合。
进户柜，有区别，线母刀闸反过来；
停电顺序后到前，送电顺序前到后。

知识要点

高压开关柜一般集中排列布置，内部装有公用母线。对于单个开关柜的停送电操作，要遵守倒闸操作规定。

停电时，应先断开断路器（开关）、再断开负荷侧隔离开关（线刀闸）、后断开电源侧隔离开关（母刀闸）。

送电时，应先合上电源侧隔离开关、再合上负荷侧隔离开关、后合上断路器。

对于多个开关柜的停送电操作，停电应按照从负荷侧到电源侧的顺序，送电应按照从电源侧到负荷侧的顺序。

进户开关柜通常采用下进上出的供电方式，即电源从开关柜下端接入，经隔离开关（下）—断路器—隔离开关（上），从开关柜上端引出至公用母线，因此进户开关柜与其他开关柜的停送电操作顺序有区别。停电时应先断开断路器、再断开上端隔离开关、后断开下端隔离开关；送电时应先闭合下端隔离开关、再闭合上端隔离开关、后闭合断路器。

35. 变电站突发停电的应急处理

口诀

变配电站全停电，冷静处理莫慌乱；
不可贸然强送电，查明原因很关键。
分路开关先分断，有无跳闸记心间；
进户开关最后断，接着再把电压验。
进户开关没跳闸，系统停电几率大；
电话联系调度员，执行指令勿怠慢。
进户开关若跳闸，内部故障已突发；
分路开关仔细查，确认哪路跳了闸。
跳闸回路分刀闸，“禁合”标牌手柄挂；
正常回路先送电，跳闸回路待后查。
送电开关按顺序，先合进户后分路；
跳闸回路故障除，恢复供电莫迟疑。

知识要点

变配电站突然停电，除了电力网系统停电原因外，还有两种原因：一种是外部架空线路发生故障；另一种就是内部设备或线路发生故障引发的越级跳闸。

如果总进户柜电源断路器（开关）未跳闸，并且其前端无电压，则说明外部线路发生故障；如果进户柜电源断路器（开关）跳闸，并且其前端有电压，则说明内部设备或线路发生故障。

如果是内部设备或线路故障引起变电站或配电室停电，操作人员应逆着电源方向从后向前依次分断每个高压开关柜的断路器（开关），并确认是哪一个高压开关柜跳闸。

对于跳闸的高压开关柜，操作人员必须断开其断路器（开关）两端的隔离开关（刀闸），并在操作把手上悬挂“禁止合闸”标示牌。

恢复供电时，操作人员应顺着电源方向从前向后依次闭合每个高压开关柜的开关（断路器），当然必须首先闭合进户柜的电源开关（断路器）。

对于跳闸的高压开关柜，在设备或线路故障完全排除后，方可恢复供电。

36. 低压设备停送电操作

口诀

低压设备停送电，违章操作多触电；
操作之前先验电，确认盘柜未漏电。
停电先把分路断，最后再把总路断；
送电顺序则相反，从前到后仔细观。
线路若有断路器，直接分合也可以；
线路若无断路器，设备停运乃第一。

刀开关，须注意，带载分合生祸事；
刀熔开关分断后，取下熔芯最合适。

知识要点

低压设备的停送电操作非常普遍，违章操作现象也时有发生。在停送电操作之前，应先用试电笔检查配电盘（柜）是否存在漏电现象。

低压开关柜停电时，应逆着电源方向，先从后向前依次断开各分路开关柜上的分路断路器（开关），最后再断开进户开关柜上的总电源断路器（开关）。送电顺序与停电顺序相反，应顺着电源方向，先合电源总开关、后合分路开关，从前往后依次闭合。

对于单个开关柜的停电，在断开断路器（开关）后，还应断开相关的刀开关。

只安装刀开关的开关柜，必须在现场先将设备卸载停运、断开控制电源后，方可对开关柜上的刀开关进行分合操作，禁止带载操作。

安装熔断器式刀开关（刀熔开关）的开关柜，在停电断开刀熔开关后，最好取下熔断器芯，防止误送电操作。

37. 变电站巡视检查要求

口诀

变配电站要巡检，故障隐患早发现；
巡查要把规矩定，依照线路莫走偏。
进出房间把门关，防止动物钻里面；
不可靠近带电体，安全距离要留宽。
眼观参数无异常，耳听声响不杂乱；
鼻闻气味无焦臭，手摸外壳无异感。

故障之前有表现，参数外观会改变；
五官检查虽直观，器具测试再判断。

知识要点

运维人员要对变电站或配电室进行巡视检查，以便及时发现和处理配电设备存在的隐患，预防故障发生和减少故障危害。

巡视检查最好做到定人、定时、定点、定路线、定方向，形成制度化、程序化和标准化。

巡视检查时要将通往室外的门随手关闭，以防止鼠、蛇、鸟等小动物进入室内，引发电气故障。巡视检查要遵循行走路线和方向，不能靠近带电体，与带电体之间要保持足够的安全距离。

巡视检查主要依靠“五官”的感知，采用“望、闻、问、切”四种方法，重点检查配电设备的运行参数是否正常，外观颜色有无变化，声音、温度是否正常，有无异常气味发出，充油设备是否缺油、漏油，油色是否正常。

对于只凭“五官”感觉不能断定的异常状况，必须要借助工具、仪器、仪表等进行测量或测试，以便做出正确结论。

38. 变电站巡视检查内容

口诀

设备巡查内容多，主要项目莫漏缺；
常用办法看听摸，测试器具和嗅觉。
一查设备外观好，表面清洁无损伤；
二查设备状态佳，标识信号无误差。
三查运行参数良，电压、电流无异常；
四查设备温声味，不超没噪无异味。

五查接线端子牢，进出导线连接好；
六查保护装置全，报警控制无缺陷。
七查保护接地线，连接可靠无裂断；
八查安全用具全，功能完好未超检。
充油设备仔细看，色位正常无漏溅；
门窗孔洞密封严，防止动物室内钻。

知识要点

配电设备需要巡视检查的内容比较多，对于主要项目必须认真巡视检查。

常用的检查方法就是通过“五官”采用“看、听、摸、闻”等方法，进行初步检查和判断，必要时再用仪器仪表进行测量测试做进一步检查和判断。

巡视检查的主要内容有：

(1) 检查设备外观有无变化，是否有残缺或损坏、颜色是否正常，表面有无积灰、油污等。

(2) 检查设备的状态（运行、热备用、冷备用、检修）是否正常，状态标志是否正确。

(3) 检查设备的运行参数（电压、电流、频率、功率等）是否在正常范围内，有无过电压、过电流、过负荷等异常现象。

(4) 检查设备的温度、声音等是否正常，有无过热、噪声及异常气味。

(5) 检查设备的电气节点及各接线端子的连接情况，有无松动、发热、变色等不良现象。

(6) 检查设备的保护装置是否按要求投入运行，参数整定是否合适，工作状态是否正常，指示、报警、控制等功能是否有效。

(7) 检查设备是否连接保护接地线，接地线有无断裂，接地装置是否完好，连接是否牢靠。

(8) 检查常用的电工安全用具及防护用品配置是否齐全，外观、功能是否完好，是否在检验有效期内。

(9) 检查充油设备的油位、油温、油色是否正常，有无缺油、漏油、变质、变色等现象。

(10) 检查配电室内门窗是否封闭完好，电缆的进出洞口是否封堵严实，电缆沟内有无积水、漏电等现象。

39. 巡视检查安全注意事项

口诀

用电设备和线路，巡视检查保安全；
进出房间把门关，防止动物钻里面。
不准接近带电体，安全距离足够宽；
巡查设备外面看，不越围挡和遮栏。
单人值班莫检修，操作也须人监护；
安全缺陷若出现，针对情况把电断。
检查故障接地点，防止跨步遭电击；
4或8米开外站，绝缘靴子脚上穿。
线路巡查应两人，检查、监护要分担；
停电检修未许可，禁止随意登塔杆。
大风巡线走上风，夜间巡线外侧行；
发现线断塔杆倒，要派专人守旁边。
雷雨天气要注意，防雷装置要远离；
自然灾害若发生，现场巡查应中断。

知识要点

在巡视检查设备和线路时，运维人员必须注意加强自身的安全防范。在出入配电室时，要随手关闭各房门，尤其是通往室外的房门，防止鼠、蛇、鸟、虫等小动物进入配电室内。

巡查时要远离带电设备，与带电体之间的距离不能小于安全距离。禁止翻越围墙或围栏，不得将身体探入设备空间里面，只能在设备外面保持安全距离观看。

单人值班时，值班人员不得参与检修工作；需要操作时，也必须有人监护。巡查时，发现设备运行状况发生异常，可采取有效措施将设备停运，尽量缩小停电范围，不要影响到其他设备的正常运行。如果设备或线路发生接地故障，在巡查时要防止跨步电压引发的触电事故，距离故障点不得小于4m（室内）或8m（室外），并且必须穿绝缘靴。

巡查室外线路时，应当两人同行，一人负责检查、一人负责监护，未办妥停电检修手续，不得随意攀登塔杆。

刮风天气巡线时，要顺着风向行走；夜间巡线时，要行走在线路的外侧。发生杆塔倾倒或线路断裂，要派专人现场守候，防止路人误入。

在雷雨天巡查时，要远离防雷设备设施，防止雷电感应引发触电事故。如果巡查现场突发风暴、地震、滑坡等自然灾害，必须立即停止巡查并撤离现场。

40. 电气安全用具

口诀

安全用具分两种，绝缘、防护不相同；
绝缘用具要会用，基本、辅助须区分。
基本绝缘性能好，带电操作离不了；
辅助绝缘性能差，严禁接触高电压。
防护用具虽一般，检修过程保平安；
各种用具配合用，触电事故不发生。

知识要点

电气安全用具是指在作业过程中为保证作业人员人身安全，防止发生触电、坠落、灼伤等事故所必须使用的各类专用工器具。

电气安全用具一般分为绝缘安全用具和一般防护用具两大类。而绝缘安全用具包括基本绝缘安全用具和辅助绝缘安全用具两种。

基本绝缘安全用具是指绝缘强度足以抵抗电气设备运行电压的安全用具，可以直接接触带电部分，能够长时间承受设备和线路的工作电压，如绝缘棒、绝缘夹钳、高压验电器等。

辅助绝缘安全用具是指绝缘强度不足以抵抗电气设备运行电压的安全用具，必须与基本绝缘安全用具配合使用，如绝缘手套、绝缘靴、绝缘垫、绝缘台等。

绝缘安全用具的耐压有高有低，基本绝缘和辅助绝缘只是相对的，高压辅助绝缘安全用具可以作为低压基本绝缘安全用具使用。

常用的一般防护用具有临时接地线、个人安保线、安全腰带、隔离板、遮栏、围栏、安全工作牌等。

电气安全用具分类见图 1-1。

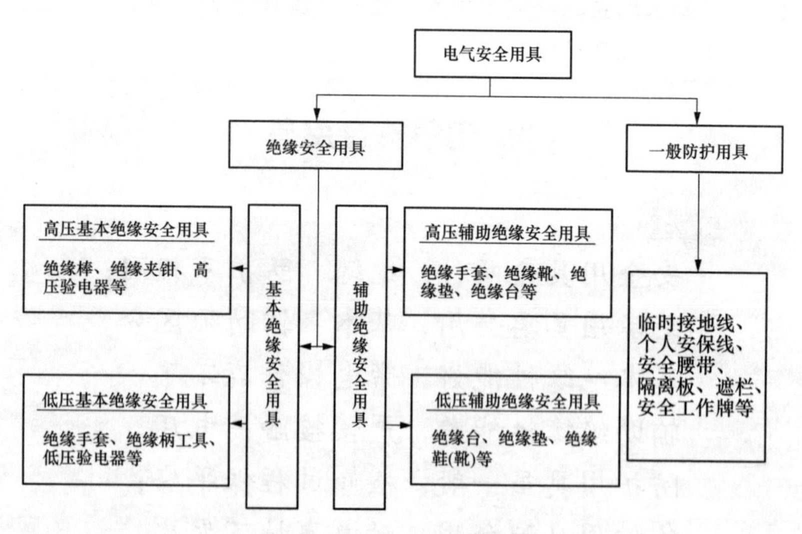

图 1-1　电气安全用具分类

41. 绝 缘 杆

口诀

绝缘杆俗称令克棒，高处操作可担当；
杆长要随电压变，1万伏标定2米长。
使用之前先检查，外观清洁无缺陷；
短杆连接须紧扣，防止异物表面粘。
绝缘手套手上戴，绝缘靴子脚上穿；
双手不超隔离环，站位合适好使唤。
户外使用应注意，最好避开雨雪天；
每年校验须合格，小心存放防裂断。

知识要点

绝缘杆（见图1-2）俗称操作杆、绝缘棒、令克棒等，主要由工作头、绝缘杆和手握柄三部分构成。

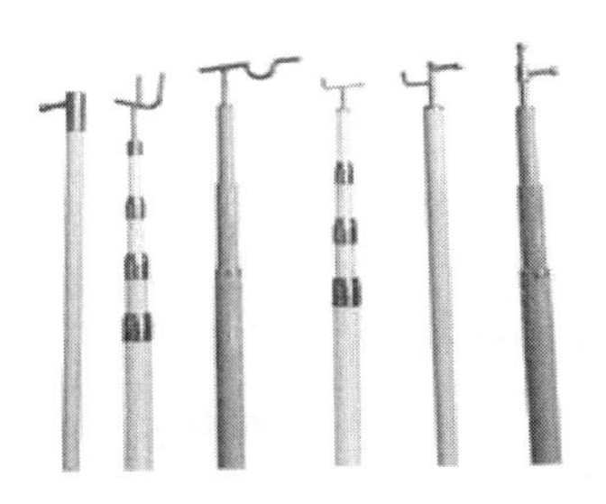

图1-2 绝缘杆

绝缘杆有不同的电压等级和长度规格，常见的有500V/1640mm、10kV/2000mm、35kV/3000mm。

绝缘杆主要用于操作高压跌落式熔断器、单极隔离开关、柱上断路器及装卸临时接地线，或者进行测量和试验等。

绝缘杆常用作基本绝缘安全用具。

42. 绝缘夹钳

口诀

高压保险拆与装，绝缘夹钳来帮忙；
拆装之前应停电，切断电流是关键。
绝缘夹钳要完好，活动自如夹得牢；
操作人员须安全，防护用品配备全。
绝缘手套绝缘靴，穿戴整齐不用说；
还要戴上护目镜，防止弧光伤眼睛。
每年记得要校验，耐压合格心方安；
保管使用莫受潮，表面干净绝缘好。

知识要点

绝缘夹钳（见图1-3）可用来在带电情况下安装或拆卸高压熔断器等，用于35kV及以下电力系统中。

图1-3　绝缘夹钳

绝缘夹钳由工作钳口、绝缘部分和握手三部分组成，所用绝缘材料与绝缘棒相同。

110V夹钳的试验电压为260V，220V夹钳的试验电压为400V，10～35kV夹钳的试验电压为3倍的线电压。

绝缘夹钳常用作基本绝缘安全用具。

43. 高压验电器

口诀

高压验电器，使用要注意；
信号分三种，声、光或风车。
耐压有高低，电压应匹配；
使用前查验，确认无缺陷。
手戴绝缘套，脚穿绝缘靴；
手握绝缘柄，不超隔离环。
进行检测时，有人来监护；
靠近待测体，缓慢向前移。
信号发出时，停止向前移；
确认有无电，再来做决断。
电源逐相验，开关验两边；
电容要验电，先把电放完。
试验无信号，电池缺电了；
设备检修前，须把地线连。
保管要妥当，不可随处放；
每年定期检，使用把心安。

知识要点

高压验电器（见图 1-4）是检测 6～35kV 供配电系统的设备和线路是否带电的专用工具，通过检测流过验电器对地杂散电容中的电流，以达到检验设备、线路是否带电的目的。

高压验电器主要由检测部分、绝缘部分和握手部分构成，可分为发光型、声光型和风车式三种类型。

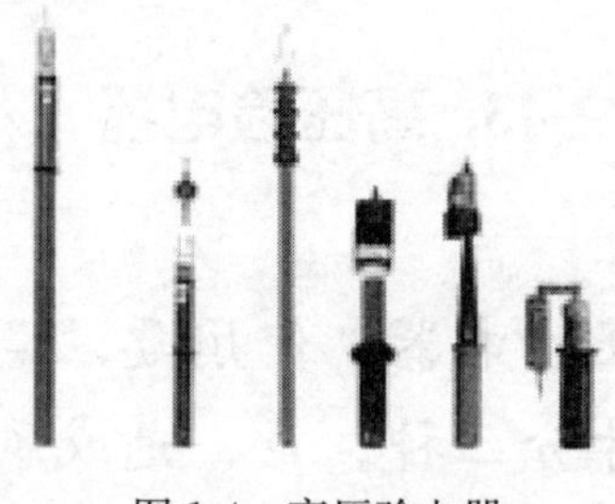

图 1-4　高压验电器

高压验电器常用作基本绝缘安全用具。

44. 低压验电器（一）

口诀

试电笔，用处大，日常检修要用它；
使用之前先查看，外观无损配件全。
先在电源试一试，确认正常再测试；
接着测试待测体，有电无电便可知。
最好右手拿电笔，手指接触笔尾端；
避免光线明亮处，防止误判惹祸端。

知识要点

低压验电器（见图 1-5）俗称试电笔，只能用于 380V 及以下供配电系统的设备和线路。

低压验电器结构形式有钢笔式、螺钉旋具式两种，显示元件有氖管发光指示式和数字显示式两种。

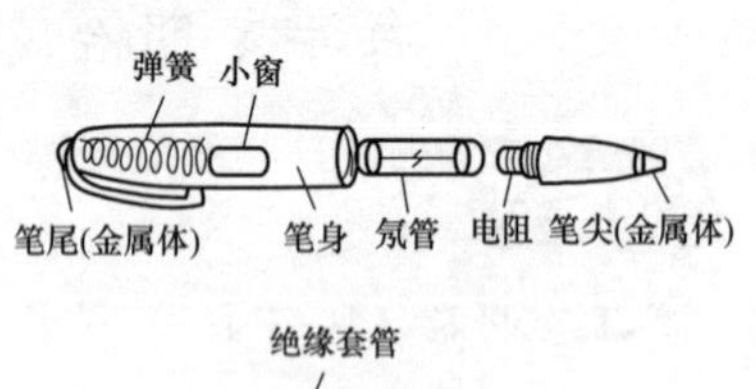

图 1-5　低压验电器

使用低压验电器时，要确保器具完好有效，要右手捏持，笔尖接触被测导体，指尖接触笔尾，还要注意防止笔尖同时接触到不同相的两根线上，手指也不能接触到与笔尖相连的金属部分。

使用低压验电器不能确定设备或线路是否带电时，可用电压表或万用表做进一步测量。

45. 低压验电器（二）

口诀

试电笔，用途广，直流、交流不一样；
直流氖管一端亮，交流氖管亮两端。
测量直流电源时，氖管亮者为正极；
交流电源好判断，氖管亮者乃相线。
氖管亮度随压变，接触不良氖管闪；
测量外壳氖管亮，小心漏电把人伤。

知识要点

低压验电器除了能测试设备或线路是否带电外，还具有其他功能或用途。

利用低压验电器，不但可以区分直流电和交流电，辨别直流电的正极和负极，辨别交流电的相线和中性线，而且还可以判断电源电压的高低，判断线路接触不良现象和设备漏电现象。

46. 绝缘手套

口诀

绝缘手套两种料，常见橡胶和乳胶；
耐压等级有高低，12 千伏、5 千伏。

辅助使用无妨碍，接触电源要小心；
12 千伏 1000 下，5 千伏不超 250。
使用之前先检查，充气试验无破绽；
衣袖塞进手套内，小心异物伤表面。
使用之后擦干净，干燥通风善保管；
防晒防油防酸碱，半年检验勿间断。

知识要点

绝缘手套具有足够的绝缘强度和机械性能，可以使人体两手与带电体之间相互绝缘，一般作为辅助绝缘安全用具使用。

常用的绝缘手套有 12kV 和 5kV 两种电压规格。12kV 绝缘手套可以作为基本绝缘安全用具用于 1kV 以下的设备或线路，5kV 绝缘手套可以作为基本绝缘安全用具用于 250V 以下的设备或线路。

47. 绝缘靴（鞋）

口诀

绝缘靴，绝缘鞋，不可接触带电体；
须与手套配合用，辅助绝缘才放心。
绝缘靴耐压有两种，使用场所分清楚；
绝缘短靴 2 万伏，矿用长靴 6 千伏。
绝缘鞋耐压 5 千伏，只能用于低电压；
棉布面料要防潮，花纹磨光莫再穿。
使用之前细查看，表面干净无瑕斑；
裤管塞在靴筒内，裤脚高出鞋底边。

用完之后好保管，防止异物粘上面；
记得半年要送检，试验合格方能穿。

知识要点

绝缘靴（鞋）可以使人体与地面之间相互绝缘，并防止跨步电压触电。

常用绝缘靴（鞋）有 20kV 绝缘短靴、6kV 矿用长筒靴和 5kV 绝缘鞋（电工鞋）三种类型。

绝缘靴（鞋）不能用作基本绝缘安全用具，只能用作辅助绝缘安全用具，并且必须与绝缘手套配合使用。

48. 绝缘垫（台）

口诀

绝缘垫，绝缘台，辅助安全可担当；
垫用橡胶属特种，台用木材最常见。
绝缘垫电压有五级，最低电压 5 千伏；
10、20 和 25，最高电压 35 千伏。
常见颜色有三种，黑色、红色和绿色；
厚度 2 至 12 毫，最小尺寸 800 毫。
绝缘台一般临时用，安装调试较容易；
木条间距小 20，最小边长也 800 毫。

知识要点

绝缘垫用于增强人体与地面之间的绝缘，并防止跨步电压触电。

绝缘垫的电压等级有 5、10、20、25、35kV 五种，厚度有 2、3、4、5、6、8、10、12mm 八种，颜色有黑、红、绿三种，最小尺寸不能小于800mm×800mm。

绝缘台主要用在设备安装调试过程中，是一种临时性的安全设施。

绝缘台用木条制作时，间距不得大于20mm，最小尺寸也不能小于800mm×800mm。

绝缘垫和绝缘台只能用作辅助绝缘安全用具。

49. 隔离板（临时遮栏）

口诀

防止人员走错道，隔板、遮栏不可少；
莫要靠近带电体，安全距离要留足。
隔离板用干木材，栅栏形状也可以；
高度不低1米8，警示标志上面挂。
遮栏只做临时用，户外作业多采用；
线网或者拉绳成，高度不低1米整。

知识要点

隔离板和临时遮栏是为了防止工作人员走错位置，误入带电间隔或接近带电设备至危险距离的一般防护用具。

栅栏形状的隔离板或临时遮栏，其木板之间的间距不能太大，要能防止小孩钻入，并且要悬挂类似“止步、高压危险”的安全警示标志。

50. 携带型接地线

口诀

接地线，很重要，确保安全离不了；

防止误把电源送，检修人员保性命。
停电之后要验电，确认无电挂地线；
挂接地线有要求，不可随意惹祸端。
地线靠近电源端，双路电源挂两边；
工作区间要明显，谨防越位有人监。
地线完好无裂断，连接牢靠莫绞缠；
装设远离带电体，防止感应遭电击。
接地端子先接地，再将线夹连设备；
工作完成即拆除，先拆线夹后拆地。
地线材料有要求，多股软铜透明套；
地线截面足够大，最细不小25平。

知识要点

携带型接地线也称携带型短路接地线，是用来防止停电检修设备或线路突然来电或者因感应起电而对人体造成危害，也可以用来对需要检修的设备或线路进行放电。

携带型接地线由绝缘操作杆、导线夹、短路线、接地线、接地端子、汇流夹、接线夹等组成，有分相式（单相）和组合式（三相）两种结构形式。携带型接地线必须采用截面积不小于25mm^{2}的多股软铜线制作而成。

携带型接地线的检验周期为5年，经试验合格后方可继续使用。对于在使用过程中经受短路电流冲击过的携带型接地线，一般应予以报废停用，不得继续使用。

如果工作现场没有固定接地点，可以增设临时接地点，接地极埋入地下的深度不应小于0.6m，接地电阻应小于10Ω。

51. 个人安保线

口诀

个人安保线，高处作业用；
形式有两种，分相和组合。
多股软铜线，外带绝缘皮；
截面有要求，最小 16 平。
使用也不难，类似接地线；
防止遭电击，人身保安全。

知识要点

使用个人安保线，是为了消除作业场所内邻近、平行、交叉跨越及同塔（杆）架设的带电线路在停电检修线路上产生的感应电压，防止作业人员接触或接近停电检修线路时遭受到感应电压的危害。

个人安保线由保安钳、软铜线、铜鼻子和接地夹等组成，有分相式（单相）和组合式（三相）两种结构。个人保安线必须采用截面积不小于 $16mm^2$ 的多股软铜芯绝缘线制成。

个人安保线的使用方法与携带型接地线的使用方法相似。

52. 安全腰带

口诀

高处作业防坠落，安全腰带需配妥；
多种材料可制成，帆布、化纤或皮革。
两根带子承力大，拉力超过 2 千牛；
大带固定构件上，小带系在身腰上。

安全腰带经常用，平挂、低挂有风险；
不挂、脱挂须禁止，高挂低用才安全。

知识要点

安全腰带是防止工作人员发生坠落的安全防护用具。

安全腰带主要由一大、一小两个带子组成，每根带子能承受不小于2250N的拉力。

使用安全腰带时，必须将小带子系在腰上，将大带子固定在构件上。必须做到高挂低用，严禁平挂、低挂、脱挂甚至不挂。

53. 安全色与对比色

口诀

安全色标分四种，红、黄、蓝、绿有区分；
黑色、白色对比色，黑对黄来其余白。
禁止、停止属红色，警告、注意为黄色；
指令、遵守是蓝色，提示、通行用绿色。
白色常做背景用，图形、字符也可用；
黑色用法较单一，图形、字符只有用。

知识要点

安全色是表达安全信息含义的颜色，使人们迅速、准确地分辨不同环境，预防事故发生。

安全色规定用红、黄、蓝、绿四种颜色，分别表示禁止或停止、警告或注意、指令或遵守、提示或通行四种信息含义。

对比色规定用黑色和白色两种颜色。用黑色作为黄色的对比色，用白色作为红、蓝、绿三种安全色的对比色。

54. 安全标识

口诀

安全标识四大类，应用场合有差别；
安全信息宜精简，遵照执行保平安。
禁止类，红色艳，圆环、斜杠两相连；
白色背景黑色图，危险行为禁发生。
警告类，黄色染，角形边框很直观；
黄色背景黑色图，可发危险来警示。
指令类用蓝色表，圆形边框圈起来；
蓝色背景白色图，服从要求令畅通。
提示类用绿色表，方形边框较规则；
红绿背景白色图，目标、方向有提醒。
安全标识要齐全，辅助文字标志添；
矩形边框来采用，横排、竖排都可以。
各类标识有特点，仔细观察能分辨；
使用文字有区别，语气轻重不相同。
禁止标识必“禁止”，警告标识须“当心”；
指令标识要“必须”，提示标识可随心。

知识要点

安全标识是指提醒人员注意或按某种要求去执行，保障人身和设备安全的各种信息和标志。

安全标识可分为禁止类、警告类、指令类和提示类四种，分别用红色、黄色、蓝色和绿色区分。

横排、竖排是指辅助文字标志中文字的排列方向。

“可发危险”是指可能发生的危险。

安全标识示例如图 1-6 所示。

图 1-6　安全标识示例

55. 标示牌悬挂要求

口诀

标示牌，别小瞧，安全警示很重要；
虽然种类有不少，禁止标牌常用到。
标牌悬挂有讲究，位置明显固定牢；
标牌内容有不同，警示作用分侧重。
设备线路运行中，告知人员莫靠近；
设备线路检修中，有人工作忌合闸。
工作区域要明确，防止误入带电区；
人流通道定线路，进出方向莫走偏。

知识要点

电气作业常用的安全标示牌也属于安全标识中的一种，形状呈方形。

标示牌常用规格有 80mm×65mm、80mm×80mm、200mm×160mm、250mm×250mm、300mm×240mm、500mm×500mm 六种。

安全标示牌的文字内容主要有“止步，高压危险”“禁止攀登，高压危险”“禁止合闸，有人工作”“禁止合闸，线路有人工作”“禁止分闸”“在此工作”“从此上下”“从此进出”等。

常用电气作业安全标示牌如表1-2所示。

表1-2　　常用电气作业安全标示牌

名称	式样			悬挂位置
	颜色	字样	尺寸（mm×mm）	
禁止合闸，有人工作！	白底，红色圆形斜杠，黑色禁止标志符号	黑字	200×160 80×65	一经合闸即可送电到检修设备的断路器（开关）和隔离开关（刀闸）操作手柄上
禁止合闸，线路有人工作！	白底，红色圆形斜杠，黑色禁止标志符号	黑字	200×160 80×65	一经合闸即可送电到检修线路的断路器（开关）和隔离开关（刀闸）操作手柄上
禁止分闸！	白底，红色圆形斜杠，黑色禁止标志符号	黑字	200×160 80×65	接地开关与检修设备之间的断路器（开关）操作把手上
止步，高压危险！	白底，黑色正三角形及标志符号，衬底为黄色	黑字	300×240 200×160	工作地点附近带电设备的遮栏上，室外工作地点的围栏上，禁止通行的过道上，高压试验地点，室外构架上，工作地点临近带电设备的横梁上
禁止攀登，高压危险！	白底，红色圆形斜杠，黑色禁止标志符号	黑字	500×400 200×160	高压配电装置构架的爬梯上，变压器、电抗器等设备的爬梯上

续表

名 称	式 样			悬挂位置
	颜色	字样	尺寸（mm×mm）	
在此工作！	绿底、中央有直径 200（65）mm 的白色圆圈	黑字、位于白色圆圈中	250×250（80×80）	工作地点或检修设备上
从此上下！	绿底、中央有直径 200mm 的白色圆圈	黑字、位于白色圆圈中	250×250	工作人员上下的铁架、爬梯上
从此进出！	绿底、中央有直径 200mm 的白色圆圈	黑字、位于白色圆圈中	250×250	室外工作地点围栏的出、入口处

56. 触电事故类型

口诀

触电类型有两种，十有八九把命送；
直接接触危害大，间接接触也可怕。
验电须用试电笔，切莫冒险用手试；
不要自恃好手艺，触电伤亡后悔迟。

知识要点

发生触电事故的原因很多，形式也多样。但从技术方面进行分析，触电事故可划分为两大类：一类是直接接触触电，一类是间接接触触电。见图 1-7。

直接接触触电是指人体触及正常运行设备或线路的带电体所发生的触电，也称正常状态下的触电。

间接接触触电是指人体触及设备或线路在正常运行时不带电而

在发生故障时带电的导体所发生的触电，也称故障状态下的触电。

判断设备或线路是否带电时，必须使用验电器，不能凭经验或感觉，更不能逞强用手去试摸，一旦触电伤亡，终生后悔不已。

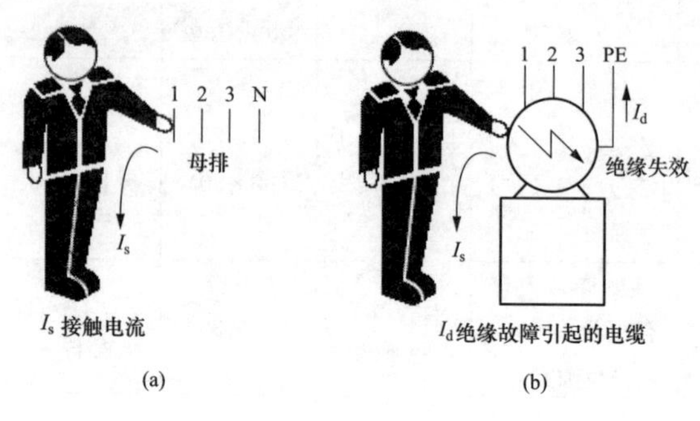

图 1-7 触电事故类型

（a）直接接触；（b）间接接触

57. 人体触电方式

口诀

触电方式有三种，电流路径不相同；
单相、两相和跨步，单相触电多发生。
两相触电最危险，三相电源严防范；
误入线路断落处，双脚并跳离危地。

知识要点

按照人体触及带电体的方式和电流流过人体的途径，触电可分为单相触电、两相触电和跨步电压触电三种方式，见图 1-8。单相触电、两相触电都属于直接接触电击类型，而跨步电压触电属于间接接触电击类型。

单相触电是发生触电事故最常见的触电方式。单相触电人体承受的电压最高为相电压，两相触电人体承受的电压最高为线电压，因此两相触电比单相触电更危险。当误入高压线路断落接地处附近，要谨防跨步电压引起的触电危险，应当双脚并拢，以跳跃方式远离接地处。

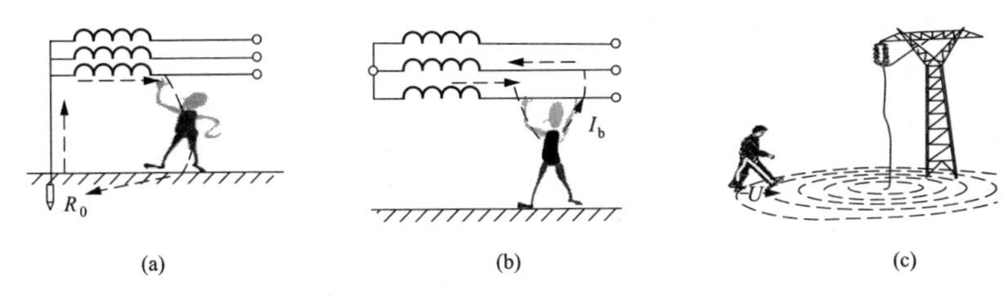

图 1-8 人体触电方式

(a)单相触电；(b)两相触电；(c)跨步电压触电

58. 触电事故发生规律

口诀

触电事故何其多，电工作业防出错；
事故发生有规律，从业人员要掌握。
低压设备分布广，触电事故自然多；
不同地区有差别，农村要比城市多。
一年四季不一样，二、三季度较猖狂；
移动设备多故障，使用人员易遭殃。
安全管理不完善，违章事故最常见；
行业特点较明显，重点把控冶、矿、建。
连接部位有缺陷，触电事故易出现；
作业人员严把关，遵章守纪无弊端。

知识要点

据统计，触电事故的发生频次，具有一定的规律性。作业人员掌握了这些规律，对预防触电有着重要作用。

一是低压设备和线路发生的触电事故较多；二是农村比城市发生的触电事故多；三是二、三季度比一、四季度发生的触电事故多；四是移动设备比固定设备发生的触电事故多；五是因违章操作原因发生的触电事故较多；六是冶金、矿业、建筑、机械行业比其他行业发生的触电事故较多；七是电气连接部位发生的触电事故较多；八是非专业电工、合同工、临时工等从业人员发生的触电事故较多。

59. 电流对人体伤害

口诀

电流伤害两形式，外表电伤、内电击；
电伤痕迹尤可见，电击伤害藏里面。
电伤病症找医治，伤痛减轻或痊愈；
电击伤害麻烦大，医术高明也没法。

知识要点

电伤是指电流对人体外表造成的伤害，是由电流的热效应、化学效应、机械效应等作用所引起的结果，主要表现特征有电烧伤、皮肤金属化、电烙印、机械损伤和电光眼等。

电击是指电流对人体内部组织或器官造成的伤害（功能紊乱或丧失），具有伤害在人体内部、人体外表无明显痕迹、致命电流较小等表现特征。

电击的危险性远大于电伤的危险性。

连续工频电流对人体作用的最小电流值，见表 1-3。

表 1-3　连续工频电流对人体作用的最小电流值

作用症状	电流途径	最小电流（mA）
感　觉	手—手	0.5
	双手—足	0.5

续表

作用症状	电流途径	最小电流（mA）
肌肉反应	手—手	5
	双手—足	10
心 颤 动	手—手	100
	双手—足	40

60. 触电伤员急救措施

口诀

有人触电莫慌乱，大声呼喊求救援；
首先要把电源断，再把伤员平正扳。
现场急救不间断，呼吸心跳需重建；
120 电话记得按，伤员尽快送医院。

知识要点

一旦发现有人触电，要做好以下四项急救措施：
一要立即大声呼救、寻求帮助。
二要迅速切断电源、减少伤害。
三要进行紧急施救、心肺恢复。
四要拨打急救电话、送往医院。

61. 触电伤员救治原则

口诀

动作迅速不怠慢，争分夺秒抢时间；
保护生命是关键，痛苦伤害要避免。

对症施救无误判，操作正确效果显；
轮换操作不间断，坚持不懈无缺憾。

知识要点

对触电伤员进行紧急救护时，要坚持做到“动作迅速、争分夺秒”“保护生命、减轻伤痛”“对症施救、操作正确”“轮换操作、坚持不懈”等四项基本原则。

62. 触电事故断电方法

口诀

救护人员要断电，自身安全须防范；
绝缘靴套穿戴全，工具绝缘无缺陷。
宜用开关把电断，操作简单又安全；
逐根剪断电源线，防止短路是关键。
就近无法把电断，工具挑开电源线；
伤员若在高处悬，小心坠落致伤残。
高压触电较危险，联系停电要果断；
也可抛掷金属线，人为短路把电断。
救护现场应安全，邻近线路须停电；
夜间救护有困难，临时照明必须安。

知识要点

发生触电事故，必须立即切断电源，使触电者脱离电源。切断电源的操作方法要安全可靠，避免引发二次事故。切断电源时，操作人员要穿戴好绝缘靴（鞋）、绝缘手套、护目镜等防护用品，使用绝缘工器具，确保安全距离。

就近断开电源开关，是最安全、最直接、最简单的操作方法。如果就近没有电源开关，无法切断电源时，可以利用绝缘工器具、干燥木棒、干净绳索等，将触电者与带电导体分开，或者利用带有绝缘手柄的电工钳或带干燥木柄的斧子将电源线剪断。

剪断电源线时，操作人员要站在绝缘物上，每次只能剪断一根导线，不能将多根导线一次剪断；并且每根导线的剪断位置必须错开，不能在同一位置。

如果触电者位于高空位置，救护人员登高救护应随身携带必要的绝缘工具和牢固的绳索等，必须做好防止坠落致伤的安全防范措施。

如果是架空线路触电，对于低压线路救护人员可采用切断线路电源的方法进行救护；对于高压线路，无法切断线路电源时，救护人员应立即通知有关供户或用户停电，也可抛掷裸金属线使线路短路接地，迫使保护装置动作断开电源。

抛掷裸金属线时，必须先将一端固定并接地，另一端系上重物再抛掷。触电者或其他人不得触及裸金属线，应距离 8m 以外，双足并拢站立不动。如果是高压架空线路断落发生的触电，救护人员必须注意防止跨步电压触电，不能接近断线点 8～10m 范围内；触电者脱离带电导线后，应迅速将触电者带至 8～10m 以外后立即进行急救。

要做好救护现场的安全措施，消除周围带电设备和线路等危险源的影响，夜间救护要有充分的照明，以有利于救护过程的顺利实施。

63. 触电伤员现场救治要求

口诀

触电伤员摆正位，对症施救是关键；
神志、呼吸和心跳，救护人员速判断。
神志清醒有意识，呼吸心跳还可以；
平躺地面通风处，守护直待恢复时。

神志不清无意识，心肺复苏需实施；
手摸脖颈、鼻孔处，判断心跳和呼吸。
倘若伤员呼吸弱，人工呼吸立即做；
如果心脏已停跳，胸外按压不能少。
判断时间不能长，最好不超 10 秒钟；
心肺复苏宜两人，配合施救建奇功。
救护过程莫慌乱，记得要把 120 喊；
专业医师来接班，送往医院把心安。

知识要点

在切断电源后，须立即对触电伤员在现场进行紧急救治。首先要将伤员扳正平躺，对其神志、呼吸和心跳进行迅速（不超过 10s）判断，根据判断结果再对症施救。

判断呼吸和心跳时，可采用手指分别按摸伤员的鼻孔处和脖颈处。如果伤员神志清醒，有呼吸、有心跳，让伤员静静平躺在空气流通的地方，并派专人守候观察，直到伤员完全恢复正常。如果伤员神志不清，无呼吸、无心跳，那么就必须立即对伤员做人工呼吸和胸外按压。

人工呼吸和胸外按压应当由两个人分别交替轮换进行，并相互配合，避免耽误抢救时间或对伤员造成二次伤害。在现场抢救时，要同时拨打 120 急救电话，等待专业医师救治，并将伤员及时送往医院。

64. 判断触电伤员意识

口诀

触电伤员救治前，先把意识来判断；
呼喊姓名轻拍肩，有无反应仔细观。

如果伤员有反应，让其静卧莫动弹；
救护人员守身旁，召唤医生送医院。
如果伤员无反应，手指试把“两穴”掐；
掐压轻重要合适，时间只需5秒钟。
掐压之后有意识，及时送往医院中；
掐压之后效果无，心肺功能快恢复。

知识要点

抢救伤员时，首先要判断伤员的神志意识是否清醒。拍打伤员的肩膀，并呼叫伤员的姓名，观察伤员是否有反应。

如果伤员有反应，让伤员平躺静卧、自行恢复，但须专人守护，并及时送往医院。

如果伤员无任何反应，或者出现眼球不动、瞳孔放大等现象，救护人员要立即用手指掐压“人中”穴、“合谷”穴，持续时间约5s。

掐压穴位之后有意识，则应立即将伤员送往医院。掐压之后仍无反应，则应立即判断呼吸及心跳，视情况进行现场救治，施行心肺复苏手术。

65. 判断触电伤员呼吸与心跳

口诀

触电伤员无意念，呼吸心跳要判断；
判断方法有三种，手摸、耳听、眼睛看。
伤员气道先开放，口腔异物清理完；
手指、耳朵贴鼻孔，胸部起伏用眼观。
心跳判断要谨慎，出现失误不应该；

一手按在额头前，一手触摸颈动脉。
动脉位置须找准，气管正中侧 2 分；
食中二指相并拢，触摸轻重要适中。

知识要点

当触电伤员神志不清、丧失意识时，救护人员要立即对其呼吸、心跳情况进行判断。判断前，必须先要打开伤员的气道，并清理伤员口腔内的异物。判断时，可综合运用眼看、耳听和手摸三种方法综合判断。

判断呼吸（应在 10s 内完成）时，可用手触摸（或用脸靠近）、或者用耳朵贴近伤员的鼻孔处，判断有无呼吸气流，并同时用眼睛观察伤员的胸腹处，判断其有无起伏变化。

判断心跳（应在 10s 内完成）时，一手置于伤员前额，使头部后仰，用另一手的食指及中指指尖先触及伤员气管正中部位（男性可触及喉结），然后向两侧滑移 2～3cm 至气管旁软组织处触摸颈动脉，判断有无脉搏。用手指触摸时不能太用力，也不能同时触摸两侧颈动脉，更不能压迫气管。

66. 触电伤员心肺复苏

口诀

重建呼吸和心跳，心肺复苏离不了；
进行人工呼吸前，开放气道要优先。
人工呼吸有两种，口对口来最常用；
胸外按压位置准，垂直按压力均匀。

知识要点

心肺复苏法是指对呼吸和心跳均已停止的触电伤员进行施救，

恢复其心肺功能，重建呼吸和心跳的方法。

心肺复苏法主要包括开放气道、口对口（鼻）人工呼吸和胸外按压三项基本操作方法。口对口人工呼吸比较常用。

67. 打开触电伤员气道

口诀

打开气道要注意，伤员口腔先清理；
头与身体同用力，睡姿转至侧卧位。
扳开嘴巴看仔细，口内有无脏东西；
两指分插嘴角处，慢慢外掏忌里推。
清理完毕扶正位，仰头抬颏气道通；
一手下按额头前，一手抬起下颏边。
双手用力要合适，后仰角度 90 度；
幼婴儿童须小心，角度不超 60 度。
操作过程防伤害，气道始终要畅通；
心肺复苏莫耽误，科学施救保性命。

知识要点

在对触电伤员做人工呼吸之前，必须首先检查并清理伤员口腔中的痰液等异物，然后再打开伤员的气道。

清理伤员口腔内痰液等异物时，必须将伤员的头部和身体同时侧转，将伤员扳动至侧卧位，迅速用手指从口角处插入取出异物，不能将异物推至咽喉深部。

打开伤员的气道时，要将伤员扳正至仰卧位，采用仰头抬颏法，也就是，救护人员一只手放在伤员的前额并使其头部后仰，另一只手的中指与食指置于下颌骨近下颏角处，抬起下颏（见图 1-9），就可以使伤员气道通畅。

在打开气道操作时，不能压迫伤员颈部和下颏软组织，也不能在伤员颈下垫用枕头等物品。伤员头部的后仰角不能太大，以成人90°、儿童60°、幼儿30°为宜。如果伤员颈椎有损伤，则应采用双下颌上托法。

图1-9　打开气道

68. 人工呼吸施救

口诀

伤员呼吸很微弱，人工呼吸立即做；
伤员气道须畅通，人工呼吸才有用。
一手托住下颌部，两指捏住鼻翼端；
深吸屏住一口气，贴近嘴巴往里吹。
吹气时候要注意，伤员胸部莫受力；
吹完之后快移开，要让伤员自放松。
分钟吹气12次，嘴巴贴紧莫漏气；
吹气、放松要轮换，伤员胸部起伏显。

知识要点

触电伤员呼吸非常微弱甚至呼吸停止时，救护人员必须立即对其进行人工呼吸。在进行人工呼吸前，要首先检查和清理伤员口腔内的异物，并打开伤员的气道。

口对口人工呼吸时，让伤员平躺，救护人员一只手托住伤员的下颌部，另一只手的食指和中指捏住伤员的鼻翼下端，以防鼻孔漏气。然后深吸一口气后屏住，嘴巴贴近伤员并包住伤员嘴巴向伤员吹气（不要按压伤员的胸部）。先连续大口吹气两次，每次1～1.5s；然后可以保持正常的吹气量（成人约600mL、儿童约500mL），每

5s吹气1次，即每分钟吹气12次（见图1-10）。在吹气和放松时，要注意观察伤员胸部的起伏变化，动作要与其配合，吹气、放松反复轮换进行。如果伤员胸部起伏不明显，则检查伤员气道是否通畅或者有无漏气。

图1-10　人工呼吸

如果伤员的下颌部、嘴唇受伤或者牙关紧闭，无法进行口对口人工呼吸时，则采用口对鼻人工呼吸。采用口对鼻人工呼吸时，注意要把伤员的嘴唇紧闭，防止吹气时漏气。

69. 胸外按压施救

口诀

伤员心跳若停止，胸外按压莫迟疑；
首先手握空心拳，垂直击打胸骨前。
击打位置莫找偏，前胸胸骨中下段；
击打力度要适当，避免伤员又受伤。
击打速度要适中，每次不超2秒钟；
击打两次无效果，胸外按压立即做。
救护人员姿势正，跪在伤员侧肩旁；
双肩正对伤员胸，两臂伸直叠两掌。
按压位置速确定，乳线胸骨交叉处；
掌根放在按压位，手指交叉并抬起。
两肘关节要伸直，保持不动莫弯曲；
利用上身之重量，垂直向下用力按。
按压之后快放松，手掌不离按压位；
按压、放松轮流换，反复进行不中断。

按压速度要均匀，100 次约需 1 分钟；
按压、放松要注意，时间间隔须一致。
兼做人工呼吸时，交替配合要合适；
呼吸 2 次按 30，按压减半小孩宜。

知识要点

当触电伤员的心脏停止跳动时，救护人员应立即让伤员平躺在平硬的地方上，对伤员进行胸外按压施救。

在进行胸外按压之前，救护人员可尝试用空心拳快速垂直打击（用力适中）伤员胸前区胸骨中下段 1～2 次，每次 1～2s，看看有无效果。如果没有效果，立即进行胸外按压。

在进行胸外按压时，一是按压位置要找准，按压位置要位于胸骨上中 1/3 与下 1/3 的交界处（胸骨下切迹上移两手指位置），也可以由伤员两乳中心连线与胸骨的交叉部位快速确定。二是按压方法要正确，救护人员应跪在伤员一侧肩旁，双肩位于伤员胸骨的正上方，两臂伸直、两手掌重叠，掌根部放在按压位置，手指交叉抬起，肘关节固定不屈，以髋关节为支点，利用上身的重力，垂直向下用力（见图 1-11）。按压伤员胸骨 4～5cm（儿童 2～3cm）后立即放松，手掌不宜离开胸壁。按压和放松应交替反复进行，按压与放松时间要相等，按压速度要均匀，以每分钟 100 次左右为宜。如果兼做人工呼吸时，胸外按压与人工呼吸的次数比例为成人 30/2（儿童 15/2）。

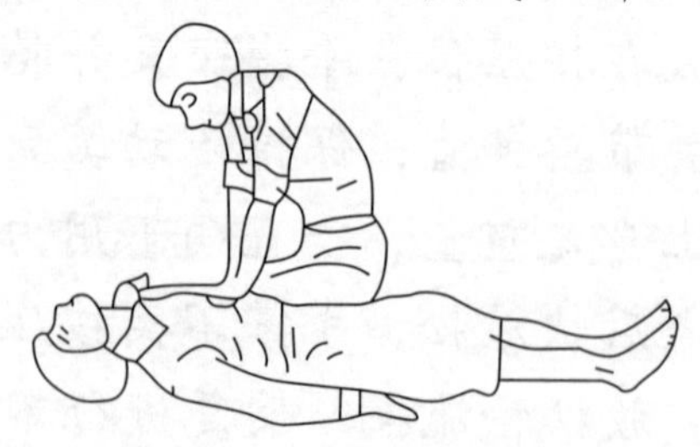

图 1-11　胸外按压施救

70. 触电伤员现场救治要领

口诀

救治伤员莫慌乱，先把意识来判断；
大呼救命将人唤，有人帮忙事好办。
伤员仰卧地板上，仰头抬颏通气道；
手指抠出口鼻物，再把呼吸来判断。
呼吸微弱莫迟疑，人工呼吸马上做；
手摸脖颈动脉处，判断心跳及脉搏。
倘若心跳脉搏无，胸外按压莫耽误；
空拳胸前叩2次，脉搏大多可恢复。
两种施救要配合，不可随意各顾各；
按压30呼吸2，轮换施救反复做。
判断不超5秒钟，施救时间分秒争；
施救过程不中断，直到医生到现场。

知识要点

触电伤员现场救治要领包括以下方面：

(1) 判断伤员有无意识。

(2) 大声呼喊“来人呀、救命”。

(3) 迅速将伤员仰卧于地面或硬板上面。

(4) 采用仰头抬颏法，打开伤员气道，清除伤员口、鼻腔内异物。

(5) 通过看、听、摸方法判断伤员有无呼吸。

(6) 若伤员无呼吸，应立即口对口吹气两次。

(7) 使伤员头部后仰，用手指检查其颈动脉有无脉搏。

(8) 若伤员有脉搏，可对其仅做人工呼吸，每分钟12～16次。

(9) 若伤员无脉搏，可用空心拳在其胸外对心前区（正确按压位置）进行1～2次叩击。

(10) 叩击后若有脉搏，说明心跳恢复，可对其仅做人工呼吸。

(11) 叩击后若无脉搏，应立即在正确按压位置进行胸外按压，按压频率每分钟100次。

(12) 每做30次按压，需做2次人工呼吸，完成一个周期。

(13) 按压、呼吸轮换反复进行，直到有人协助或专业医务人员赶来。

(14) 继续按压时，需要重新定位。

(15) 由协助人员检查伤员瞳孔、呼吸和脉搏，时间不得超过5s。

(16) 首次检查应在操作2min后（相当于单人操作5个周期）进行，以后每间隔4～5min检查一次。

(17) 对伤员进行扳动或检查时，不应中断心肺复苏操作，因故中断时间不能超过5s。

(18) 双人操作时，按压、呼吸分别由一人进行，两人要相互配合，协调一致，不能单打独奏、发生冲突。

二、基础知识篇

71. 物质结构组成

口诀

物质构成源分子，分子又由原子生；
原子结构两部分，电子环绕原子核；
质子、中子在核内，相互作用不分开。
电子、质子带电荷，电子负来、质子正；
两种电荷量相等，正常状态无电性；
若有外力来影响，电子转移显电性。

知识要点

任何物质都是由分子构成，分子是构成物质的基本微粒。分子由原子构成，原子由原子核和电子构成，原子核由质子和中子构成，如图 2-1 所示。质子和中子位于原子核内，电子围绕原子核做运动。质子带正电荷，电子带负电荷，中子不带电荷。

一个电子所带的负电荷量和一个质子所带的正电荷量都等于元电荷，用“e”表示，其值为 1.6×10^{-19} 库仑（C）。库仑是电荷量的计量单位，一库仑相当于 6.25×10^{18} 个元电荷。

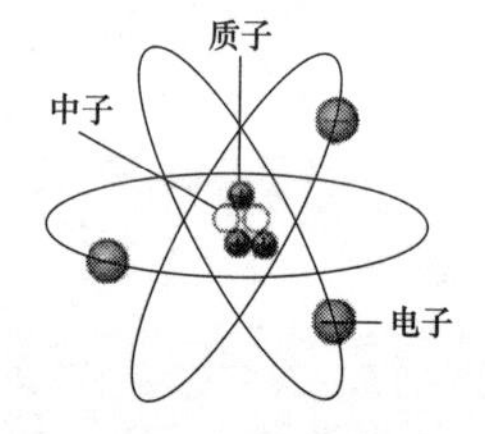

图 2-1　原子结构示意图

在正常情况下，质子和电子所带的电荷量相等，原子对外不显电性。当受到外界因素影响，原子核外的电子数发生变化，使得电子数与质子数不相等，原子就变成了离子，就带有电荷。失去电子的原子变成阳离子，带正电荷；得到电子的原子变成阴离子，带负电荷。

夸克也被称作层子，是组成质子、中子这一类强子的更基本的单元，质子和中子分别是由不同的层子组成的复合粒子。

72. 电荷之间作用力的方向

口诀

电荷周围有电场，带电导体受影响；
电荷之间有作用，同性斥来、异性吸。

知识要点

带电颗粒简称电荷，在电荷周围存在着电场。或者说，电荷周围的空间就是电场。电场是有方向的，从正电荷出来，指向负电荷。

电场对放入其中的电荷有作用力。电荷之间之所以有相互作用力，其实质就是一个电荷的电场对另一个电荷的作用力。正电荷顺着电场方向运动，负电荷逆着电场方向运动。

电荷之间相互作用力的方向沿着两个电荷之间的连线，表现为：同性电荷相互排斥，异性电荷相互吸引，见图 2-2。

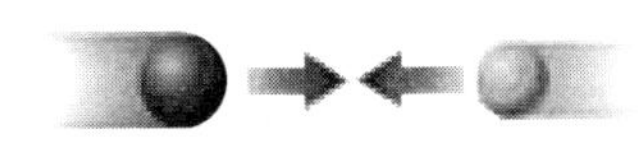

正电荷(红色)和负电荷(黄色)互相吸引

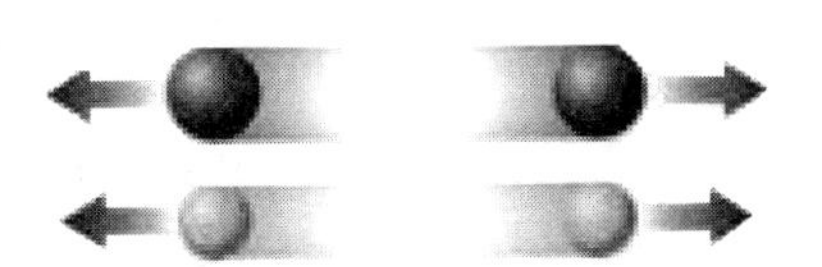

正电荷和正电荷、负电荷和负电荷互相排斥

图 2-2　电荷之间作用力的方向

73. 电荷之间作用力的大小

口诀

两个电荷作用力，库仑定律来定义：
正比电荷电量积，反比距离平方值；
比值扩大 90 亿，单位牛顿、库仑、米。
适用条件要满足，真空环境须具备；
两个电荷均静止，大小远小距离值。

知识要点

电荷之间存在着相互作用的电力，也叫做库仑力。库仑力的大小可由库仑定律计算。

库仑定律描述如下：

真空中两个点电荷之间相互作用的电力（静电力或库仑力），跟它们的电荷量的乘积成正比，跟它们的距离的二次方成反比，作用力的方向在它们的连线上。

库仑定律用公式可以表示为

$$F=k(Q_1Q_2)/r^2$$

其中 k 为静电力常量，$k=9.0\times10^9\text{N}\cdot\text{m}^2/\text{C}^2$。也就是说，在真空中电荷量均为 1 库仑（C）的两个点电荷相距 1 米（m）时，其相互作用的电力为 9.0×10^9 牛顿（N）。

库仑定律适用于处在真空环境中、两个静止的点电荷的情况。所谓点电荷，就是指两个电荷的大小远小于它们之间的距离，可以忽略不计。

电荷之间作用力的大小如图 2-3 所示。

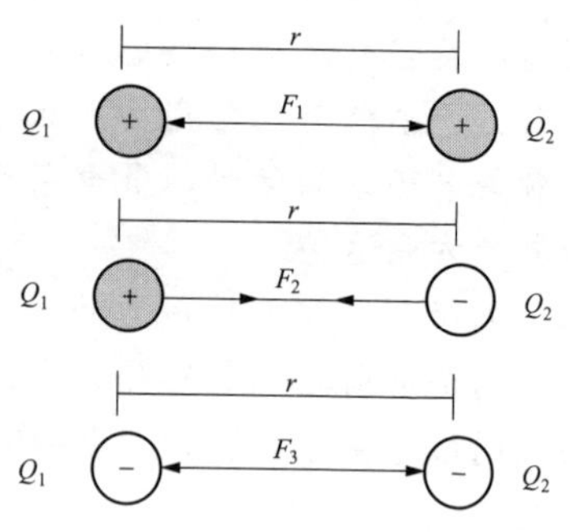

图 2-3　电荷之间作用力的大小

74. 电荷的电场强度

口诀

> 电荷电场有强弱，空间位置不一样；
> 电量、距离可影响，电场强度来衡量。
> 正比电荷带电量，反比距离平方值；
> 比值扩大 90 亿，单位定作伏特/米。

电荷电场可测量，试探电荷可担当；
电场力、电量来相比，该点场强便可知。

知识要点

在电荷周围空间的不同位置，其电场的强弱（电场强度）是不一样的。对于真空中的点电荷来说，在某一点的电场强度（E）与该点电荷所带的电荷量（Q）成正比，与该点与点电荷之间的距离的平方（r^2）成反比。

电荷 Q 的电场强度用公式可表示为

$$E = kQ/r^2$$

其中 k 为静电力常量，$k = 9.0\times10^9\,\mathrm{N\cdot m^2/C^2}$。也就是说，电荷量为 1 库仑（C）的点电荷，在真空中距离 1 米（m）处的电场强度为 9.0×10^9 伏特（V/m）。

电荷周围不同点的电场强度不一样，越接近电荷中心，电场强度越强，见图 2-4。但对于距离电荷中心半径相同的位置点来说，其电场强度的大小是相同的，只是方向不同而已。

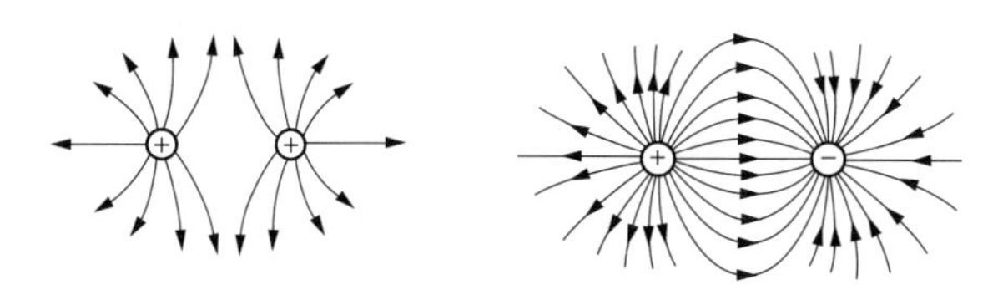

图 2-4　电荷周围的电场

电荷 Q 周围某一点的电场强度，可以通过试探电荷来测量计算出来。如果试探电荷的电量为 q 库仑（C），在某一点受到的作用力为 F 牛顿（N），则该点处的电场强度（E）为 F/q 牛顿/库仑（N/C），用公式可表示为：$E=F/q$。应注意的是，1 牛顿/库仑＝1 伏特/米，即 1N/C=1V/m。

电荷 Q 在不同地方的电场强弱（E）不同，试探电荷 q 在电荷

Q 产生的电场中的不同点受到的电场力（F）也是不同的。距 Q 越近，电场强度（E）越强，q 受到的电场力（F）越大。

75. 匀强电场

口诀

匀强电场有特点，电场分布很均匀；
电场强度是定值，大小、方向也相同。
两点之间电势差，距离越大、值越大；
电荷受到电场力，移动过程要做功。

知识要点

匀强电场是指由电场强度大小和方向都相同的区域所形成的电场。也就是说，对于匀强电场中不同位置的任意两个点，其电场强度的大小是相等的，方向都是相同的。由两个带有等量正负电荷的平行极板所形成的电场可以视作匀强电场。

匀强电场中不同的点具有不同的电势，沿着电场线方向，电势逐渐降低。在沿电场线方向上的任意两点之间，都存在着电势差，该电势差随着两点间距离的增大而增大。

匀强电场的电场强度（E）等于沿电场线方向单位距离上的电势差（见图 2-5），用公式表示为：$E=U/d$。其中 U 为两极板之间的电压（V），d 为两极板之间的距离（m）。

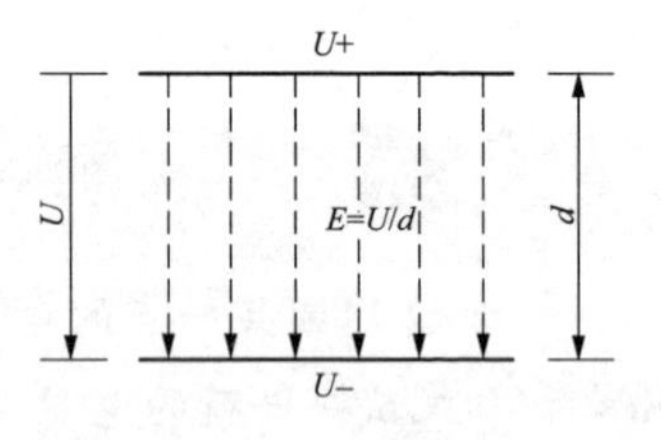

图 2-5　匀强电场

电荷在电场中具有电势能，受到电场力作用后会发生移动，电荷的电势能也发生改变。电荷电势能变化的过程就是电场力做功的过程，电场力所做的功的多少等于电荷电势能的改变量。

76. 带电粒子在匀强电场中的运动

口诀

带电粒子入电场，受力产生加速度；
运动速度会加快，运动方向也会偏。
带电粒子若静止，垂直运动匀加速；
若有水平初速度，平抛运动则形成。

知识要点

带电粒子在匀强电场中会受到电场力的作用，并产生加速度，其速度的大小和方向都会发生变化（见图 2-6）。速度大小的变化，会造成带电粒子的加速；速度方向的变化，会造成带电粒子的偏转。

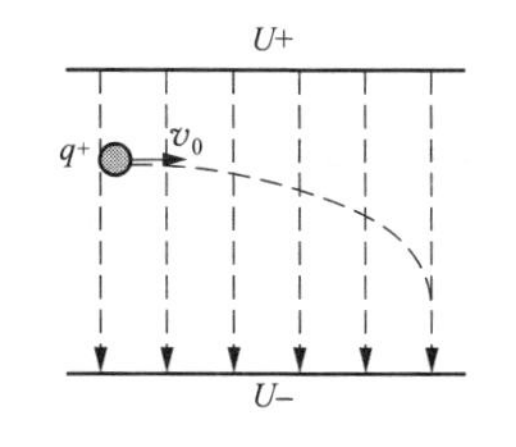

图 2-6 带电粒子在匀强电场中的运动

在真空环境中，带电粒子如果原来处于静止状态，则会从一个极板向另一个极板做匀加速垂直运动；带电粒子如果原来具有水平初速度（方向与电场线方向垂直），则会做平抛运动，也就是说在水平方向上做匀速运动，在竖直方向上做匀加速运动。

77. 简单电路

口诀

简单电路易组成，电源、负载在其中；
开关通、断起作用，导线相连电路通。

知识要点

电路就是指电流流经的闭合回路。

最简单的电路可由电源、负载、开关和导线连接而成，电流从电源一端沿着导线，经过开关到负载，再由负载出来返回到电源的另一端。

电源是形成电流的动力源，开关可控制电流的通断，负载是将电能转换为其他能量的设备，导线为电流的输送介质。电路的作用在于产生、传输、分配和使用电能，最终将电能转化为其他形式的能量（如光能、热能、机械能等）。

78. 电路的三种状态

口诀

电路工作要正常，电流须经负载中；
如果负载无电流，断路、短路故障生。

知识要点

电路的作用就是为负载提供电流，经负载将电能转化为其他形式的能量，满足实际生产生活需要。电源正常、开关接通，并且电流流过负载时，电路可视为正常工作状态。如果电源正常、开关接通，没有电流流过负载，电路则为断路状态。如果电源正常、开关接通，电流没有经过负载而形成通路，电路则为短路状态。断路、断路是电路最常见的两种故障状态。

79. 直流电和交流电

口诀

直流和交流，表现不相同；
直流单向流，交流双向通。

知识要点

由于电源类型的不同，电流可分为直流电和交流电两大类。

直流电是指电流只朝一个方向流动，也就是说电流方向不随时间变化的电流。交流电是指电流大小和方向都随时间发生变化的电流。

常用的直流电有稳恒直流电（方向和大小都不变化）和脉动直流电（方向不变化而大小在变化）两种。

常用的交流电是正弦交流电（方向和大小按照正弦函数规律做周期性变化）。

80. 电压和电动势

口诀

电压、电动势，单位伏特计；
两者有区别，应用要注意。
电源电动势，大小为恒值；
不随电路变，电流有动力。
电路有电压，未必有电流；
电路闭合时，电流才能通。

知识要点

电压和电动势，虽然计量单位都用伏特（V），但是两个概念完全不同。电压（U）是指电路中不同两点之间的电位差，是形成电流的必要条件之一。电动势（E）是指电源所能够维持的电路两端的电位差，是电源本身的固有特性。

电压的计量单位除了伏特外，还有千伏（kV）、毫伏（mV）和微伏（μV）。其换算关系如下

$$1\text{kV}=1000\text{V} \quad 1\text{V}=1000\text{mV} \quad 1\text{mV}=1000\mu\text{V}$$

电路中要形成电流，首先必须要有电压。电路中有电压，但未

必能形成电流。只有当电路有电压并保持接通闭合时，电路中才能形成电流。

81. 电流和电流强度

口诀

电子定向动，电流就形成；
电流有大小，强度来确定。
截面电荷量，决定强度值；
每秒 1 库仑，电流 1 安培。

知识要点

电荷（带电微粒）的定向移动就会形成电流。电流的大小可以用电流强度来衡量。我们常说的电流，实质上就是指电流强度。

电流强度（I）是指单位时间（t）内通过导体横截面积的电量（q），用公式表示为：$I=q/t$。

电流强度常用的计量单位为安培（A），1 安培=1 库仑/秒，即 1A=1C/s。其中，1 库仑相当 6.25×10^{18} 个电子所带的电量。

电流强度的计量单位除了安培外，还有千安（kA）、毫安（mA）和微安（μA）。其换算关系如下

$$1kA=1000A \quad 1A=1000mA \quad 1mA=1000\mu A$$

82. 电阻和电阻率

口诀

电路处处有电阻，电流经过受阻力；
常用导线铝和铜，导电能力不相同。
电阻率值有差别，铝 29、铜 17；
同样规格铝铜线，铜线导电性能好。

知识要点

电阻是指电流流经导体时，导体对电流所表现的阻碍作用。

电阻（R）的计量单位有兆欧（MΩ）、千欧（kΩ）、欧姆（Ω）和毫欧（mΩ）。其换算关系如下

$$1M\Omega=1000k\Omega \quad 1k\Omega=1000\Omega \quad 1\Omega=1000m\Omega$$

电阻率是指在一定温度下，长度为1m、横截面积为$1m^2$或$1mm^2$的导体所具有的电阻值。电阻率（ρ）的计量单位为欧姆米（Ω·m）或欧姆·平方毫米/米（$\Omega \cdot mm^2/m$）。

在同一环境温度下，不同材料的导体，电阻率是不相同的；同一种材料的导体，在不同环境温度下，电阻率的大小也会有所不同。导体的电阻率越小、其导电性能越好。

在20℃常温时，铝导体的电阻率约为$0.029\Omega \cdot mm^2/m$（$2.9\times10^{-8}\Omega \cdot m$），铜导体的电阻率约为$0.017\Omega \cdot mm^2/m$（$1.7\times10^{-8}\Omega \cdot m$），因此同样规格的铜导线比铝导线，导电能力更好。

83. 电阻定律

口诀

导线电阻不难量，反比截面、正比长；
比值乘以电阻率，铝千29、铜17。
电阻单位为欧姆，阻值小来导电好；
百米铝线约3欧，铜线电阻6折算。

知识要点

导体电阻（R）的大小与导体材料的电阻率（ρ）、导体的长度（L）成正比，与导体的截面积（S）成反比。也就是说，在一定的温度下，对同一种材料的导体来说，长度越长、截面积越小，其电阻值越大。这也叫做电阻定律，用公式可表示为：$R=\rho \cdot L/S$。

在常温下，长度为100m、截面积为$1mm^2$的铝导线，其电阻值约为3Ω；铜导线的电阻值可以按照同样规格铝导线电阻值的0.6倍计算。

84. 欧姆定律

口诀

欧姆定律不难记，三个电量定关系；
电压、电流和电阻，电流等于压、阻比。
电阻一般为定值，不随电压、电流变；
电流跟着电压变，电压降低电流减。
如果电路有电源，电源影响在里面；
电源内部有电阻，电流经过有压降。
要知电路电流值，电动势除以总阻值；
电路两端电压值，略低电源电动势。

知识要点

欧姆定律主要描述的是流经电路的电流、电路的电压（或电源的电动势）以及电路的电阻三者之间的关系。欧姆定律分部分电路欧姆定律和全电路欧姆定律两种。

部分电路欧姆定律（见图2-7）是指在部分不包括电源的电路中，电流（I，A）的大小与该部分电路上的电压（U，V）成正比，与该部分电路上的电阻（R，Ω）成反比，用公式表示为：$I=U/R$。

全电路欧姆定律（见图2-8）是指在含有电源的电路中，电流（I，A）的大小与电路中电源的电动势（E，V）成正比，与电路的总电阻（$R+r$，Ω）成反比，用公式表示为：$I=E/(R+r)$。其中R是指电路的外电阻，r是指电源的内电阻。

通常由于电源内电阻远小于电路外电阻，可以忽略不计，因此，可以认为电路两端的电压基本不变，约等于电源的电动势。

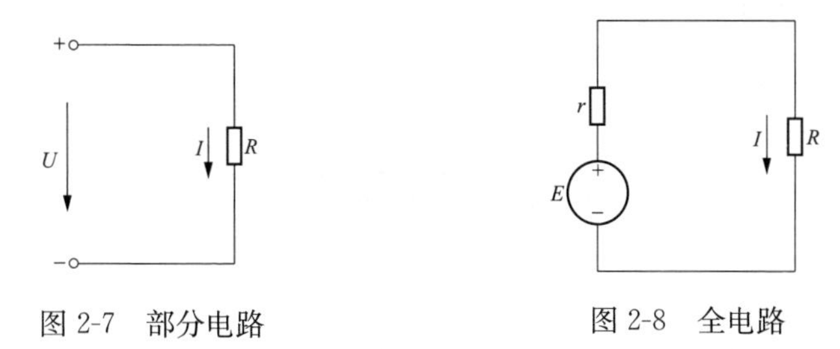

图 2-7　部分电路　　　　图 2-8　全电路

85. 电功和电功率

口诀

电路处处有电阻，电流经过要做功；
做功多少、分快慢，电功、电功率来计算。
电压、电流相乘积，其值等于电功率；
若要知道电功值，电功率乘时间积。
使用公式可计算，各量单位莫混淆；
电压伏特、电流安，电功率瓦特、电功焦。

知识要点

电功（W）也叫电能，是指电路中电流所做的功。电功率（P）是指电流在单位时间内所做的功，是衡量做功快慢的一个物理量。

电功的计量单位有焦耳（J）、千焦（kJ）和兆焦（MJ），其转换关系如下

$$1\text{MJ}=1000\text{kJ}\quad 1\text{kJ}=1000\text{J}$$

电功率的计量单位有瓦特（W）、千瓦（kW）和兆瓦（MW），其转换关系如下

$$1\text{MW}=1000\text{kW}\quad 1\text{kW}=1000\text{W}$$

电功和电功率的大小，与电路中的电压（U）和电流（I）有关。电功和电功率之间的关系为：$W=Pt=UIt$。

其中 t 为通电时间。两者之间的单位换算为：1J=1W·s=1VA·s。

86. 电度与焦耳的换算

口诀

电能计量用电表，计量单位常叫度；
千瓦设备时用电，消耗电能为 1 度。
焦耳计量有点小，其值仅有 1 瓦秒；
要问 1 度多少焦，相当 360 万。

知识要点

度是电能表计量电能时所用的单位。1 度电是指电功率为 1 千瓦（kW）的用电设备在 1 小时（h）所消耗的电能，即 1kW·h。度与焦耳的换算关系如下

$$1\text{kW}\cdot\text{h}=3.6\text{MJ}=3.6\times10^{3}\text{kJ}=3.6\times10^{6}\text{J}$$

87. 电流热效应

口诀

电流具有热效应，通过电阻会发热；
欲知热量有多少，焦耳定律要用到。

知识要点

电流热效应是指电流通过电阻时，电阻就会发热，将电能转化为热能。热效应的大小可以通过焦耳—楞次定律进行计算，即电流通过电阻所产生的热量（Q），与电流（I）的平方、电阻（R）和通

电的时间（t）成正比，用公式表示为：$Q=I^2Rt$。

热量常用的计量单位为焦耳（J），$1J=1A^2\cdot\Omega\cdot s$。

88. 焦耳与卡的换算

口诀

热量单位原用卡，现在统一用焦耳；
焦耳与卡要转换，1卡、4焦来折算。

知识要点

卡（cal）、千卡（kcal）为我国过去对热量进行计量所使用的单位，现在统一采用国际单位制规定的焦耳。

焦耳（J）与卡（cal）之间的换算关系为

$$1J=0.24cal \quad 1cal=4.18J$$

89. 串联电路

口诀

串联电路要形成，首尾相连留两头；
元件串接有特点，各个元件等电流。
总压、总阻要计算，只求分压、分阻和；
元件分压不一样，阻大、压大理应当。

知识要点

串联电路是指将两个或两个以上具有电阻参数的电气元件的首端和尾端依次相连，构成只有一个首端和一个尾端的无分支电路。

串联电路中，流过每个电气元件的电流相等（也等于电路总电流），电路两端的总电压等于各电气元件两端的电压之和，电路总电阻（等效电阻）等于各电气元件的电阻之和。

串联电路具有分压作用，阻值大的电气元件两端电压大，阻值小的电气元件两端电压小。

三电阻串联电路及其特点如图 2-9 所示。

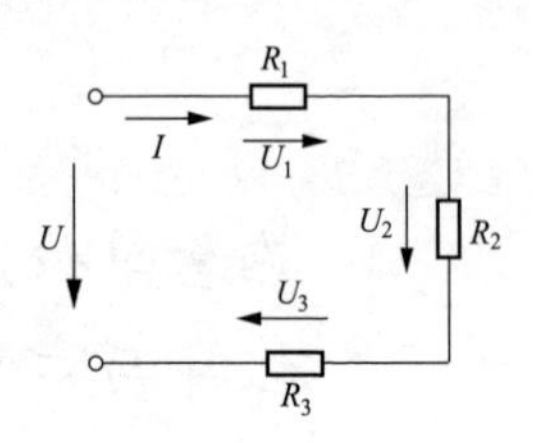

图 2-9　三电阻串联电路及其特点

（1）总电流等于各电阻电流：

$$I = I_1 = I_2 = I_3$$

（2）总电压等于各电阻电压之和：

$$U = U_1 + U_2 + U_3$$

（3）总电阻等于各电阻之和：

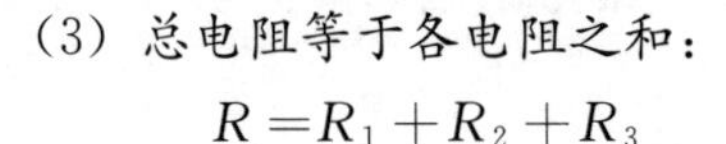

$$R = R_1 + R_2 + R_3$$

（4）有分压作用，电阻大者电压大：

$$U_1 = \frac{R_1}{R_1 + R_2 + R_3}U$$

$$U_2 = \frac{R_2}{R_1 + R_2 + R_3}U$$

$$U_3 = \frac{R_3}{R_1 + R_2 + R_3}U$$

90. 并 联 电 路

口诀

并联电路咋构成，首尾分别要连通；
元件并接有特点，各个元件电压同。
总流、总阻要注意，计算方法有差异；
总流可把分流和，总阻须求倒数和。
元件分流不一样，阻小、流大很正常。

知识要点

并联电路是指将两个或两个以上具有电阻参数的电气元件的首

端和尾端分别相连，构成只有一个首端和一个尾端的有分支电路。

并联电路中，各支路电气元件两端的电压相等（也等于电路两端的总电压），流过电路的总电流等于各支路电气元件流过的电流之和，电路总电阻（等效电阻）的倒数等于各支路电气元件电阻的倒数之和。

并联电路具有分流作用，阻值大的电气元件流过的电流小，阻值小的电气元件流过的电流大。

三电阻并联电路及其特点如图 2-10 所示。

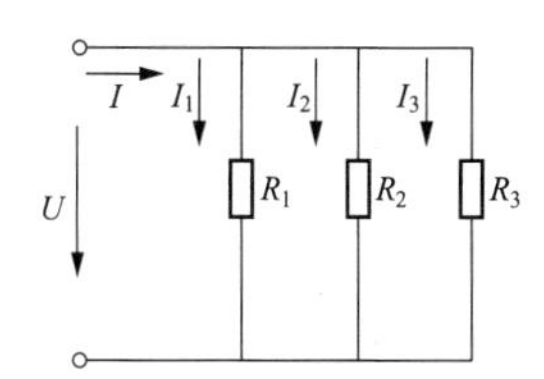

图 2-10　三电阻并联电路及其特点

（1）总电压等于各电阻电压：

$$U = U_1 = U_2 = U_3$$

（2）总电流等于各电阻电流之和：

$$I = I_1 + I_2 + I_3$$

（3）总电阻倒数等于各电阻倒数之和：

$$\frac{1}{R} = \frac{1}{R_1} + \frac{1}{R_2} + \frac{1}{R_3}$$

（4）有分流作用，电阻小者电流大：

$$I_1 = \frac{R_2R_3}{R_1R_2 + R_2R_3 + R_3R_1} \cdot I$$

$$I_2 = \frac{R_3R_1}{R_1R_2 + R_2R_3 + R_3R_1} \cdot I$$

$$I_3 = \frac{R_1R_2}{R_1R_2 + R_2R_3 + R_3R_1} \cdot I$$

91. 混联电路

口诀

混联电路不难辨，串联、并联在里面；
串联、并联分开看，掌握特点也好办。
串联支路等电流，并联支路等电压；
串联支路可分压，并联支路能分流。

串联电阻总阻大，大过最大；
并联电阻总阻小，小过最小。
串阻分压，阻大压大；并阻分流，阻大流小。

知识要点

混联电路是指一部分为串联电路、一部分为并联电路的串并联电路。混联电路兼有串联电路和并联电路的双重特点，其串联部分具有串联电路的特点，并联部分具有并联电路的特点。

混联电路计算时，只需要将电路按照串并联关系划分成多个分支电路。首先对每个分支电路的电压、电路、电阻分别进行计算，再依据每个分支电路之间的串并联关系，对其组合后电路的电压、电路、电阻分别进行计算，依次进行，直到完成混联电路的电压、电流和电阻的计算为止。

电阻串联相当于导体的长度增加，故等效电阻变大，并大于最大电阻；电阻并联，相当于导体的截面积增大，故等效电阻变小，并小于最小电阻。

串联电阻具有分压作用，阻值大的电压大；并联电阻具有分流作用，阻值大的电流小。

三电阻混联电路及其特点如图 2-11 所示。

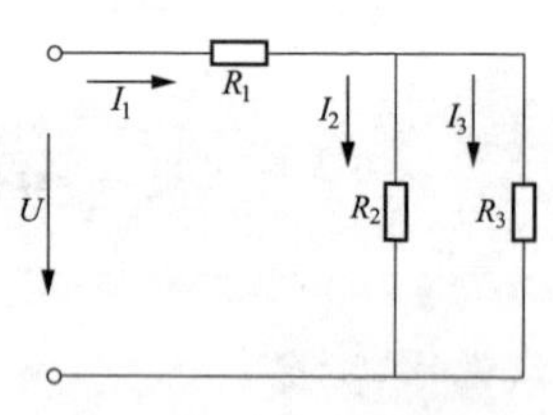

图 2-11　三电阻混联电路及其特点

（1）总电阻：

$$R = R_1 + \frac{R_2 R_3}{R_2 + R_3}$$

（2）总电流：

$$I = \frac{R_2 + R_3}{R_1 R_2 + R_2 R_3 + R_3 R_1} U$$

（3）各电阻电压：

$$U_1 = \frac{R_1 R_2 + R_3 R_1}{R_1 R_2 + R_2 R_3 + R_3 R_1} U$$

$$U_2 = U_3 = \frac{R_2 R_3}{R_1 R_2 + R_2 R_3 + R_3 R_1} U$$

（4）各电阻电流：

$$I_1 = I = \frac{R_2 + R_3}{R_1 R_2 + R_2 R_3 + R_3 R_1} U$$

$$I_2 = \frac{R_3}{R_1 R_2 + R_2 R_3 + R_3 R_1} U$$

$$I_3 = \frac{R_2}{R_1 R_2 + R_2 R_3 + R_3 R_1} U$$

92. 两个电阻串并联

口诀

两电阻相串，总阻直接加；
两阻值相等，总阻翻一番。
两电阻相并，相加除相乘；
两阻值相等，总阻减一半；
阻值一比二，总阻三分大；
阻值一比三，总阻四分大。

知识要点

由两个电阻元件组成的电路，是最简单的串并联电路。

两电阻串联，总电阻为两电阻之和；如果两个电阻相等，则串联总电阻为各电阻的两倍。

两电阻并联，总电阻为两电阻的乘积除以两电阻之和后所得到的商。如果两个电阻相等，则并联总电阻为各电阻的一半；如果两电阻为 1∶2 的倍数关系，则并联总电阻为大电阻的 1/3；如果两电阻为1∶3的倍数关系，则并联总电阻为大电阻的1/4，以此类推。

93. 基尔霍夫定律

口诀

基尔霍夫两定律，电流、电压辨仔细；
第一定律说电流，第二定律讲电压。
多条线路连接点，专业术语叫节点；
每一节点电流值，流进、流出为等值。
电流流经闭合路，专业术语称回路；
每一回路电压值，压升、压降也等值。

知识要点

基尔霍夫第一定律是指节点电流定律：对于电路中的任何一个节点（三个或三个以上支路的连接点），流入的电流之和等于流出的电流之和，或者说流入电流与流出电流的代数和为零，用公式可表示为：$\sum I=0$。在应用时应注意节点处电流的方向，通常规定流入节点的电流为正，流出节点的电流为负。

基尔霍夫第二定律是指回路电压定律：对于电路中任一回路（闭合路径），电压的降低等于电压的升高，或者说电压降的代数和等于电源电动势的代数和，用公式可表示为：$\sum U=\sum E$。在应用时，先选定绕行方向，回路中凡是与绕行方向相同的电动势和电流取正号，反之取负号。电源电动势的方向是从负极到正极。

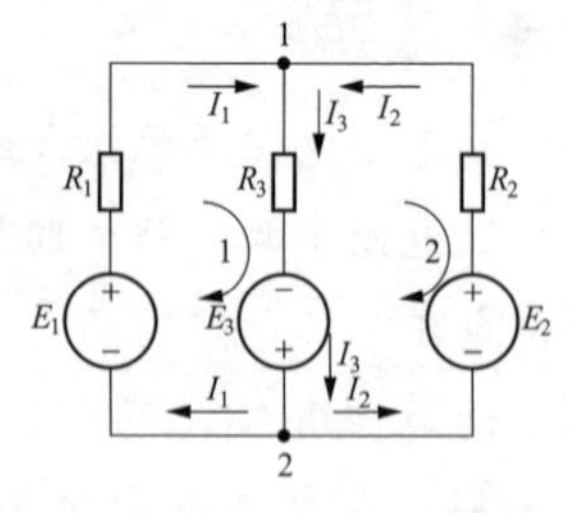

图 2-12　三电源电路图

如图2-12所示的三电源电路：

（1）应用基尔霍夫第一定律：

$$节点1：I_1+I_2-I_3=0$$

$$节点2：I_3-I_1-I_2=0$$

（2）应用基尔霍夫第二定律：

$$回路1：I_1R_1+I_3R_3=-E_3+E_1$$

$$回路2：-I_2R_2-I_3R_3=-E_2+E_3$$

94. 电容器和电容

口诀

电容器，真奇怪，交流、直流两样待；
交流通过少妨碍，阻断直流理不歪。
电容器，种类多，容量大小不一样；
正比面积、反比距，介质、温度有影响。
要知容量是多少，可用电压除电量；
电容单位为法拉，库仑/伏特恰相当。
法拉计量不方便，微法、皮法可替换；
三者之间要转换，百万进位来折算。

知识要点

电容器是由中间填有绝缘介质的两个极板构成，能够储存电荷，具有阻断直流、导通交流的特征。

电容是电容量的简称，是衡量电容器储存电荷能力大小的物理量。电容的大小与电容器两极板的相对面积、两极板的间距以及两极板之间的绝缘介质有关，也受环境温度的影响。对于绝缘介质相同的电容器，极板相对面积越大、极板间距越小，电容器的电容越大。

电容值（C）可以根据电容器两端的电压（U）和电量（Q）计算而得，即$C=Q/U$。电容的计量单位有法拉（F）、微法（μF）和

皮法（pF），三者之间的换算关系为

$$1F=1\times10^{6}\mu F \quad 1\mu F=1\times10^{6}pF$$

其中1法拉相当1库仑/伏特，即1F=1C/V。

95. 电容器串并联

口诀

电容串联值减小，相当板距再加长；
要知总值是多少，则须求其倒数和。
电容并联值增大，相当板面又增加；
要知总值有多大，可把分值直接加。

知识要点

电容器串、并联时，其等效电容值的计算与电阻不同。

电容器串联时，相当于两极板间距加长，故等效电容值变小（小于最小电容），等效电容的倒数等于各电容的倒数之和。

电容器并联时，相当于两极板相对面积增大，故等效电容变大（大于最大电容），等效电容等于各电容之和。

三电容串联电路如图2-13所示。其等效电容计算公式为

$$\frac{1}{C}=\frac{1}{C_1}+\frac{1}{C_2}+\frac{1}{C_3}$$

三电容并联电路如图2-14所示。其等效电容计算公式为

$$C=C_1+C_2+C_3$$

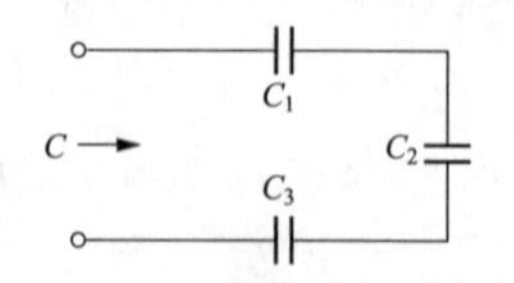

图2-13　三电容串联电路

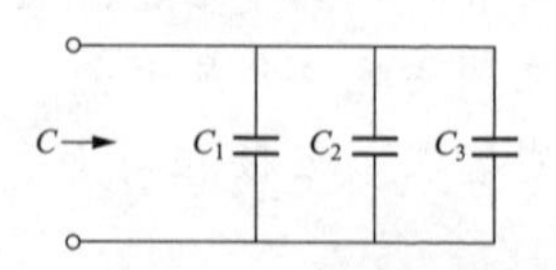

图2-14　三电容并联电路

96. 容　抗

口诀

交流通过电容器，阻碍作用叫容抗；
电容容抗值大小，容量、频率反影响。
电容容量值越大，电容容抗值越小；
交流频率值越低，电容容抗值越大。

知识要点

容抗是指电容器对交流电的阻碍作用。

容抗（X_C）的大小与电容器的电容（C）和交流电的频率（f）或角频率（ω）成反比，用公式可表示为：$X_C=1/(2\pi fC)=1/(\omega C)$。

容抗常用的计量单位是欧姆（Ω）。

97. 电感器和电感

口诀

电感器，也奇怪，直流、交流区别待；
直流通过无妨碍，阻碍交流似应该。
电感种类也很多，容量大小不一样；
线圈匝数和形状，有无铁芯也影响。
电感单位有亨利，还有毫亨和微亨；
三者之间可转换，千级进位来折算。

知识要点

电感器是由线圈绕制而成，能产生磁通量，有空芯电感器和铁芯电感器两种。电感器具有导通直流、阻断交流的特征。

电感（L）是衡量绕组产生自感磁通量大小的物理量，其大小与绕组的匝数、几何形状有关，还与绕组中媒介质的磁导率有关。对于结构一定的空芯绕组，其电感为常数；对于有铁芯的绕组，其电感是变化的。

电感的计量单位有亨利（H），毫亨（mH）和微亨（μH），其换算关系如下

$$1\text{H}=1000\text{mH} \quad 1\text{mH}=1000\mu\text{H}$$

98. 电感器串并联

口诀

电感串联值增大，就把分值直接加；
电感并联值减小，须求分值倒数和。

知识要点

电感器的串并联与电阻的串并联相似，其等效电感的计算与等相电阻的计算相同。

（1）电感器串联时，总的电感值增大，等效电感等于各电感器的电感之和。

用公式可表示为：$L=L_1+L_2+L_3+\cdots$

（2）电感器并联时，总的电感值减小，等效电感的倒数等于各电感器电感的倒数之和。

用公式可表示为：$\dfrac{1}{L}=\dfrac{1}{L_1}+\dfrac{1}{L_2}+\dfrac{1}{L_3}+\cdots$

（3）两个互感作用为M的电感器顺串（电流流向相同）时，等效电感要大于两电感之和。

用公式可表示为：　$L=L_1+L_2+2M$

（4）两个互感作用为M的电感器反串（电流流向相反）时，等效电感要小于两电感之和。

用公式可表示为：$L=L_1+L_2-2M$

99. 感　抗

口诀

交流通过电感器，阻碍作用叫感抗；
电感感抗值大小，感量、频率正影响。
电感感量值越大，电感感抗值越大；
交流频率值越低，电感感抗值越小。

知识要点

感抗是指电感器对交流电的阻碍作用。

感抗（X_L）的大小与电感器的电感（L）和交流电的频率（f）或角频率（ω）成正比，用公式可表示为：$X_L=2\pi fL=\omega L$。

感抗常用的计量单位是欧姆（Ω）。

100. 电抗和阻抗

口诀

感抗、容抗，合称电抗；
电阻、电抗，合称阻抗。
电阻、电抗和阻抗，三个概念分清常；
三者之间啥关系，勾股定理来帮忙。

知识要点

当电路中同时存在具有电阻、电感和电容性参数的电气元件时，就涉及电抗和阻抗两个物理量。

电抗和阻抗常用的计量单位都是欧姆（Ω）。

电抗（X）是感抗（X_L）和容抗（X_C）的合称。

阻抗（Z）是电阻（R）和电抗（X）的合称。

电阻、电抗、阻抗三者之间的关系，可用勾股定理表示如下

$$Z=\sqrt{R^2+X^2}$$

对于由电阻、电感和电容三者组成的不同电路，其阻抗是不相同的。

（1）电阻、电感串联，阻抗

$$Z=\sqrt{R^2+X_L^2}$$

（2）电阻、电感并联，阻抗

$$Z=\frac{1}{\sqrt{\left(\frac{1}{R}\right)^2+\left(\frac{1}{X_L}\right)^2}}$$

（3）电阻、电容串联，阻抗

$$Z=\sqrt{R^2+X_C^2}$$

（4）电阻、电容并联，阻抗

$$Z=\frac{1}{\sqrt{\left(\frac{1}{R}\right)^2+\left(\frac{1}{X_C}\right)^2}}$$

（5）电阻、电感、电容串联（见图 2-15），阻抗

$$Z=\sqrt{R^2+(X_L-X_C)^2}$$

（6）电阻、电感、电容并联（见图 2-16），阻抗

$$Z=\frac{1}{\sqrt{\left(\frac{1}{R}\right)^2+\left(\frac{1}{X_L}-\frac{1}{X_C}\right)^2}}$$

（7）电阻、电感串联，再与电容并联（见图 2-17），阻抗

$$Z=\frac{1}{\sqrt{\frac{1}{R^2+X_L^2}+\left(\frac{1}{X_C}\right)^2}}$$

（8）电阻、电容串联，再与电感并联（见图 2-18），阻抗

$$Z=\frac{1}{\sqrt{\frac{1}{R^2+X_C^2}+\left(\frac{1}{X_L}\right)^2}}$$

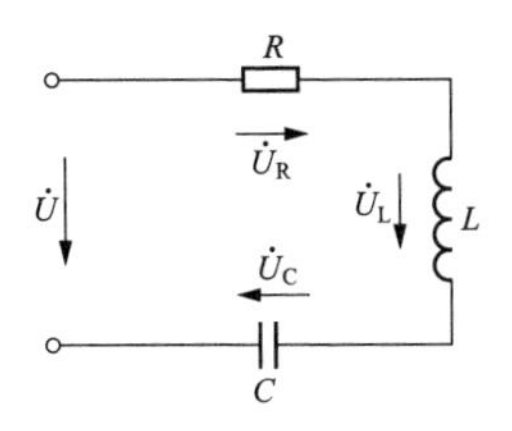

图 2-15 电阻、电感、电容串联电路

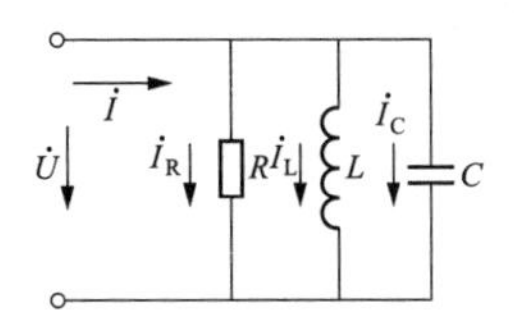

图 2-16 电阻、电感、电容并联电路

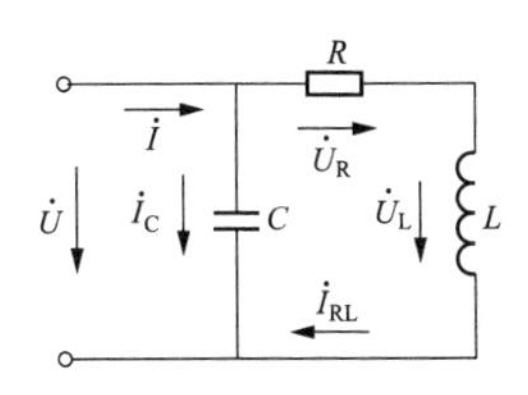

图 2-17 电阻、电感串联与电容并联电路

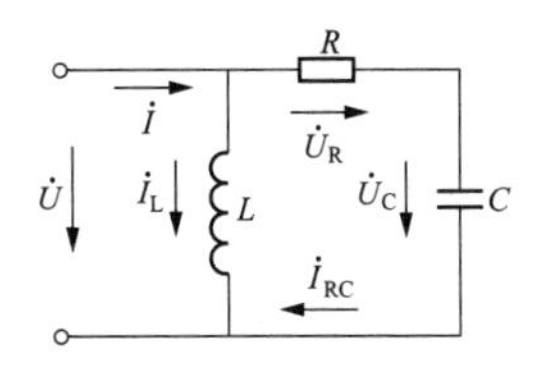

图 2-18 电阻、电容串联与电感并联电路

101. 磁 铁 磁 场

口诀

磁铁周围有磁场，磁铁两端磁性强；
两端命名南、北极，对应符号 S、N。
磁场磁性有强弱，磁通密度可定舵；
磁场方向看两极，外部北极到南极。
表示磁场磁感线，强弱不同定疏密；
磁极之间有作用，同性斥来、异性吸。

知识要点

磁铁具有磁性，能够吸引铁屑粉。磁性在磁铁周围分布的空间，就是磁铁的磁场。磁铁两端（磁极）的磁性最强，一个称作北极

（N极），一个称作南极（S极），见图2-19。

磁场的强弱由磁感应强度（也叫磁通密度，是指单位面积上的磁通量，用B表示；计量单位为特斯拉，用T表示）的大小来衡量，也可用磁感线的疏密（越靠近磁极，磁场越强，磁感线越密）来形象表示。

磁场也具有方向性，其方向定义为从北极（N极）出来，从南极（S极）返回。

磁极与磁极之间具有相互作用力（见图2-20）。同性磁极相互排斥、异性磁极相互吸引。

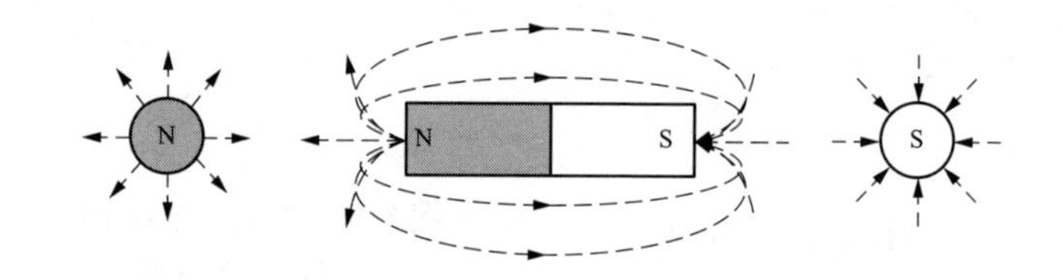

图2-19　磁铁磁场（磁感线）方向

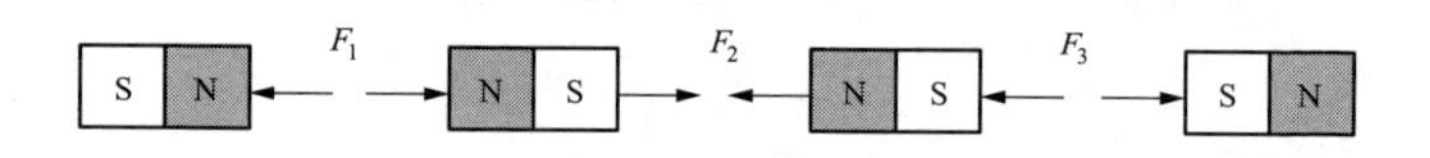

图2-20　磁极之间的相互作用力

102. 电磁感应

口诀

导体周围磁场变，感生电势会出现；
导体若成闭合路，感生电流在里面。
磁通变，感生电，电流反对磁通变；
“动磁生电”很常见，电磁感应用途宽。

知识要点

处于磁场中的导体，如果磁场（磁通量 Φ）发生变化，则会在导体中产生感生电动势（感应电动势 $E_{感}$）；如果导体是闭合回路的一部分，则导体中会有感生电流（感应电流）流过。这种由于磁通量变化而产生感生电动势的现象就是电磁感应现象，也称法拉第电磁感应定律。

感生电流周围可以形成磁场，并且该磁场总是阻碍原磁场磁通量的变化。也就是说，原磁场磁通量变大时，感生电流的磁场方向与原磁场方向相反；原磁场磁通量变小时，感生电流的磁场方向与原磁场方向相同。

法拉第电磁感应定律用公式可表示为：$E_{感}=-\dfrac{\Delta\Phi}{\Delta t}$。其中负号表示感生电动势总是阻碍原磁通量的变化。

103. 安培定则

口诀

电流周围生磁场，安培定则定方向；
直通导线、螺线管，判断方法都一样。
判断要伸右手掌，四指弯曲、拇指直；
电流直来、磁场绕，电流绕来、磁场直。
两者方向相关联，恰似螺钉做旋转；
你要顺转、我里钻，你若逆转、我外探。

知识要点

电流（I）流经导体时，在导体周围会形成磁场（B），磁场的方向可以用安培定则来判断。通电导体有两种结构形式，一种是直通导线（见图 2-21），另一种是通电螺线管（见图 2-22）。

安培定则内容描述如下：伸开右手，拇指与四指垂直，用手握住直通导线或通电螺线管：用拇指指向直通导线的电流方向，则四指指向就是磁场的环绕方向；用四指指向螺线管电流的环绕方向，则拇指指向就是磁场的方向（N 极）。

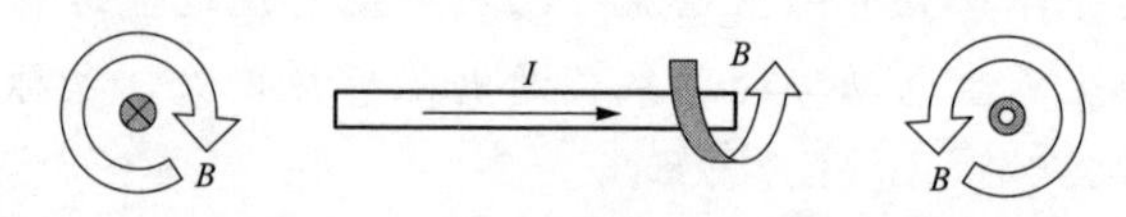

图 2-21　直通导线电流与磁场方向

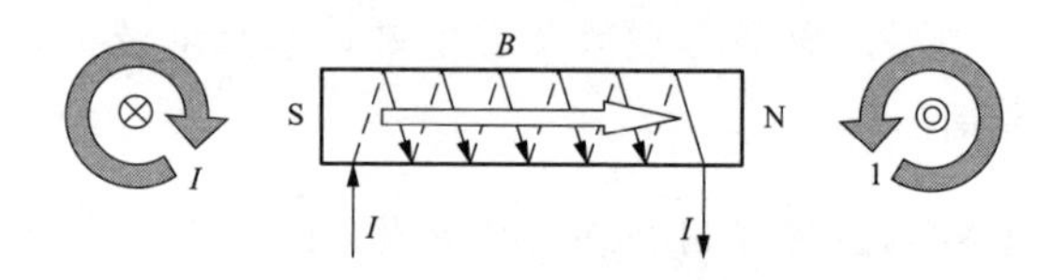

图 2-22　通电螺线管电流与磁场方向

104. 右手定则

口诀

右手定则发电机，动导、磁变电自生。
右手掌心迎磁场，拇指、四指相垂直；
拇指指向运动向，四指则指电势向；
导体若在闭路中，四指也指电流向。

知识要点

导体在磁场中做切割磁感线运动（或者磁场穿过导体的磁通量发生变化），导体中就会产生感应电动势，也叫感生电动势。感应电动势的方向可以用右手定则（发电机原理）来判断。

右手定则内容描述如下：伸开右手，使拇指与其余垂直，并跟手掌在同一平面内，掌心面对磁场方向使磁感线垂直穿过掌心，用拇指指向导体的运动方向，则四指指向就是导体感生电动势的方向。如果是闭合电路中的导体，则四指指向也就是导体内部感生电流的方向。

由右手定则可知，感生电动势（$E_{感}$）的方向与磁场（B）的方向、导体做切割磁感线运动（v）的方向有关系。三者之间的关系见图 2-23 所示。

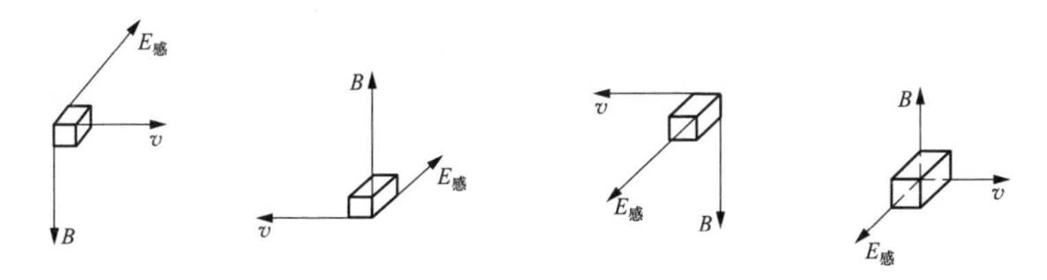

图 2-23　做切割磁感线运动导体产生感生电动势的方向

105. 运动导体感生电动势大小

口诀

感生电动势有大小，四个因素正影响；
磁场、长度和速度，还有运动的方向。

知识要点

导体在匀强磁场（磁场中各处的磁感应强度相同）中作切割磁感线运动，导体内部会产生感生电动势。

感生电动势（$E_{感}$，V）的大小与磁感应强度（B，T）、导体切割磁感线的有效长度（L，m）和导体运动的速度（v，m/s）成正比，也与导体运动的方向有关系。

运动导体感生电动势用公式可以表示为：$E_{感}=BLv\sin\theta$。其中 $\sin\theta$ 是指运动方向和磁感线之间夹角 θ 的正弦值。

当导体的运动方向与磁场方向互相垂直时，导体中产生的感生电动势为最大值。

106. 左手定则

口诀

左手定则电动机，电导、磁变动起来。
左手掌心迎磁场，拇指、四指相垂直；
四指指向电流向，拇指则指受力向。

知识要点

通电导体在磁场中会受到磁场的作用力，也叫安培力。作用力的方向可以由左手定则（电动机原理）来判断。

左手定则内容描述如下：伸开左手，使拇指与其余四指垂直，并跟手掌在同一平面内，掌心面对磁场方向使磁感线垂直穿过掌心，用四指指向通电导体的电流方向，则拇指指向就是导体的受力方向。

由左手定则可知，通电导体在磁场中受到安培力（F）的方向与磁场（B）的方向、导体中电流（I）的方向有关系。三者之间的关系见图 2-24 所示。

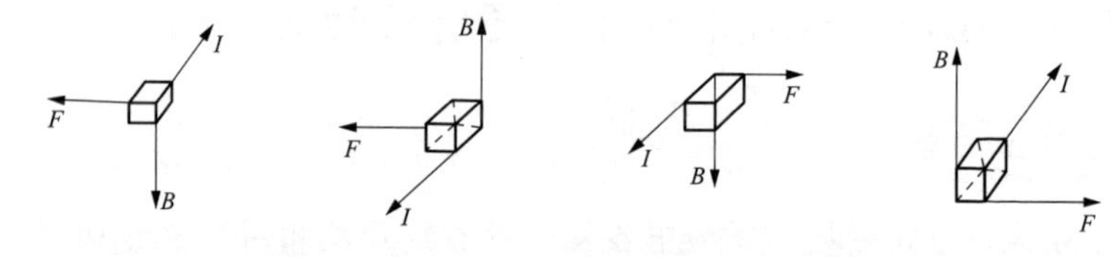

图 2-24　通电导体在磁场中受到安培力的方向

107. 安培力大小

口诀

通电导体安培力，四个因素正影响；
磁场、电流和长度，还有电流的方向。

知识要点

通电导体在匀强磁场中，会受到磁场的作用力（安培力）。安培力（F，N）的大小与磁感应强度（B，T）、导体中的电流（I，A）及导体位于磁场中的有效长度（L，m）成正比，也与导体中电流的方向有关系。

通电导体在匀强磁场中受到的安培力，用公式可以表示为：$F=BIL\sin\theta$。其中 $\sin\theta$ 是电流和磁感线之间夹角 θ 的正弦值。

当通电导体中的电流方向与磁场方向互相垂直时，导体受到的安培力为最大值。

108. 洛伦兹力

口诀

运动电荷磁场中，为何方向会改变；
只缘受到磁场力，洛伦兹力作命名。
洛伦兹力有方向，左手定则可适用；
四指指向运动方，正负电荷不一样。
洛伦兹力有多牛，q、v、B 来相乘；
垂直运动力最大，圆周运动也匀速。

知识要点

处于磁场中的运动电荷所受到磁场的作用力，称作洛伦兹力。由于洛伦兹力的作用，电荷的运动方向会发生变化。安培力实质上是若干个电荷所受洛伦兹力所形成的合力，洛伦兹力的方向同样可以用左手定则来判断。

左手定则内容描述如下：伸开左手，使拇指与其余四指垂直，并跟手掌在同一平面内，掌心面对磁场方向使磁感线垂直穿过掌心，用四指指向正电荷的运动方向，则拇指指向就是电荷的洛伦兹力方向。如果是负电荷，四指的指向则要与其运动方向相反。

洛伦兹力（F_q，N）的大小，与电荷的电量（q，C）、运动速度（v_0，m/s）和磁感应强度（B、T）成正比例，还与电荷运动方向有关系。

洛伦兹力用公式可表示为：$F_q = qvB\sin\theta$。

其中 $\sin\theta$ 为电荷运动方向与磁场方向夹角的正弦值。

当运动电荷沿与磁感线垂直方向运动并进入磁场时，受到的洛伦兹力最大，并且会做匀速圆周运动。如图 2-25 所示。

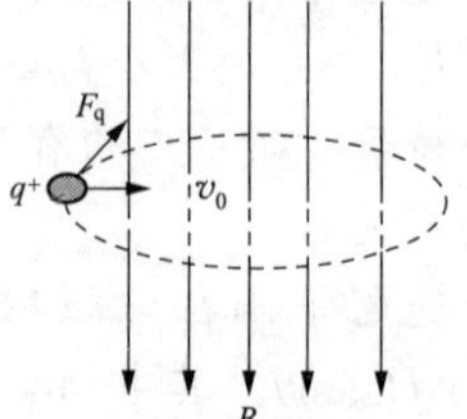

图 2-25　洛伦兹力方向判断

109. 平行导体之间作用力方向

口诀

两根导体平行放，通电以后互影响；
电流同向、中间靠，电流反向、两边离。

知识要点

两根平行放置的导体，在通电以后，相互之间存在着作用力，作用力的方向跟两导体中电流的方向有关。两通电导体之间的相互作用，实质上是一个导体电流所产生的磁场对另一个导体中电流的作用力（安培力），或表现为吸引力，或表现为排斥力。

当两根通电导体的电流方向相同时，作用力表现为吸引力；当两个通电导体的电流方向相反时，作用力表现为排斥力。

两根平行通电导体之间作用力的方向如图 2-26 所示。

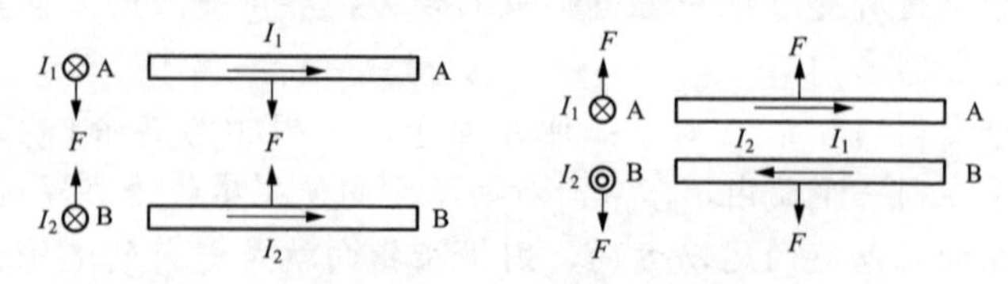

图 2-26　两根平行通电导体之间作用力的方向

110. 平行导体之间作用力大小

口诀

平行导体电磁力，正比长度、电流积；
反比距离乘半亿，公斤、米、安定单位。
电流万安、长、距米，磁力约为 2 公斤力；
公斤化作牛顿计，数值扩大约 10 倍。

知识要点

两根平行放置的导体，在通电以后，相互之间存在着作用力。作用力的大小跟两导体中电流的大小、导体的长度以及两导体之间的距离有关。

具体来说，某一导体受到的作用力（F_1，N）与该导体的有效长度（l_1，m）成正比，与两导体中的电流的乘积（I_1I_2，A^2）成正比，与两导体之间的距离（d，m）成反比。用公式可表示为：$F_1=9.8l_1I_1I_2/(5\times10^7d)$。

两根电流均为 10 000A、长度为 1m、间距为 1m 的通电导体之间的作用力，大约为 2 千克力（kgf）或者 20 牛顿（N）。

111. 自感电动势

口诀

电流、磁通变，绕组自感电；
自感电动势，阻碍电流变。
电流变化有快、慢；
自感电动势大、小变。

知识要点

自感现象是一种特殊的电磁感应现象，是由于导体（通常指绕组）本身电流发生变化而产生的电磁感应现象。当流过绕组的电流发生变化，导致穿过绕组的磁通量发生变化而产生的电动势，称为自感电动势。

自感电动势总是阻碍绕组中原电流的变化，当原电流增大时，自感电动势的方向与原电流的方向相反，当原电流减小时，自感电动势的方向与原电流的方向相同。

自感电动势的大小除了跟绕组自身的结构有关外，还跟绕组中原电流变化的快慢有关。对于同一绕组，绕组中原电流变化越快，绕组中产生的自感电动势就越大。在电流变化快慢相同的情况下，不同的绕组所产生的自感电动势也是不同的。

112. 互感电动势

口诀

电流、磁通变，绕组互感电；
互感电动势，阻碍电流变。
电流变化有快、慢；
互感电动势大、小变。

知识要点

互感现象是指当一个导体（通常指绕组）中的电流发生变化时而在另一个导体（通常指绕组）中会产生感生电动势的现象。由互感现象产生的感生电动势叫作互感电动势。

互感电动势的大小与电流变化绕组中电流变化的快慢有关，也与两绕组之间的相对距离以及两绕组的结构有关。互感电动势的方向总是阻碍电流变化绕组中的电流变化。

电力变压器、电压互感器、电流互感器等都是根据互感原理工作的。

113. 常用交流电

口诀

常用工频交流电，大小、方向都在变；
每秒变化 50 次，遵循正弦函数线。

知识要点

正弦交流电是指其大小和方向是按照正弦函数规律做周期性变化的交流电。正弦交流电的波形如图 2-27 所示。

正弦交流电可由交流发电机产生。交流发电机根据电磁感应原理制成，由线圈（绕组）在磁场中连续做旋转运动，在线圈中产生感生电动势。线圈两端通过铜环、电刷等装置与外部电路相连，形成回路。交流发电机的本身结构特点就决定了线圈中的感生电动势按照正弦函数规律变化，最终形成正弦交流电。

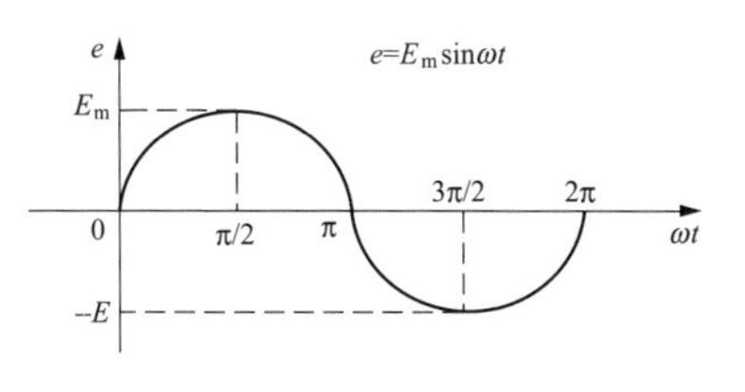

图 2-27　正弦交流电波形图

我国常用的工频交流指的就是频率为 50 赫兹（Hz）的正弦交流电。频率是指交流电在每秒钟内做周期性变化的次数。工频交流电在每秒钟内可变化 50 次，每变化一次仅需要 0.02s。

114. 交流电的物理量

口诀

交流电确定有三量，幅值、频率和初相。
幅值也叫最大值，有效值的根 2 倍。

频率、周期有关系，互为倒数积为1。
频率、角频率不相同，两者相差2π倍。

知识要点

确定交流电有三个基本的物理量：幅值、频率和初相位。幅值也叫最大值，等于有效值的$\sqrt{2}$倍。

相位是指交流电在任意时刻的电角度（绕平面与中性面的夹角）。初相位是指交流电在起始时刻（$t=0$时）的电角度。

交流电的有效值是参考直流电来确定的，其值等于在相同时间内与其热效应相等的直流电的大小。

最常用的物理量有：频率（f）、周期（T）和角频率（ω）。

频率（f）和周期（T）互为倒数关系，即$f=1/T$。

频率（f）和角频率（ω）概念不同。频率（f）是指交流电每秒钟内变化的次数，角频率（ω）是指交流电每秒钟变化的弧度，两者的换算关系为$\omega=2\pi f$。

115. 电压与电流的相位关系

口诀

电感、电容电路中，压、流相位不相同；
感性负载压超流，容性负载流超压；
电路若无电阻性，两者相位差90°。

知识要点

在交流电路中，电阻性负载的电压和电流始终保持同相位，即同时达到最大值或最小值。

交流电路中的电感器、电容器等非电阻性负载，其电压、电流的相位不同相，其电压和电流不能同时达到最大值或最小值。

对于纯电感性电路，其电压相位超前电流相位90°；对于纯电容性电路，电流相位超前电压相位90°。

在实际应用中，由于电阻性和电感性负载的同时存在，电路中电压超前电流的相位角要小于90°。

116. 功 率 因 数

口诀

电压、电流相位差，功率因数隐含它；
功率因数咋定义，就是位差余弦值。
功率因数有别名，通常也叫作力率；
力率计算也容易，有功、视在功率比。
功率因数大于0，最大不会超过1；
要求不小0.9，罚低、奖高提效率。

知识要点

在交流电路中，电压和电流相位差的大小，决定了功率因数的高低。功率因数用 $\cos\varphi$ 表示，其中 φ 就是指电压与电流之间的相位差。

功率因数（$\cos\varphi$），等于有功功率（P）与视在功率（S）的比值，用公式表示为：$\cos\varphi = p/s$。

117. 功率因数估算（一）

口诀

功率因数易估计，无功、有功电度比：
一比一，零点七；一比二、点八九；
少三、点八二，多三、点六二；
多八则按点五计。

知识要点

功率因数（cosφ）可以由无功电度与有功电度比值（tanφ）的大小来估算。

当无功电度与有功电度相等（1/1）时，功率因数约为0.7；当无功电度等于有功电度的50%（1/2）时，功率因数约为0.89；当无功比有功少30%（7/10）时，功率因数约为0.82；当无功比有功多30%（13/10）时，功率因数约为0.62；当无功比有功多80%（18/10）时，功率因数约为0.5。

功率因数（cosφ）和tanφ之间的对应关系见表2-1。

表2-1　　　　cosφ与tanφ对应值

cosφ	tanφ	cosφ	tanφ	cosφ	tanφ	cosφ	tanφ	cosφ	tanφ
1.00	0.00	0.90	0.484	0.80	0.750	0.70	1.020	0.60	1.334
0.99	0.143	0.89	0.512	0.79	0.776	0.69	1.049	0.59	1.368
0.98	0.203	0.88	0.540	0.78	0.802	0.68	1.078	0.58	1.403
0.97	0.251	0.87	0.567	0.77	0.829	0.67	1.108	0.57	1.441
0.96	0.292	0.86	0.593	0.76	0.855	0.66	1.138	0.56	1.479
0.95	0.329	0.85	0.619	0.75	0.882	0.65	1.169	0.55	1.520
0.94	0.363	0.84	0.646	0.74	0.809	0.64	1.201	0.54	1.559
0.93	0.395	0.83	0.672	0.73	0.936	0.63	1.233	0.53	1.600
0.92	0.426	0.82	0.698	0.72	0.924	0.62	1.265	0.52	1.643
0.91	0.456	0.81	0.724	0.71	0.992	0.61	1.299	0.51	1.686

118. 功率因数估算（二）

口诀

功率因数可统计，不同企业有差异：
纺织企业0.9，机加企业0.7；
其他企业0.8。

知识要点

不同行业的企业，用电负荷的功率因数是有差别的。

据不完全统计，纺织类企业功率因数较高，一般为0.9左右；机械加工类企业功率因数较低，一般为0.7左右；其他行业企业，功率因数一般为0.8左右。

119. 交流电路的功率

口诀

交流电路三功率，有功、无功和视在；
三个功率辨仔细，P、Q、S各表示。
三者之间啥关系，勾股定理可明晰；
有功、无功直角边，视在功率在斜边。
有功功率好理解，电能消耗电阻上；
无功功率也有用，只缘电感和电容；
视在功率是总称，有功、无功含其中。
三个功率怎样计，视在功率压、流积；
有功功率也容易，视在功率乘力率；
无功功率是多少，计算方法有两种：
视在乘以正弦 Φ，有功乘以正切 Φ。
三者单位差别大，有功功率是千瓦；
无功功率用千乏，视在功率千伏安。

知识要点

交流电路的电功率分为有功功率（P）、无功功率（Q）和视在功率（S）三种。

有功功率是指电流通过电阻性负荷所消耗的电功率（P），计量单位有瓦（W）和千瓦（kW）。

无功功率是指电流通过电感性负荷或电容性负荷用来交换的电功率（Q），计量单位有乏（var）和千乏（kvar）。

视在功率是指电流通过阻抗性负荷所需要的总电功率（S），计量单位有伏安（VA）和千伏安（kVA）。

功率三角形如图2-28所示。

三功率之间的换算关系如下：

$S=UI$　　$S^2=P^2+Q^2$

$P=S\cos\varphi=UI\cos\varphi$　　$P=Q/\tan\varphi$

$Q=S\sin\varphi=UI\sin\varphi$　　$Q=P\tan\varphi$

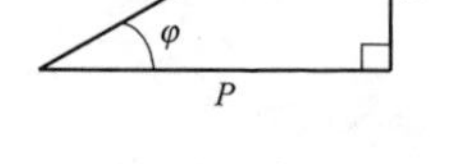

图2-28　功率三角形

120. 有功功率与视在功率的换算

口诀

有功、视在要换算，功率因数须先知；
九、八、七、六、五，一、二、四、七、十。

知识要点

根据功率因数（$\cos\varphi$）的高低，可以估算出有功功率（P）与视在功率（S）之间的比例关系。

当功率因数（$\cos\varphi$）分别为0.9、0.8、0.7、0.6、0.5时，视在功率（S）分别约为有功功率（P）的1.1、1.2、1.4、1.7、2.0倍。

功率因数（$\cos\varphi$）和视在功率与有功功率比值（S/P）之间的对应关系见表2-2。

表 2-2　　　　　　　　$\cos\varphi$ 和 S/P 对应值

$\cos\varphi$	S/P	$\cos\varphi$	S/P	$\cos\varphi$	S/P	$\cos\varphi$	S/P	$\cos\varphi$	S/P
1.00	1.000	0.90	1.111	0.80	1.250	0.70	1.429	0.60	1.667
0.99	1.010	0.89	1.124	0.79	1.266	0.69	1.449	0.59	1.695
0.98	1.020	0.88	1.136	0.78	1.282	0.68	1.471	0.58	1.724
0.97	1.031	0.87	1.149	0.77	1.299	0.67	1.493	0.57	1.754
0.96	1.042	0.86	1.163	0.76	1.316	0.66	1.515	0.56	1.786
0.95	1.053	0.85	1.177	0.75	1.333	0.65	1.539	0.55	1.818
0.94	1.064	0.84	1.191	0.74	1.351	0.64	1.563	0.54	1.852
0.93	1.075	0.83	1.205	0.73	1.370	0.63	1.587	0.53	1.887
0.92	1.087	0.82	1.220	0.72	1.389	0.62	1.613	0.52	1.923
0.91	1.099	0.81	1.235	0.71	1.409	0.61	1.639	0.51	1.961

121. 马力与千瓦的换算

马力换千瓦，四分三千瓦；
千瓦换马力，增加三分一。

知识要点

马力（PS）也属于有功功率的计量单位，比千瓦（kW）小，比瓦（W）大。

马力与千瓦之间的换算关系如下

$$1\text{PS}\approx0.75\text{kW}\quad 1\text{kW}\approx1.33\text{PS}$$

为便于记忆，口诀给出了“1 马力约等于 0.75（四分之三）千瓦，1 千瓦约等于 1.3（增加三分之一）马力”的粗略换算关系。

122. 电能与热能的换算

口诀

每度千瓦时，焦耳为瓦秒。
每度折焦 360 万，相当千卡 860。
焦耳换千卡，增大四千倍；
千卡换焦耳，万分二点四。
千卡换做度，千分一点二；
焦耳换做度，千万分之三。

知识要点

度为电能（电功）的常用计量单位，也叫千瓦时，是指电功率为 1000 瓦（W）的负荷在 1 小时（h）内所消耗的电能。

焦耳（J）为能量（功）的统一计量单位，相当于功率为 1 瓦（W）的设备在 1 秒（s）钟所消耗的能量。

千卡（kcal）是热能过去常用的计量单位。

度（kWh）、焦耳（J）及千卡（kcal）之间的换算关系如下

$1kWh = 3.6 \times 10^{6} J$　　$1kWh \approx 860kcal$

$1J \approx 4.18 \times 10^{3}\ kcal$　　$1kcal \approx 2.39 \times 10^{-4} J$

$1kcal \approx 1.16 \times 10^{-3} kWh$　　$1J \approx 2.78 \times 10^{-7} kWh$

123. 三相对称交流电

口诀

三相对称交流电，幅值、频率都相等；
三者相位不同步，两两互差百二度。

三相命名 A、B、C，颜色区分黄、绿、红；
实际使用要注意，三相排列须正序。

知识要点

三相对称交流电是指由幅值相等、频率相同、相位角互相相差120°的三个单相交流电一起组成的交流电。

为便于区分三个单相交流电，分别将其命名为 A 相、B 相、C 相，并分别用黄色、绿色、红色三种颜色进行对应标识。

在实际应用中，三相对称交流电的排列顺序必须遵循正相序，即从左到右（或从上到下、从里向外）依次为 A-B-C 排列顺序、B-C-A 排列顺序或 C-A-B 排列顺序。

三相对称正弦交流电动势的函数表达式如下

$$e_A = E_m \sin\omega t$$

$$e_B = E_m \sin(\omega t - 120^\circ)$$

$$e_C = E_m \sin(\omega t - 240^\circ) = E_m \sin(\omega t + 120^\circ)$$

三相对称正弦交流电动势的波形和相量关系如图 2-29 所示。

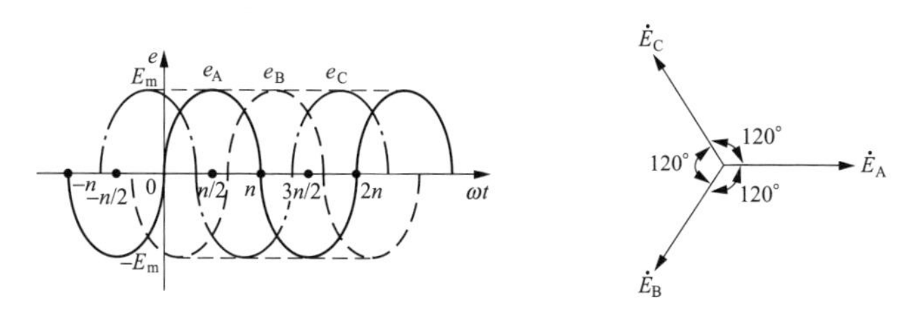

图 2-29 三相对称交流电动势波形及相量图

124. 三相电源绕组接法

口诀

三相电源绕组，两种连接方法：
一种角形接法，一种星形接法。

角形首尾相连，连接形如“△”；
星形首尾分开，连接形如“Y”。
角形出线单一，只有三根相线；
星形出线多样，可加保护零线。

知识要点

三相交流电由三相交流电源（发电机）提供。三相交流电源含有三相绕组（线圈），其绕组连接方法有三角形和星形两种接法。

三角形接法就是将三相绕组的首尾依次连接，成“△”字形；星形接法就是将三相绕组的首端或者尾端分别连接在一起，成“Y”字形。如图 2-30 所示。

三角形接法的绕组只能引出三根电源线（相线），星形接法的绕组根据需要可以引出三根电源线（相线）、四根电源线（三根相线、一根兼作保护接零的工作中性线）或五根电源线（三根相线、一根工作中性线、一根专用保护接中性线）。

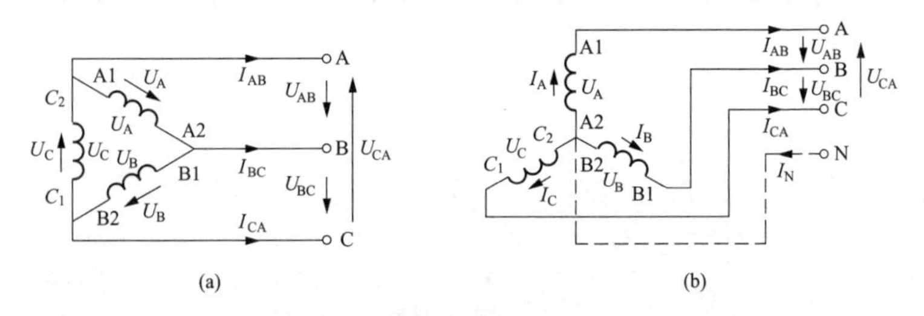

图 2-30 三相电源绕组的两种接法

（a）“△”形接法；（b）“Y”形接法

125. 三相电压和电流

口诀

三相电压和电流，线、相二字要区分；

常说电压和电流，是指线压和线流。
相线之间有电压，指的就是线电压；
经过相线的电流，指的就是线电流。
绕组两端有电压，就是所谓相电压；
绕组通过的电流，就是所谓相电流。

角形接法等电压，线流$\sqrt{3}$倍相流；
线、相电流相不同，线流滞后 30°。

星形接法等电流，线压$\sqrt{3}$倍相压；
线、相电压相不同，线压超前 30°。

知识要点

三相交流电路的电压和电流各分为两种：线电压、相电压和线电流、相电流。没有特别说明，电压、电流通常指的是线电压、线电流。

线电压是指三相电路中相线与相线之间的电压，相电压是指三相电路中每相绕组两端的电压，也即相线与中性线（或地线）之间的电压。

线电流是指三相电路中流过相线中的电流，相电流是指三相电路中流过每相绕组的电流。

如图 2-30 所示，U_{AB}、U_{BC}、U_{CA}均表示线电压，I_{AB}、I_{BC}、I_{CA}均表示线电流；U_A、U_B、U_C 均表示相电压，I_A、I_B、I_C 均表示相电流。

在绕组为三角形接法的三相交流电路中，线电压等于相电压，两者同相位；线电流等于相电流的$\sqrt{3}$倍，线电流滞后相电流 30°。

在图 2-30（a）中，$U_{AB}=U_A$、$U_{BC}=U_B$、$U_{CA}=U_C$；$I_{AB}=\sqrt{3}\,I_A$、$I_{BC}=\sqrt{3}\,I_B$、$I_{CA}=\sqrt{3}\,I_C$；I_{AB}、I_{BC}、I_{CA}分别滞后I_A、I_B、I_C30°相位角。

在绕组为星形接法的三相交流电路中，线电流等于相电流，两者同相位；线电压等于相电压的$\sqrt{3}$倍，线电压超前相电压30°。

在图2-30（b）中，$I_{AB}=I_A$、$I_{BC}=I_B$、$I_{CA}=I_C$；$U_{AB}=\sqrt{3}U_A$、$U_{BC}=\sqrt{3}U_B$、$U_{CA}=\sqrt{3}U_C$；U_{AB}、U_{BC}、U_{CA}分别超前U_A、U_B、U_C30°相位角。

126. 三相功率

口诀

三相电路总功率，分相计算也容易；
有功、无功分别算，三相等于每相加。
三相电路若对称，单相功率与3乘；
有功、无功确定后，视在再求方和根。

知识要点

计算三相交流电路的电功率（有功功率、无功功率和视在功率），可以先对每一相的电功率按类别分别单独计算，再对三相的电功率按类别进行求和即可。有功功率、无功功率可以分别单独计算，视在功率则需要计算有功功率和无功功率的平方和的平方根。

如果是三相对称交流电路，可以只计算其中一相的有功功率和无功功率，然后再扩大三倍即可得到总的有功功率和无功功率。总的有功功率、无功功率和视在功率，可以按照下列公式计算

$$S=3U_{相}I_{相}=\sqrt{3}U_{线}I_{线} \qquad S=\sqrt{P^2+Q^2}$$

$$P=S\cos\varphi=3U_{相}I_{相}\cos\varphi=\sqrt{3}U_{线}I_{线}\cos\varphi$$

$$Q=S\sin\varphi=3U_{相}I_{相}\sin\varphi=\sqrt{3}U_{线}I_{线}\sin\varphi$$

127. 三相低压交流配电网

口诀

三相交流电，三根相线全；
星形连接法，可引中性线。
方式有三种，出线各不同；
三相三线制，只有A、B、C。
三相四线制，引出PEN；
三相五线制，再分PE、N。

知识要点

无论电源（发电机、变压器等）绕组是星形接法还是三角形接法，三相低压交流电网必须配置三根相线。

如果电源绕组是三角形接法，只有三根相线（A、B、C），形成三相三线制配电方式。

如果电源绕组是星形接法，根据需要可将中性线兼作保护接零的工作零线（PEN），形成三相四线制配电方式（TN-C）；或者将中性线一分为二，分开设置一根工作零线（N）和一根保护接零线（PE），形成三相五线制配电方式（TN-S）。

128. 两种保护接零线

口诀

两种零线要分清，PE、PEN不相同；
PE专用保护线，PEN兼做工作线。
三相负载难平衡，PEN中电流通；
只要设备绝缘好，PE线中无电流。

知识要点

对于变压器中性点直接接地的低压配电系统（TN），保护接零线既可以与工作零线（N）分开，由电源中性点单独引出，用“PE”标记，形成TN-S配电方式；也可以与工作零线共用，由工作零线兼作保护接零线，用“PEN”标记，形成TN-C配电方式。

在实际应用中，三相负载很难做到完全平衡，并且还存在单相负载，工作零线中会存在零序电流。因此，兼作工作零线的保护接零线（PEN），无论是在设备、线路正常工作时，还是在设备、线路发生故障时都有电流通过。专用保护接零线（PE）在设备、线路正常工作时没有电流，只有在设备、线路发生故障时才有电流。

专用保护接零线（PE）必须且只能与设备或装置的外露可导电部分（金属外壳）相连接。兼作工作零线的保护接零线（PEN）必须首先与设备或装置的外露可导电部分（金属外壳）相连接，再由连接点引出线连接到设备或装置的中性点（零点）。

129. 中性点、零点与中性线、零线

口诀

星形连接公共点，通常叫作中性点；
中性点上引出线，就是所谓中性线。
中性点处设接地，中性点变成零点；
再从零点引出线，中性线就成零线。

知识要点

中性点是指三相电源或三相负载星形连接绕组的共同连接点，由中性点引出的导线叫中性线。中性点直接接地后就变成零点，由零点引出的导线就变成零线。

对于电源、负载完全平衡的三相对称交流电路，三相电流相互抵消，中性线上没有电流通过，中性点可以不用接地。如果三相负载分布不平衡，则必须将电源的中性点直接接地，并向外引出零线。

130. 工作接地与重复接地

口诀

中性线接地有两种，工作、重复不相同；
工作接地在中性点，重复接地在其他位。
两种接地都采用，确保安全不用愁；
工作接地稳电压，重复接地防断裂。
工作接地要求高，电阻不超 4 欧姆；
重复接地要求低，不超 10 欧就可以。

知识要点

工作接地是指 TN 配电系统中，将电力变压器绕组的中性点直接接地。重复接地是指 TN 配电系统中，将保护零线（PEN 或 PE）的一处或多处再次直接接地。

工作接地属于功能性接地，主要是为了同时提供 380V 和 220V 两种电源电压，并保持电源各相电压稳定；重复接地属于保护性接地，是为了降低保护地线断裂后设备外壳产生的危险电压。

工作接地的接地电阻不得大于 4Ω，重复接地的接地电阻不得大于 10Ω。

工作接地与重复接地示意如图 2-31 所示。

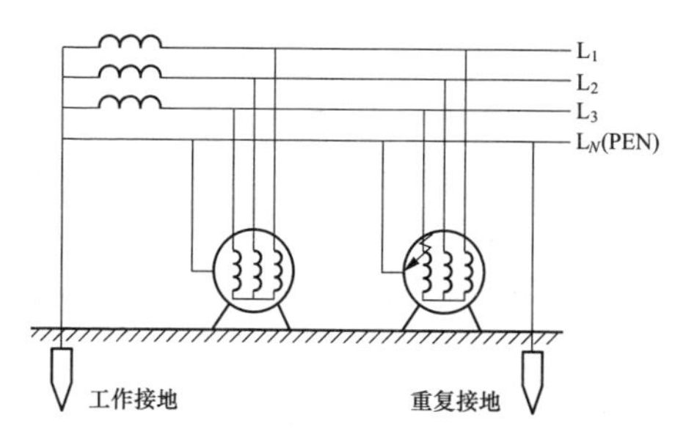

图 2-31　工作接地与重复接地

131. 保护接地与保护接零

口诀

保护方式有两种，接地、接零勿错用；
保护接零很普遍，保护接地要求严。
选择接地和接零，要视电网情况定；
接地电网须接零，绝缘电网可接地。
无论接地和接零，按照要求设干线；
设备保护接干线，莫图省事相互串。
干线最好用铜线，最小截面 10 平方；
要用铝线也可以，加大一级截面积。

知识要点

保护接地和保护接零是两种概念不同、用途不同的保护方式，适用于不同的配电系统。

对于变压器中性点直接接地的 TT 配电系统，可以采用保护接地，但必须另行设置接地干线（PE），将装置或设备的外露可导电部分集中连接在接地干线上；接地干线可以重复接地，装置或设备的外露可导电部分不允许单独接地。如图 2-32 所示。

对于变压器中性点不接地的 IT 配电系统，必须采用保护接地，设置接地干线（PE），将装置或设备的外露可导电部分通过导线与接地干线连接（集中接地），或者将装置或设备的外露可导电部分分别接地（单独接地）。如图 2-33 所示。

对于变压器中性点直接接地的 TN 配电系统，应采用保护接零方式，设置接零干线（PE 或 PEN），并将装置或设备的外露可导电部分通过导线与接零干线连接（集中接零）；接零干线（PE 或 PEN）可以重复接地，装置或设备的外露可导电部分不允许单独接地。如

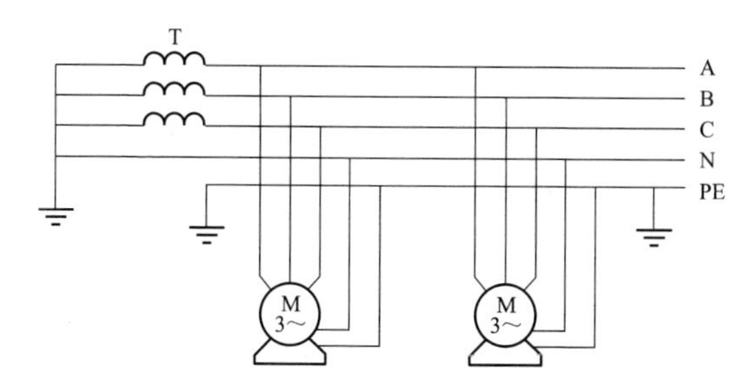

图 2-32　TT 配电系统的保护接地

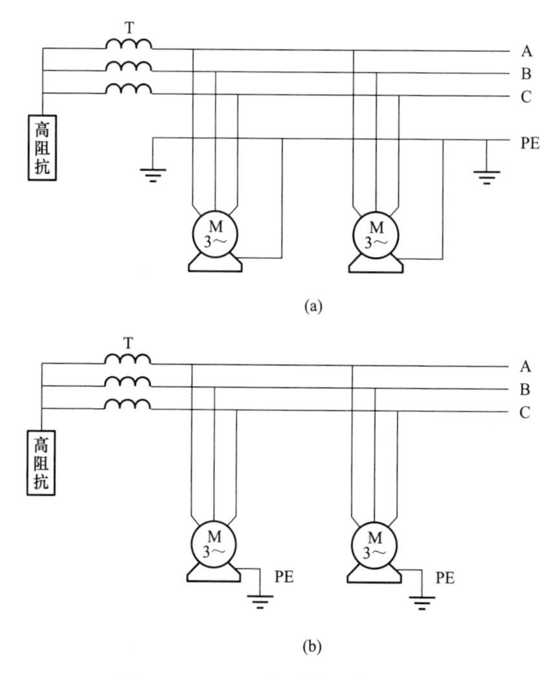

图 2-33　IT 配电系统的保护接地

（a）集中保护接地方式；（b）分散保护接地方式

图 2-34 所示。

无论是接地干线，还是接零干线，宜选用铜导线，最小截面积不能小于 $10mm^2$；选用铝导线时，截面积必须增大一级，最小截面积不能小于 $16mm^2$。

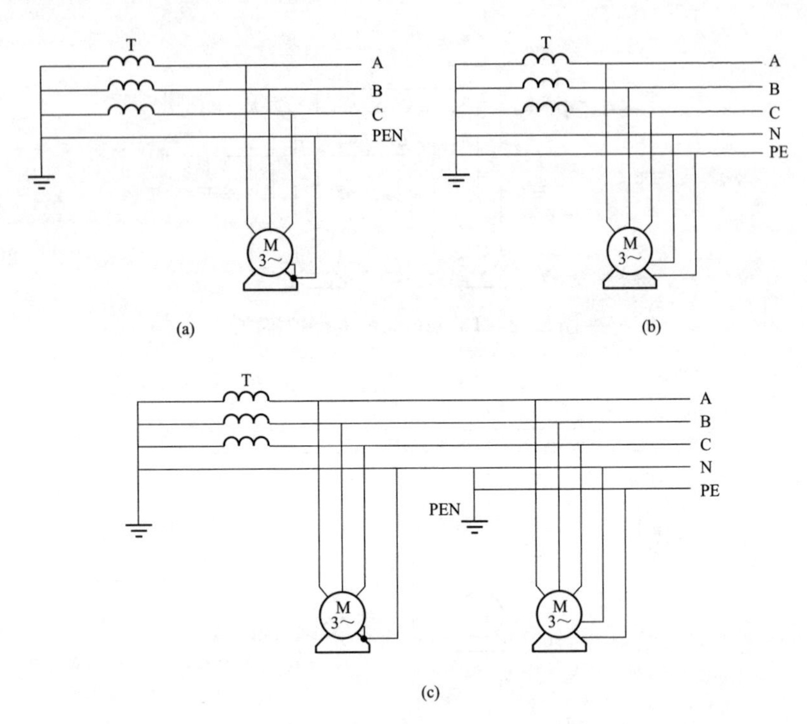

图 2-34　TN 配电系统的保护接零

（a）TN-C 方式保护接零；（b）TN-S 方式保护接零；（c）TN-C-S 方式保护接零

三、防护技术篇

132. 电击防护技术措施

口诀

电击防护技术多，主要措施分三类：
基本防护是关键，故障防护更保险；
限值防护较安全，接触电压有要求。
基本防护防触电，故障防护防缺陷。

知识要点

电击防护技术措施有很多种，但就其构成要素来说，主要由基本防护技术措施、故障防护技术措施和电气量值防护技术措施三大类构成。

基本防护技术措施也叫直接接触防护技术措施，主要用来防止人体触及电气装置和设备带电部分的直接接触触电。

故障防护技术措施也叫间接接触防护技术措施，主要用来防止人体触及电气装置和设备外露可导电部分的间接接触触电。

电气量值防护技术措施是指采取特低电压的防护技术措施，降低人体接触电压的危险性。

133. 基本防护技术措施

口诀

基本防护很关键，技术措施五方面：
绝缘、遮栏或外壳，阻挡、置于伸臂外；
剩余电流保护器，附加防护要配全。

知识要点

基本防护技术措施是指电气装置和设备在正常条件下所采取的

防护技术措施，由在正常条件下能防止与危险带电部分接触的一个或多个措施组成。

所有电气装置和设备都应采用基本防护技术措施，这些防护技术措施主要包括绝缘（带电部分的绝缘）、遮栏或外壳（外护物）、阻挡物、置于伸臂范围之外、用剩余电流动作保护器的附加防护等五个方面。

134. 绝缘基本要求

口诀

基本绝缘用空气，还须阻挡保安距；
单独油漆视无效，绝缘电阻有规定。
绝缘材料有多种，耐热等级分七级；
Y、A、E、B、F、H、C，极限温度低到高。
Y 级耐温性能差，极限温度仅九十；
C 级耐温性能好，百八以上没问题。
E、B 两级较常用，极限温度百二、三；
其他级别不多见，极限温度可估算。

知识要点

绝缘是指用绝缘物把带电部分封闭起来，用来防止人体与带电部分之间发生任何接触。绝缘电阻是最基本的绝缘性能指标。

空气可以作为基本绝缘，但还需要其他防护措施（如阻挡物、遮栏等）以保证人体与带电部分之间的安全距离。

不能将单独的油漆、清漆、喷漆及类似物当成有效绝缘。对于高压电气装置和设备，应预防固体绝缘表面可能存在的危险电压。

常用的绝缘材料有瓷、玻璃、云母、橡胶、木材、胶木、塑料、布、纸和矿物油等。绝缘材料的电阻率一般在 $10^9\Omega m$ 以上。

绝缘材料的耐热等级（从低到高）分为 Y、A、E、B、F、H、

C七个等级，对应的极限工作温度分别为90、105、120、130、155、180℃及180℃以上。

135. 绝缘电阻规定

口诀

高压设备和线路，千兆以上要保证；
架空线路绝缘子，不能低于三百兆。
移动设备要小心，两兆欧是最低值；
二次线路莫忽视，不能低于一兆欧。
运行设备和线路，千欧/伏当满足；
低压设备和线路，最低不小点五兆。

知识要点

绝缘电阻是最基本的绝缘性能指标，对不同的设备和线路的绝缘电阻有不同的规定要求。

高压设备和线路，绝缘电阻不能小于1000MΩ；架空线路绝缘子，绝缘电阻不能小于300MΩ；移动式电气设备，绝缘电阻不能小于2MΩ；配电柜二次线路，绝缘电阻不能小于1MΩ（干燥环境）或0.5MΩ（潮湿环境）；低压设备和线路，绝缘电阻不能小于0.5MΩ；运行中的设备和线路，绝缘电阻不能小于1kΩ/V（干燥环境）或0.5kΩ/V（潮湿环境）；电力变压器投运前的绝缘电阻不能小于出厂时的70%。

136. 遮栏或外壳基本要求

口诀

遮栏、外壳有要求，机械性能须满足；
防护等级不能低，12.5颗粒能防止。

安装封闭应牢固，切莫随意来拆移；
带电危险要注意，拆除、打开须禁止。
遮栏高度有限值，不能低于1米7；
离地不超10公分，安全距离应留足。

知识要点

遮栏是指用来防止人员进入危险区域，防止从任何一个通常接近方向直接接触电气装置和设备的危险带电部分而设置的防护物。外壳是指用来防止人员从任何方向触及电气装置和设备危险带电部分并围住设备内部部件的电器外壳。

遮栏或外壳必须具有足够的机械强度、稳定性、牢固性和耐久性，防护等级不能低于IP2X或IPXXB，能够有效防止直径为12.5mm及以上的固体颗粒进入电气装置和设备内部。

遮栏或外壳不能随意被拆除或打开。拆除、打开时必须具备一定的条件，该条件能够有效地防止人员进入危险环境（高压）或触及带电部分（低压）。

遮栏的高度不应低于1.7m，下部边缘离地面不应超过0.10m，与带电设备之间必须保持足够的安全距离。

137. 阻挡物基本要求

口诀

阻挡物使用应注意，培训工作做仔细；
仅把无意行为挡，有意行为不能防。
阻挡物设置当定位，不能无意被移位；
导电材料要慎用，防护措施须跟上。

知识要点

阻挡物只用于对熟练技术人员或受过培训的人员的保护。阻挡物的作用在于防止人员无意识地接触到电气装置和设备带电部分（低压）或无意识地进入危险区域（高压），而不能防止人员有意识地接触电气装置和设备带电部分（低压）或有意识地进入危险区域（高压）。阻挡物不能被无意识地移动。可导电的阻挡物应看作一个外露的可导电部分，应采取故障防护技术措施。

138. 置于伸臂范围之外

口诀

伸臂范围好理解，也指人体活动区；
装置设备安装处，莫在伸臂范围内。
安全距离须保证，水平、垂直不相同；
水平方向125，垂直方向250。

知识要点

伸臂范围是指人员从通常站立或活动的表面上的任意一点，向外延伸到不借助任何手段、用手从任何方向所能达到的最大范围，也即人体活动区域。如图3-1所示。

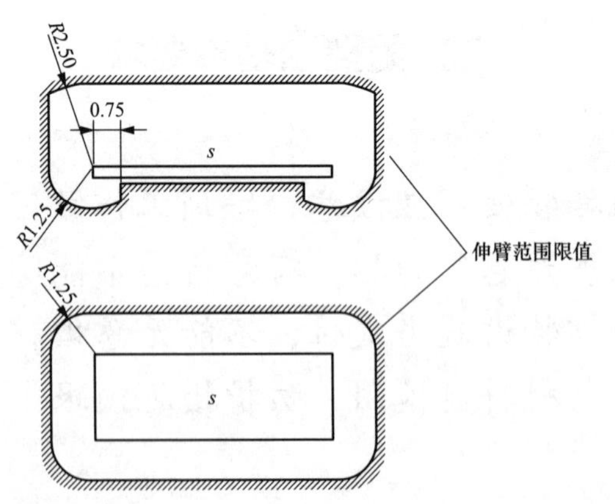

图3-1　伸臂范围（人体活动区域）（尺寸：m）

s—人预期所占的表面

置于伸臂范围之外就是要确保人体与电气装置和设备危险带电部分或危险区域之间要有足够的安全距离，也就是说人体活动区域与电气装置和设备危险带电部分或危险区域的距离不能小于1.25m（水平方向）和2.5m（垂直方向）。如果在水平方向上设有防护等级低于IP2X或IPXXB的阻挡物，则伸臂范围应从阻挡物算起。

139. 剩余电流动作保护器

口诀

剩余电流保护器，常叫漏电保护器；
设备线路若漏电，及时跳闸把电断。
使用场所要注意，二、三、四极各不同；
火线、零线同进出，保护地线须分开。
动作电流有规定，依据场所来确定：
手握设备15毫，家用电器30毫；
成套盘柜100毫，防火场所300毫；
医疗设备要求高，动作电流仅6毫。
保护设置要分级，动作电流分大小；
靠近设备端最小，防止断电越级跳。

知识要点

剩余电流动作保护器也称漏电保护器，英文缩写用“RCD”表示。剩余电流动作保护器是利用低压配电线路中发生短路或接地故障时所产生的剩余电流来迅速切断故障线路或设备电源，防止发生间接接触触电事故，以达到保护人身安全和设备安全的目的。

剩余电流动作保护器是用于加强直接接触防护的额外措施，不能被单独使用，必须与基本防护技术措施同时使用，以防止其他防护技术措施失效。

剩余电流动作保护器的分类方法有多种，类型也很多。按极数分，有单极两线、两极、两极三线、三极、三极四线和四极等几种。在使用时，要根据电源相数选择漏电保护器的极数，火线与工作零线（或兼作保护接零的工作零线）要同时接入、引出，专用保护接零线或保护接地线不能经过漏电保护器与设备外露可导电部分相连接。

漏电保护器常见的接线方式见表3-1。

剩余电流动作保护器的动作电流可以根据应用场所进行选择或整定，一般应用场所，其额定剩余动作电流不宜超过30mA。用于家用电器的漏电保护器，其动作电流值最大选30mA；用于移动手握式电气设备的漏电保护器，其动作电流值最大选15mA；用于恶劣环境电气设备的漏电保护器，其动作电流值最大选10mA；医疗用电气设备的漏电保护器，其动作电流值最大选6mA；用于成套开关柜、配电盘的漏电保护器，其动作电流值最大允许100mA；用于防火场所电气设备的漏电保护器，其动作电流值最大允许300mA。

剩余电流动作保护器要根据其保护范围的大小而分级设置，不能越级动作。越靠近电气装置和设备一端，漏电保护器的动作电流值应越小；上、下级漏电保护器的动作电流和动作时间应相互配合，动作电流级差通常为1.2～2.5倍，动作时间级差为0.1～0.2s。每一级漏电保护器必须有自己的工作中性线，并且在漏电保护器之后不允许将工作零线重复接地。

漏电保护器动作电流分级选择示例如图3-2所示。

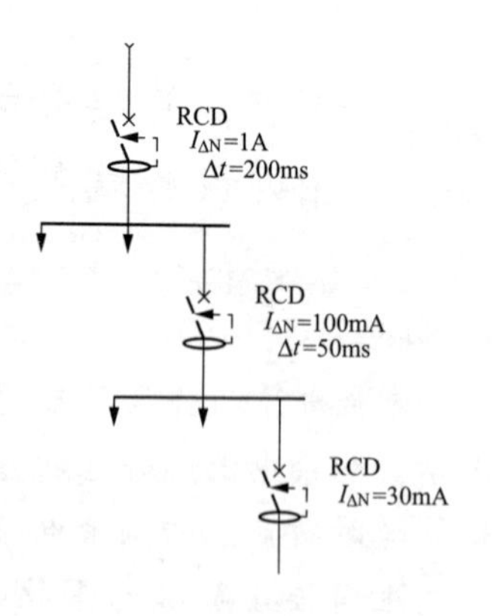

图3-2　漏电保护器动作电流分级选择示例

表 3-1　　漏电保护器常见的几种接线方式

接线方式 极数 / 相数		二极	三极	四极
单相 220V		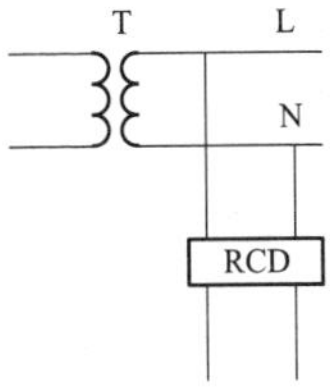 T L N RCD		
三相 380V/220V 接地保护	TT 系统	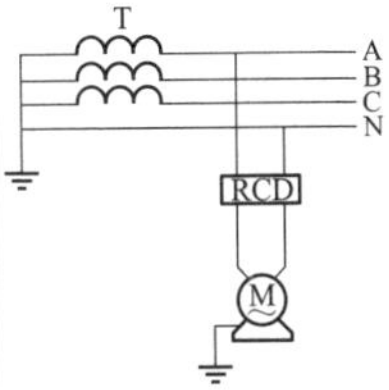 T A B C N RCD M	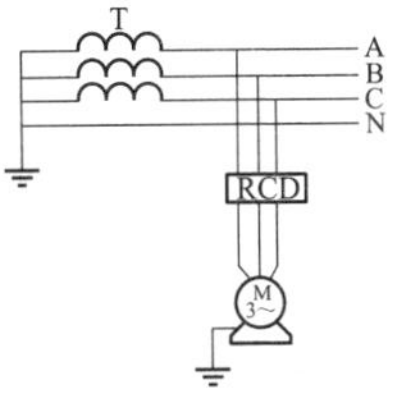 T A B C N RCD M 3~	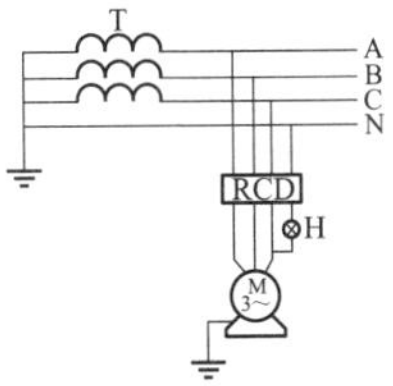 T A B C N RCD H M 3~
三相 380V/220V 接零保护	TN-S 系统	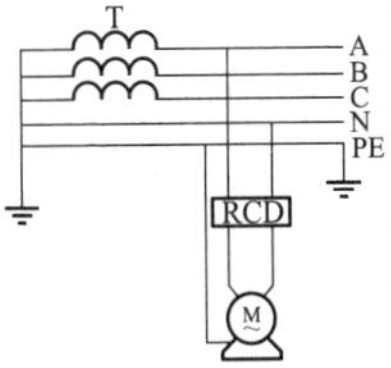 T A B C N PE RCD M	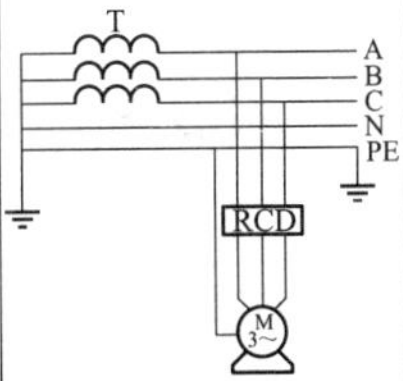 T A B C N PE RCD M 3~	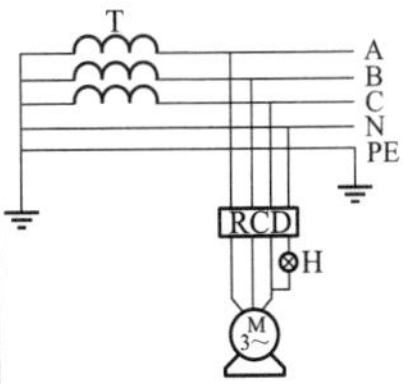 T A B C N PE RCD H M 3~
	TN-C-S 系统	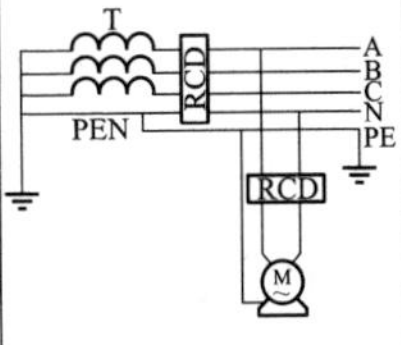 T RCD A B C N PE PEN RCD M	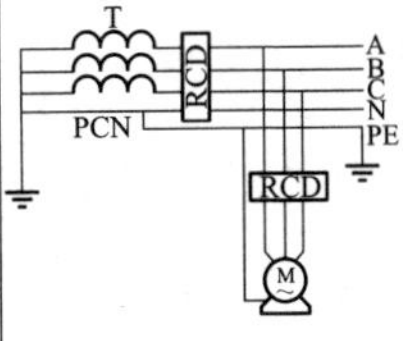 T RCD A B C N PE PCN RCD M	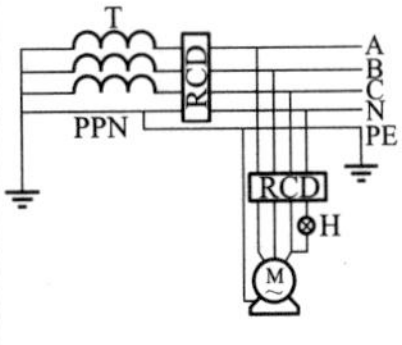 T RCD A B C N PE PPN RCD H M

140. 故障防护技术措施

口诀

故障防护防缺陷，技术措施五方面：
自动能把电源断，Ⅱ类设备或等缘；
非导电场所可采用，不接地局部等位联；
接地电网有危险，电气分隔保安全。

知识要点

故障防护技术措施是指在电气装置和设备发生单一故障时所采取的防护技术措施，由附加于基本防护技术措施中独立的一项或多项防护技术措施组成。

故障防护技术措施主要包括自动切断电源、Ⅱ类设备或等效的绝缘、非导电场所、不接地的局部等电位联结保护和电气分隔等五个方面。

141. 低压配电系统类型

口诀

低压配电三类型，电源、设备有要求；
可用符号来记忆，TT、IT和TN。
TT中性点设接地，设备外壳另接地；
IT中性点不接地，设备外壳须接地。
TN中性点把地接，设备外壳接零线；
零线、地线若分设，设备外壳接地线。

知识要点

中性点工作制度，是指电源（通常指电力变压器）中性点是否接地。中性点工作制度可以分为中性点接地和中性点绝缘两种情况。中性点接地是指将电源的中性点采用接地装置直接接地，中性点绝缘是指将电源中性点不接地或者通过高阻抗接地。

IEC 标准规定，低压配电系统按照中性点工作制度（接地方式）划分，低压配电系统可分为 TT 系统、IT 系统和 TN 系统三种类型。其中 IT 系统属于中性点绝缘的配电系统，TT 系统、TN 系统属于中性点接地的配电系统。

TT 系统是指电源系统有一点（一般为中性点）直接接地，电气装置和设备的外露可带电部分通过保护导体集中连接到共同的接地装置上。如图 3-3 所示。TT 系统应当装设漏电保护器或电流保护器等限制故障持续时间，允许电源切断时间不大于 1s。

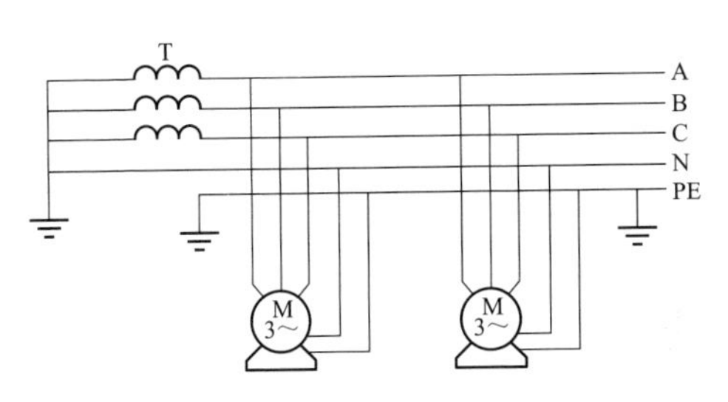

图 3-3　TT 配电系统

IT 系统是指电源系统不接地或中性点通过高阻抗接地，电气装置和设备的外露可带电部分通过保护导体单独或集中连接到接地装置上。如图 3-4 所示。IT 系统应当装设绝缘监视报警保护装置。

TN 系统是指电源系统有一点（一般为中性点）直接接地，电气装置和设备的外露可带电部分通过保护导体与电源系统的接地装置相连接。如图 3-5 所示。TN 系统应当装设漏电保护器或电流保护器等限制故障持续时间，允许电源切断时间不大于 5s。

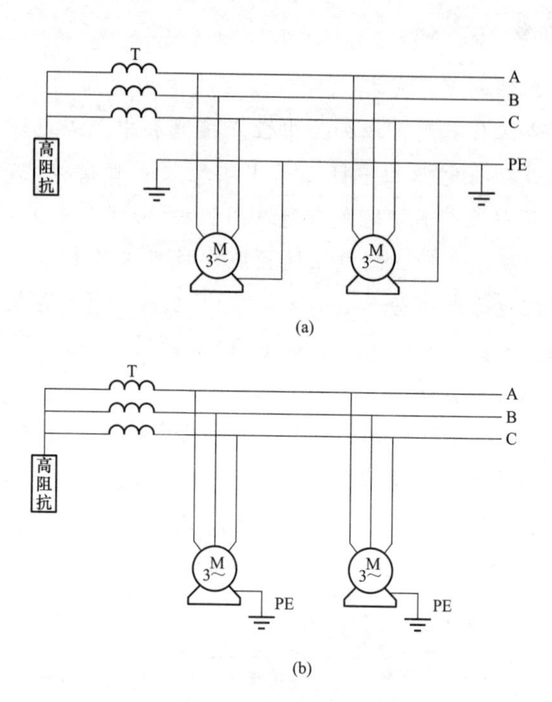

图 3-4　IT 配电系统

（a）集中接地；（b）分散接地

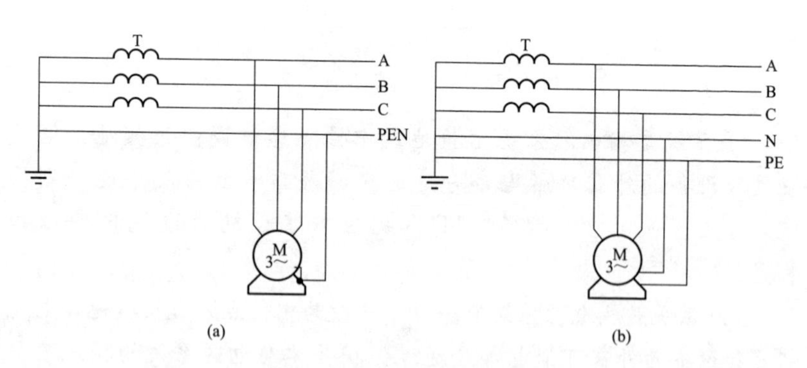

图 3-5　TN 配电系统（一）

（a）TN-C 配电方式；（b）TN-S 配电方式

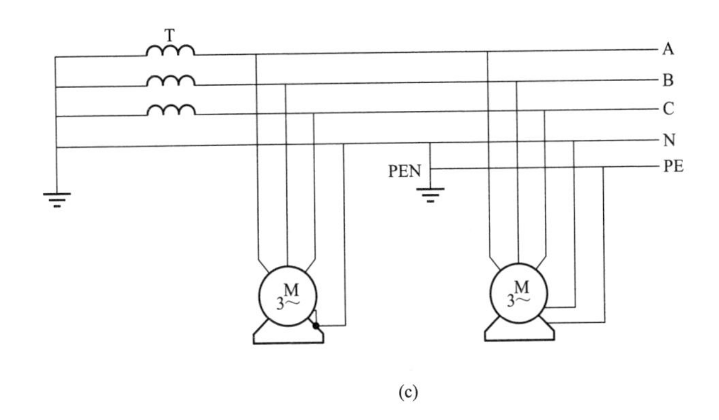

图 3-5　TN 配电系统（二）
（c）TN-C-S 配电方式

142. TN 配电系统

口诀

TN 系统较常用，配电方式有三种；
TN-C、TN-S，还有 TN-C-S。
TN-C 方式老传统，安全场所方采用；
零线兼作保护线，三相四线把电供。
零线作用莫小看，截面等同三相线；
设备外壳接零线，不可另设接地线。
TN-S 方式较安全，三相五线把电供；
工作、保护零点分，两线独设莫再连。
TN-C-S 也有用，TN-C、TN-S 两组合；
零线再分保护线，四线、五线含里面。
三种方式把电供，设备外壳须接零；
保护当接零干线，设备之间忌相串。

知识要点

TN配电系统可以同时为动力设备和照明设备分别提供380V和220V两种电源电压，节约工程投资，广泛应用于工业企业和民用住宅配电。

TN配电系统通常采用三相四线制（TN-C）、三相五线制（TN-S）或者将两者组合起来使用（TN-C-S）的三种配电方式。TN-C配电方式，由三根相线（A、B、C）和一根兼作保护接零的工作中性线（PEN）构成；TN-S配电方式，由三根相线（A、B、C）、一根工作中性线（N）和一根专用保护中性线（PE）构成；TN-C-S配电方式是在TN-C配电方式的基础上，将兼作保护接零的工作中性线（PEN）一分为二，一根专门用作保护的中性线（PE），另一根只用做工作中性线（N），形成部分为TN-C、部分为TN-S的组合型配电方式。

TN配电系统的三种配电方式如图3-5所示。

无论是TN-S配电方式，还是TN-C-S配电方式，只要工作中性线（N）与保护中性线（PE）一旦分开，就不能再把两者连接在一起。为确保安全，两者可以分别再设重复接地。

值得注意的是，工作中性线上（N）不只流过正常工作电流，还会流过短路故障电流；兼作保护的工作中性线（PEN）上，不仅流过正常工作电流和短路故障电流，还会流过接地故障电流；而保护中性线（PE）上只会流过接地故障电流，不会流过正常工作电流和短路故障电流。

对于有独立变电站的车间、爆炸危险性较大或者安全要求较高的场所，应采用TN-S配电系统；对于低压进线的车间和民用住宅楼房，可以采用TN-C-S配电系统；TN-C配电系统适用于无爆炸危险和安全条件较好的场所，并且不能使用剩余电流动作保护器。

对于TN配电系统，电气装置和设备的外露可带电部分必须采用保护接零措施，也就是说须将其金属外壳与总的保护中性线相连接。所有电气装置和设备的保护中性线以并联方式连接到总的保护中性线上，电气装置和设备之间的不能有相互串联的保护中性线。

143. 自动切断电源要求

口诀

接触电压有限值，直流 120、交 50；
基本绝缘遭破坏，设备电源须断开。
断电装置要有效，等位联结不能少；
断电时间当短暂，最长不超 5 秒钟。

知识要点

电气装置和设备发生故障，当人体可触及的可导电部分上的预期接触电压超过交流 50V 或直流 120V 时，应采取自动切断电源防护技术措施。

采用自动切断电源防护技术措施，必须设置保护等电位联结系统，并依靠保护性接地来实现。

当电气装置和设备的基本绝缘被破坏时，保护装置应能够自动切断其电源，切断时间一般不能超过 5s。

144. 电气设备防护类别

口诀

电气设备有多种，防护措施也不同；
绝缘防护分四类，0、Ⅰ、Ⅱ、Ⅲ有标注。
0 类设备防护差，基本绝缘仅当家；
Ⅰ类设备有改观，等位联结在里面；
Ⅱ类设备最常见，双重、加强两绝缘；
Ⅲ类设备防护好，特低电压较安全。

知识要点

按照绝缘防护措施划分，电气设备可以分为0、Ⅰ、Ⅱ、Ⅲ四个类别。

0类电气设备只采用基本绝缘作为基本防护措施，而没有故障防护措施。

Ⅰ类电气设备除了采用基本绝缘作为基本防护措施，还采用保护连接（等电位联结）作为故障防护措施。

Ⅱ类电气设备除了采用基本绝缘作为基本防护措施，还采用附加绝缘作为故障防护措施，或者提供基本防护和故障防护功能的加强绝缘。

Ⅲ类电气设备是采用特低电压（SELV或PELV）作为基本防护措施，无故障防护措施。

Ⅱ类设备和等效的绝缘是用来防止电气设备的可触及部分因基本绝缘故障而出现危险电压的防护技术措施。

工厂制造的具有全绝缘的成套的电气设备可以等同于Ⅱ类设备。

145. 非导电场所要求

口诀

非导电场所要求严，场所内部完全绝缘；
严禁安装保护导体，机械强度必须满足。
2千伏耐压能承受，泄漏电流不超1毫；
带电导体必须远离，安全距离至少2米。

知识要点

非导电场所是用来防止带电部分基本绝缘失效后，人体同时触及可能处在不同电位的部分的防护技术措施。

非导电场所内不应有保护导体，场所内所有地面、墙面和屋面都应是绝缘的，有足够的机械强度，在 2kV 试验电压下的泄漏电流不应超过 1mA。

非导电场所内任意两个外露可导电部分之间，或者任何一个外露可导电部分与任何外界可导电部分之间的相对距离不得小于 2m，至少不能在伸臂范围以内。

若在非导电场所内外露可导电部分与外界可导电部分之间设置阻挡物，阻挡物应当是绝缘的、与外界无任何连接的，并且距离可导电部分也必须在伸臂范围以外。

146. 等电位联结

口诀

等电位联结有两种，总的、局部分命名；
总的联结要接地，局部联结后引出。
两种联结设端子，名称标识有差异；
总的端子 MET，局部端子 SEB。
保护导体有要求，材料可用铜或铝；
导体截面有规定，铜 6、铝 10 最小值。
截面选择要合适，最大相线取中值；
干线截面最小值，铝为 16、铜为 10。

知识要点

等电位联结是指保护导体与用于其他目的的不带电导体之间的连接，包含电气设备外露可导电部分之间的连接及电气设备外露可导电部分与外界可导电部分之间的连接。等电位联结可分为总等电位联结和局部等电位联结两种。

总等电位联结也称主等电位联结，是指总接地端子（MET）与外界可导电部分之间的连接。总接地端子（MET）是指由接地装置直接引出的接线端子。如图 3-6 所示。

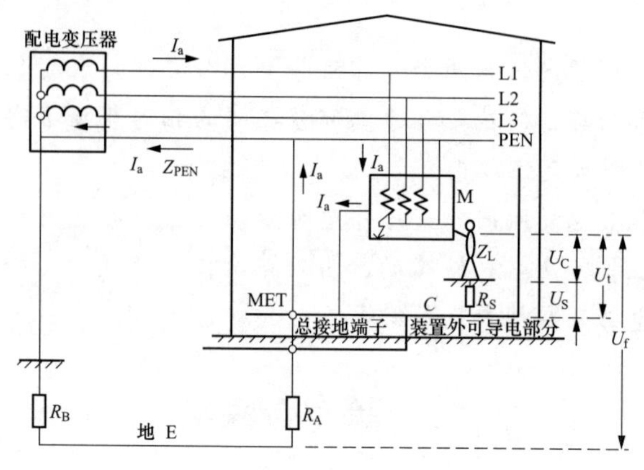

图 3-6　总（主）等电位联接

局部等电位联结也称辅助等电位联结，是指局部接地端子（SEB）与外界可导电部分之间的连接。局部接地端子（SEB）是指由总接地端子（MET）直接引出的接线端子。如图 3-7 所示。

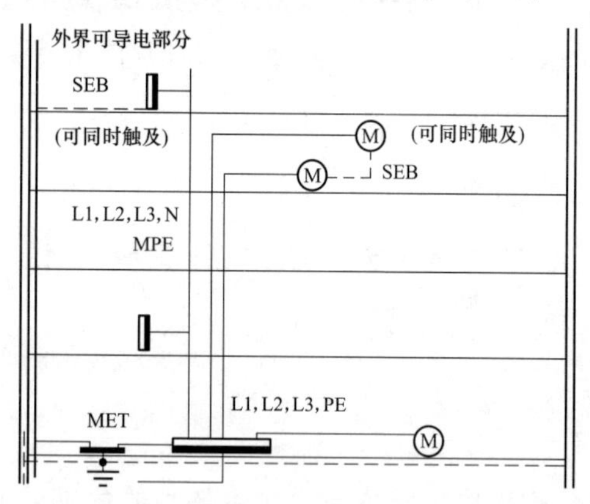

图 3-7　局部（辅助）等电位联接

SEB—辅助等电位联结；MPE—PE 干线

用作等电位联结的接地端子通常采用铜板制作而成，每个接线头可以用工具单独拆装，用于不同保护导体的集中连接。

用作等电位联结的保护导体，宜采用铜材料，也可以采用铝材料。采用铜材料时，最小截面积不得小于 $6mm^2$；采用铝材料时，最小截面积不得小于 $10mm^2$。用作干线的保护导体，铜材导体最小截面积不得小于 $10mm^2$，铝材导体最小截面积不得小于 $16mm^2$。

总等电位联结的保护导体，其截面积应不小于最大被保护相线的1/2；局部等电位联结的保护导体，其截面积也应不小于相应被保护相线的1/2。两台电气设备外露可导电部分之间的等电位联结导体的截面积不得小于两台设备被保护相线中较小者的截面积。

不接地的局部等电位联结保护是用来防止出现危险接触电压的防护措施。等电位联结保护导体应将所有可同时触及的外露可导电部分和外界可导电部分连接起来。局部等电位联结系统不能通过任何外露的可导电部分或外界可导电部分与大地相连，并且要防止进入等电位场所可能会遭受到危险的电位差。

147. 电气分隔

口诀

电气分隔作用大，电源、负载须隔离；
接地变为不接地，防止故障遭电击。
分隔电源有要求，容量不超上限值；
单相25千伏安，三相40千伏安。
电源二次须独立，不得再与外部连；
电源开关用全极，电源插座要标记。

知识要点

电气分隔也称电气隔离，就是将电源回路与用电负荷回路在电气上进行隔离，用来防止人体触及因回路的基本绝缘故障而带电的外露可导电部分时出现电击电流的防护技术措施。其安全实质就是将接地电网转换成一个范围很小不接地电网，负载回路由分隔电源

（隔离变压器及其类似电源）单独供电。

分隔电源须具有加强绝缘的结构，其温升和绝缘电阻要符合隔离变压器的相关安全要求。采用隔离变压器时，单相变压器的容量不得超过25kVA，三相变压器的容量不得超过40kVA。

分隔电源的二次侧要保持独立，既不能与一次侧相连，也不能与大地或其他任何导体相连；分隔电源的电源开关应采用全极开关，输出插座必须与其他插座严格区分。

分隔电源的二次侧电压不能太高，不能超过500V；二次侧的线路也不能太长，不能超过200m。电压与线路长度的乘积不应大于100kVm。

分隔电源二次侧的多个电气设备应采用不接地的等电位联结，所有插座也具有等电位联结功能。

电气分隔保护原理如图3-8所示。

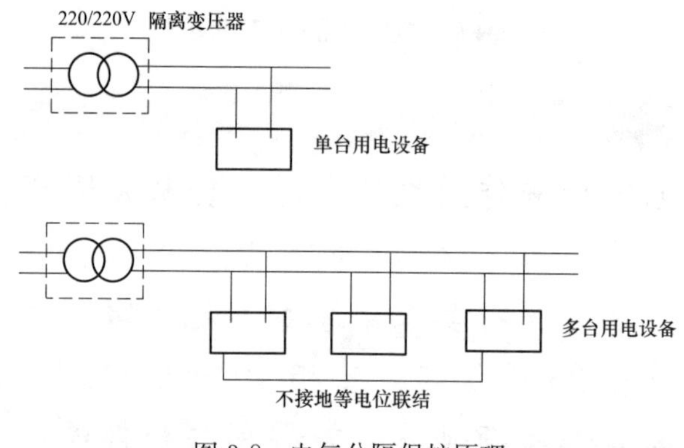

图3-8 电气分隔保护原理

148. 安全电压

口诀

安全电压有别称，特低电压也指它；
额定电压有限值，工频交流50伏。

安全电压额定值，国家标准分五级；
最大42最小6，12倍数有三级。
安全隔离变压器，电压不超50伏；
最大容量有限制，三相16、单相10。
安全电压不安全，具体应用分场所；
干燥环境可放心，危险环境须慎重。

知识要点

安全电压也叫安全特低电压，它可以将通过人体的电流限制在允许范围内。安全电压限值是指在任何运行情况下，在两导体之间不允许出现的最高电压值。根据人体允许电流为30mA、人体电阻为1700Ω的条件，国家标准规定安全电压限值为工频有效值50V、直流120V。我国规定，工频安全电压额定值分为42、36、24、12V和6V五个等级。

安全电压通常由安全隔离变压器提供，也可由具有同等隔离能力的发电机、蓄电池、电子装置等提供。采用安全隔离变压器时，容量不宜超过10kVA（单相）或16kVA（三相），工频额定电压不能超过50V；一、二次侧均应装设熔断器或断路器。

必须注意的是，安全电压并非绝对安全。同样大小的安全电压在不同的场合，都存在不同程度的危险性。越危险的环境，要选择额定值越小的安全电压。

在特别危险环境中使用手持电动工具时，应采用额定值不超过42V的安全电压；在有电击危险环境中使用手持照明灯和局部照明灯时，应采用额定值不超过36V的安全电压；在金属容器内或特别潮湿环境中使用手持照明灯时，应当采用额定值不超过12V的安全电压；在水下环境中作业时，应采用额定值为6V的安全电压。当采用额定值为24V以上的安全电压时，必须采取防止直接接触电击的防护技术措施。

149. 电气量限值防护技术措施

口诀

限值防护较安全，接触电压有限制；
特低电压 EVL，直流 120、交 50。
特低电压三类型，安全、保护和功能；
S、P、F 来区分，各加 EVL 前。
S、P 两种较常用，电气分隔用其中；
二次接地不相同，回路导体须分开。
S、P 两种不满足，FEVL 来代替；
防护措施要齐全，插头插座须专用。

知识要点

电气量值防护技术措施包括安全特低电压（SEVL）、保护特低电压（PEVL）和功能特低电压（FEVL）三个方面的防护技术措施。

特低电压（EVL）是指系统标称电压值不超过交流 50V 或不超过直流 120V。

安全特低电压（SEVL）是指在正常情况下、在单一故障情况下或在其他回路发生接地故障的情况下，系统电压均不会超过交流 50V；保护特低电压（PEVL）是指在正常情况下或在单一故障情况下，系统电压不会超过交流 50V；功能特低电压（FEVL）是指在不能满足安全特低电压和保护特低电压两方面要求的情况下，系统电压不会超过交流 50V。

安全特低电压（SEVL）和保护特低电压（PEVL）比较常用，通常采用安全隔离变压器或者与之安全程度等同的电源。二次侧回路之间以及与其他回路之间应进行电气分隔（回路导体分开布置，必要时加装非金属封闭护套），并且不能低于安全隔离变压器一次侧与二次侧之间的分隔水平。

采用安全特低电压（SEVL）时，二次侧不能接地，外露可导电部分也不能接地，也不能与外界可导电部分或者保护导体相连接；采用保护特低电压（PEVL）时，二次侧必须接地，外露可导电部分可以通过保护导体接地或者连接到等电位联结的总接地端子（MET）上。

在不需要采用安全特低电压（SEVL）和保护特低电压（PEVL）或者即使采用安全特低电压（SEVL）和保护特低电压（PEVL）仍不能满足使用要求的场合（如含有变压器、继电器和各种控制电器等回路），应采用功能特低电压（FEVL）。

采用功能特低电压（FEVL）时，各回路应当采取绝缘、遮栏或外护物等直接接触防护技术措施以及采取自动切断电源（设备外露可导电部分与一次侧保护导体相连接）、电气分隔（设备外露可导电部分与一次回路不接地等电位联结导体相连接）等间接接触防护技术措施。

采用特低电压时，无论是哪种类型的特低电压，其二次侧设备的电源插座都必须进行明显标识，与其他插座严格区分开来，并做到插头、插座配套专用，防止共用、错用或混用。

150. 电气防火防爆

电气防火与防爆，安全措施很重要；
设备线路忌过热，电弧、火花莫小瞧。
过热原因有很多，主要原因应知道：
绝缘性能莫变差，短路电流最糟糕；
设备线路限负荷，过载电流酿祸端；
连接接点无松动，接触不良留隐患；

铁芯绝缘或损坏，长期过压损耗加；
风冷装置要运行，散热不良隐患大。

知识要点

发生电气火灾和爆炸原因很多，除了设备和线路本身的质量缺陷以外，主要原因有过热、电火花和电弧等。电火花是电极间的击穿放电，分为工作电火花和事故电火花两种；而电弧是由大量的电火花汇集而成的。

设备和线路过热，主要是由于其非正常运行情况引起，表现在短路、过负荷、连接点接触不良、铁芯发热、散热不良等方面。

当设备和线路的绝缘老化或者受高温、潮湿和腐蚀等因素影响绝缘性能变差，就会发生短路现象。

当设备容量和线路截面积选择偏小或者因为负荷持续增大而引起电流超过额定值，设备和线路就会发生过负荷现象。

接触不良现象主要存在于带有动、静触头的电气设备（如隔离开关、断路器、接触器、熔断器等）和存在有接头（尤其是铜铝接头）的电气线路中。接触电阻过大，会造成连接处发热、烧焦或熔化。

如果变压器、电动机等电气设备的铁芯的绝缘损坏或者长期过电压，涡流损耗和磁滞损耗增大，就会造成铁芯发热现象。

散热不良是由于通风、冷却装置停用或损坏，现场环境温度较高，设备和线路本身的温度不能及时散失而引起的。

151. 防爆电气设备环境分类

口诀

防爆设备种类多，可按环境来划分；
主要类别有标识，Ⅰ类、Ⅱ类和Ⅲ类。

Ⅰ类针对瓦斯气，主要用于煤矿区；
Ⅱ类用于爆气区，Ⅲ类用于爆粉区。
Ⅱ类、Ⅲ类也有别，用 A、B、C 再细分；
设备要由环境定，ⅡC、ⅢC 等级高。

知识要点

按照使用环境的不同，防爆电气设备可划分为Ⅰ、Ⅱ、Ⅲ三类。

Ⅰ类防爆电气设备用于煤矿瓦斯气体环境；Ⅱ类防爆电气设备用于除煤甲烷气体之外的其他爆炸性气体环境；Ⅲ类防爆电气设备用于除煤矿以外的爆炸性粉尘环境。

Ⅱ类防爆电气设备又可细分为ⅡA 类、ⅡB 类、ⅡC 类三类。ⅡA 类防爆电气设备适用于丙烷类爆炸性气体环境；ⅡB 类防爆电气设备适用于乙烯类爆炸性气体环境；ⅡC 类防爆电气设备适用于氢气类爆炸性气体环境。

Ⅲ类防爆电气设备又可细分为ⅢA 类、ⅢB 类、ⅢC 类三类。ⅢA 类防爆电气设备适用于可燃性飞絮环境；ⅢB 类防爆电气设备适用于非导电性粉尘环境；ⅢC 类防爆电气设备适用于导电性粉尘环境。

152. 防爆电气设备结构类型

口诀

防爆设备九构型，隔爆、增安、本安型，
正压、油浸和充砂，浇封、特殊、无火花。
防爆结构有代号，对应类型要知道：
隔爆用“d”、增安“e”，油浸用“o”、充砂“q”；
本安用“i”来开头，a、b、c、D 跟后面；

浇封开头用“m”，a、b、c、D 后面加；
正压用“p”来开头，x、y、z、D 后面跟；
无火花开头要用“n”，A、C、R、L 后面加。

知识要点

防爆电气设备种类较多，按照其结构特征主要分为隔爆型、增安型、本安型、正压型、油浸型、充砂型、浇封型、无火花型和特殊型等九种。

隔爆型（d）电气设备具有能承受内部的爆炸性混合物而不致受到损坏，而且内部爆炸物不会通过外壳上任何结合面或结构孔洞引起外部混合物爆炸。

增安型（e）电气设备在正常状态下不产生火花、电弧或在高温的设备上采取措施以提高安全程度。

本安型（ia、ib、ic、iD）电气设备在正常状态下和故障状态下产生的火花或热效应均不能点燃爆炸性混合物。

充砂型（q）电气设备将细粒状物料充入设备外壳内，使壳内出现的电弧、火焰传播、壳壁温度或粒料表面温度不能点燃外壳外爆炸性混合物。

油浸型（o）电气设备将可能产生的电火花、电弧或危险温度的带电零部件浸在绝缘油里面，使之不能点燃油面上方的爆炸性混合物。

正压型（px、py、pz、pD）电气设备的外壳内可以充入带正压的清洁空气、惰性气体或连续通入清洁空气，以阻止爆炸性混合物进入外壳内。

浇封型（ma、mb、mc、mD）电气设备将整台设备或部分浇封在浇封剂中，在正常运行或认可故障下不能点燃周围爆炸性混合物。

无火花型（nA、nC、nR、nL）电气设备在防止危险温度、外壳防护、防冲击、防机械火花、防电缆故障等方面采取措施，以提高安全程度。

特殊型（s）电气设备是指以上类型以外或者由以上两种及以上类型构成的电气设备。

153. 防爆电气设备保护级别

口诀

防爆设备保护好，八个级别有低高：
M、G、D 来标识，危险环境要区分。
瓦斯环境 M、a-b，爆气环境 G、a-c；
爆粉环境 D、a-c，c 级“加强”、a“很高”。
爆气环境 0 区内，保护级别选 Ga；
1 区、2 区降级选，Gb、Gc 相对应。
爆粉环境也类似，只需把 G 换做 D；
20、21、22 区，D、a-b-c 做选择。

知识要点

防爆电气设备的保护级别（EPL）是根据防爆电气设备成为点燃源的可能性和爆炸性气体环境、爆炸性粉尘环境和煤矿瓦斯爆炸性环境所具有的不同特征对防爆电气设备所规定的保护级别。

防爆电气设备的保护级别分为八个级别，从高到低分别用 Ma、Mb、Ga、Gb、Gc、Da、Db、Dc 代号表示。其中 Ma、Mb 适用于煤矿瓦斯气体环境；Ga、Gb、Gc 分别适用于爆炸性气体环境 0 区、1 区、2 区；Da、Db、Dc 分别适用于爆炸性粉尘环境 20 区、21 区、22 区。

级别代号中的“a、b、c”分别表示保护级别为“很高、高、加强”的含义。“很高”是指在正常运行过程中，在预期的故障条件下或者在罕见的故障情况下，电气设备不会成为点燃源；“高”是指在正常运行过程中，在预期的故障条件下，电气设备不会成为点燃源；

"加强"是指在正常运行过程中，电气设备不会成为点燃源，或者在采取附加保护后在点燃源有规律出现的情况下，电气设备不会点燃。

154. 防爆电气设备保护级别选择

口诀

Ga 设备等级高，爆气区域都能用；
Gb 设备等级次，1 区、2 区可选择；
Gc 设备等级低，只能用在 2 区内。
Da 设备等级高，爆粉区域均可用；
Db 设备等级次，21、22 可选择；
Dc 设备等级低，只能用在 22 内。

知识要点

爆炸性气体环境，按照危险性从高到低可分为 0 区、1 区和 2 区。0 区内防爆电气设备的保护级别不能低于 Ga；1 区内防爆电气设备的保护级别不能低于 Gb；2 区内防爆电气设备的保护级别不能低于 Gc。

爆炸性粉尘环境，按照危险性从高到低可分为 20 区、21 区和 22 区。20 区内防爆电气设备的保护级别不能低于 Da；21 区内防爆电气设备的保护级别不能低于 Db；22 区内防爆电气设备的保护级别不能低于 Dc。

爆炸性危险区域内电气设备保护等级的选择见表 3-2。

表 3-2　　爆炸性危险区域内电气设备保护等级选择

危险区域等级	电气设备保护等级	危险区域等级	电气设备保护等级
0 区	Ga	20 区	Da
1 区	Ga 或 Gb	21 区	Da 或 Db
2 区	Ga、Gb 或 Gc	22 区	Da、Db 或 Dc

155. 防爆电气设备防爆类别选择

口诀

电气设备选防爆，使用环境先知道；
气体、粉尘要区分，类别、级别相适应。
氢气类气体不用怕，ⅡC设备性能佳；
丙烷类气体用ⅡA，乙烯类气体选ⅡB；
导电性粉尘危害大，ⅢC设备可防它；
可燃性飞絮用ⅢA，非导电粉尘选ⅢB。

知识要点

防爆电气设备的防爆类别，要与危险环境中爆炸性气体、爆炸性粉尘的级别相对应，并遵循就高不就低原则。

在爆炸性气体危险环境中，丙烷类气体环境，应选择ⅡA类防爆电气设备；乙烯类气体环境，应选择ⅡB类防爆电气设备；氢气类气体环境，应选择ⅡC类防爆电气设备。

ⅡB类防爆电气设备完全能够满足丙烷类气体环境的级别要求，ⅡC类防爆电气设备也完全可以满足乙烯类气体环境和丙烷类气体环境的级别要求。

在爆炸性粉尘危险环境中，可燃性飞絮环境，应选择ⅢA类防爆电气设备；非导电粉尘环境，应选择ⅢB类防爆电气设备；导电性粉尘环境，应选择ⅢC类防爆电气设备。

ⅢB类防爆电气设备完全能够满足可燃性飞絮环境的级别要求，ⅢC类防爆电气设备也完全可以满足非导电性粉尘环境和可燃性飞絮环境的级别要求。

爆炸性气体或粉尘分级与电气设备防爆类别之间的关系见表3-3。

表 3-3 爆炸性气体或粉尘分级与电气设备防爆类别之间的关系

爆炸性气体或粉尘分级	电气设备防爆类别	爆炸性气体或粉尘分级	电气设备防爆类别
ⅡA	ⅡA、ⅡB或ⅡC	ⅢA	ⅢA、ⅢB或ⅢC
ⅡB	ⅡB或ⅡC	ⅢB	ⅢB或ⅢC
ⅡC	ⅡC	ⅢC	ⅢC

156. 爆炸危险环境电气线路选择

口诀

爆炸危险环境内，线路选择须谨慎；
电线电缆选铜芯，额定电压要满足。
绝缘电线带护套，无套电线穿钢管；
电力电缆宜铠装，防火阻燃也应当。
导线截面要合适，最细不小 2.5；
钢管配线要规范，螺纹连接够 5 扣。

知识要点

爆炸性危险环境内电气线路，应采用铜芯的绝缘线或电力电缆，其额定电压不得低于工作电压。

绝缘线应带绝缘护套，或者将绝缘线穿钢管敷设；电力电缆应采用带铠装的防火阻燃型电缆。

导线截面积要选择合适，要能够满足负荷电流的要求；导线的最小截面积不得小于 $2.5mm^2$。

采用钢管配线时，管径的大小要合适，螺纹相互连接处，丝扣不得少于 5 扣。

爆炸性危险环境电缆配线、钢管配线的技术要求分别见表 3-4 和表 3-5。

表 3-4　　爆炸性危险环境电缆配线的技术要求

危险区域	电缆明设或在沟内敷设时的最小截面积（mm^2）			移动电缆
	电力	照明	控制	
1 区、20 区、21 区	≥2.5，铜芯	≥2.5，铜芯	≥1.0，铜芯	重型
2 区、22 区	≥1.5，铜芯 ≥16，铝芯	≥1.5，铜芯	≥1.0，铜芯	中型

表 3-5　　爆炸性危险环境钢管配线的技术要求

危险区域	钢管配线用绝缘导线的最小截面积（mm^2）			管子连接要求
	电力	照明	控制	
1 区、20 区、21 区	≥2.5，铜芯	≥2.5，铜芯	≥2.5，铜芯	管螺纹旋合不应少于 5 扣
2 区、22 区	≥2.5，铜芯	≥1.5，铜芯	≥1.5，铜芯	

157. 爆炸危险环境接零要求

口诀

爆炸危险环境内，三相五线把电配；
专设保护接零线，等位联结更安全。
保护零线用铜线，相线一半定截面；
干线最细不小 10，支线至少也要 4。
单台设备接零线，截面最小 2.5；
零线须接干、支线，禁与它物有关联。
干线接地要分开，接地不能少两处；
接地位置不同向，接地电阻小 10 欧。

知识要点

在爆炸危险环境内，应采用 TN-S 配电系统（三相五线制），将工作零线与保护零线严格分开，并采取等电位联结保护措施。

保护零线必须专用，并采用铜芯线，其截面积一般不能小于相线截面积的50%。总干线截面积不能小于$10mm^2$，分支线截面积不能小于$4mm^2$，单个设备上的接零线截面积不能小于$2.5mm^2$。

所有设备、设施的外露可导电部分均应可靠接零，并做等电位联结（有特殊要求的除外）保护。每台设备的保护接零线都必须独立连接在保护接零的主干线或者分支线上，不得与其他设备共用保护接零线。

接零干线与接地体的连接不能少于两处，并且不能位于同一方向上，接地电阻应小于10Ω。

设备的接地装置可与建筑物的接地装置合并设置，但应与独立式避雷针的接地装置分开设置；接地装置合并设置时，接地电阻应满足最小值的要求。

158. 爆炸危险环境电气安全保护装置

口诀

爆炸危险环境内，保护装置须到位；
短路、缺相和过载，三种故障要防备。
供电要有双电源，自动切换无忧患；
通风设备须联锁，正常运行事故断。
泄漏电流应限制，漏电保护当设置；
燃爆气体勿积聚，检测报警也必须。

知识要点

在有爆炸危险的环境内，电气设备和线路的安全保护装置特别重要。电气安全保护主要包括短路故障保护、缺相故障保护、过载故障保护、双电源自动切换联锁保护、通风设备联锁保护、剩余电流或零序电流保护及爆炸性混合物浓度检测保护等装置。

用于故障电流的安全保护装置，动作电流的整定值不能太大，在满足正常工作的前提下越小越好，以便立即动作切断电源（相线、中性线或工作零线必须同时断开）。

采用双电源供电是为了防止单电源造成突然停电事故，双电源之间必须能够自动切换并互相联锁。

通风装置能够加强空气流通、降低爆炸危险环境的风险，在电气设备启动运行之前，通风装置必须首先启动运行，当发生燃爆事故时，通风装置必须停止运行。

当电气设备或线路的泄漏电流超过保护器的动作电流，保护器可以迅速报警或切断电气设备或线路的电源。

当爆炸危险环境内爆炸性混合物的浓度达到危险范围内，检测装置应发出报警信号，以便及时采取有效措施。

159. 电气火灾预防

口诀

电气火灾多发生，线路故障占比重；
短路、过载要避免，接触不良酿祸端。
电气火灾要预防，安全措施需加强；
设备线路无缺陷，七个环节严把关。
设计确认要先行，型号规格选合适；
安装确认照图看，施工质量合规范。
运行确认有必要，空载启停不能少；
性能确认是关键，带载运行试极限。
操作维保有规程，预防维修要保证；
巡视检查不间断，定时定点定路线。

知识要点

在电气火灾中，电气线路发生的火灾比较多见。电气线路通常是由于发生短路、过载和接触不良等故障而引起火灾，应当重点防范。要预防电气火灾，必须保证电气设备和线路的完好性，做好七个方面的安全工作。

第一，做好设计确认（DQ）工作。根据工程设计、生产工艺、使用条件或环境、使用目的及要求等客观存在因素，选择合适类型和规格的电气设备和线路。

第二，做好安装确认（IQ）工作。在工程施工过程中，必须按照图纸、遵循规范要求安装每一台电气设备和每一条电气线路；工程竣工验收，必须进行安装确认，并对存在的问题及时整改。

第三，做好运行确认（OQ）工作。电气设备和线路经安装确认合格后，还必须进行运行确认，对其进行空载启停试运行，记录和分析运行参数，形成书面报告。

第四，做好性能确认（PQ）工作。性能确认就是将电气设备和线路带载运行，通过调整负载的大小，改变电气设备和线路的运行状况，观察和记录运行参数的变化，确认其能否达到预期的性能指标。

第五，做好操作维保工作。制定和执行电气设备与线路的操作和维保规程，保证电气设备和线路的正常运行，禁止人员违章操作和设备线路带病运行。

第六，做好巡视检查工作。对于连续运行的电气设备和线路，要进行巡视检查，并做到定时间、定地点、定路线，查看和记录运行参数，分析、判断其运行是否正常，及时处理各种缺陷，消除安全隐患。

第七，做好预防维修工作。依据电气设备和线路的运行情况（如运行环境、运行时间、负载大小等），制定并执行预防维修计划，对电气设备和线路进行预防性的维修或校验，清理清除污垢、油渍等脏物，检查和更换易损件，有效减少设备和线路发生故障的频次。

160. 电气火灾扑救

口诀

电气火灾要注意，现场扑救不能急；
迅速先把电源断，停电扑救最安全。
断电操作有顺序，先断开关后拉闸；
停电范围要适当，影响扑救不应当。
开关断电不方便，就近切断电源线；
切断方法有讲究，二次事故要预防。
如果停电有困难，带电灭火抢时间；
灭火器材要选对，绝缘用品穿戴全。
不得接近带电体，安全距离留 1 米；
当心导线断落处，跨步电压把人击。

知识要点

电气设备或线路发生火灾，不同于其他火灾，扑救不当容易引发触电事故。

在扑救电气火灾时，必须首先切断发生火灾设备或线路的电源。切断电源要遵守操作规程，一定要断开断路器（开关），不可带负荷拉闸；断电范围要适当，不能影响扑救工作。

如果就近没有电源开关，可以选择切断电源线路的方法，但必须要防止引发短路或触电事故。

为争取扑救时间，也可以带电灭火，但必须使用合适的灭火器，如二氧化碳灭火器、干粉灭火器、四氯化碳灭火器或 1211 灭火器等。

扑救人员必须穿戴好绝缘防护安全用品，如绝缘手套、绝缘靴或均压服等，人体要与带电设备或线路之间保持足够的安全距离（不小于1m），还要注意防止线路断落引起的跨步电压触电事故。

161. 雷电防护

口诀

雷电危害莫小看，防雷装置很关键；
雷电形式分三种，雷电形状呈三样。
直击雷、感应雷，另有雷电侵入波；
线状雷、片状雷，也有滚动球状雷。
防雷装置也很多，防雷用途有区别；
避雷针（塔）、避雷线，避雷网（带）、避雷器。
电力线路需保护，顶层架设避雷线；
电气设备要保护，进户安装避雷器。
避雷网（带）用途小，只能保护建筑物；
避雷针（塔）用途大，建筑、户外要用它。
防雷装置灵不灵，要看接地行不行；
接地电阻有要求，一般不超10欧姆。

知识要点

雷电是大气中的一种自然放电现象，其危害性是相当大的。按照危害方式，雷电可以分为直击雷、感应雷和雷电侵入波三种。雷电的形状也有线状、片状和球状三种，其中以线状直击雷最为常见。

常见的防雷装置有避雷塔、避雷针、避雷网、避雷带、避雷线、避雷器等。电力设备和线路常用避雷线和避雷器，避雷网、避雷带常用于建筑物的屋面，而避雷塔、避雷针常用于户外设备设施。防雷装置必须按要求接地，其接地装置的接地电阻不能大于10Ω。

162. 静电防护

口诀

静电生成原因多，摩擦起电最常见；
电量虽小电压高，二次事故易引发。
预防静电要注意，首先要从工艺起；
工艺设计严把关，减少静电产生源。
材质宜选导电体，介质流速应限制；
管道内壁须光滑，增径、减弯降阻力。
有机溶剂流动中，内部静电易产生；
防静电管道应采用，两端管口要接地。
静电无法全消除，泄漏、释放防积聚；
设备管、道全接地，接地电阻小百欧。
如果环境较干燥，洒水、喷汽可增湿；
静电消除中和法，应用场所慎选择。

知识要点

静电是指相对静止的电荷。两物体之间能够产生静电的原因很多，最常见的就是两物体之间相互摩擦所产生的静电。静电具有电量小而电压高的特点，容易引发二次事故（如燃烧、爆炸、触电等事故）。要预防静电危害，主要从以下三方面做起：

(1) 从工艺设计和设备设施的选型入手，从源头上减少静电荷的产生。

1) 在工艺流程中尽量减少物料接触面积、接触压力和接触次数，限制物料运动速度和分离速度。

2) 在设备设施中尽量选择静电导体或静电亚导体材料，避免采用静电非导体材料，管道口径宜大不宜小，内壁要尽量光滑，要减少弯管的使用。

3）对于容易产生静电的有机溶剂，应采用防静电管道进行输送。

（2）用接地方法使静电荷尽快地消失。

1）在静电危险场所，所有金属物体必须采用金属导体与大地做导通性连接（直接接地），非金属静电导体和亚导体应做间接接地。

2）在生产场所内，也可以采用增湿器、喷水蒸汽、高湿度空气或者在静电非导体表面或周围洒水的方法，将局部环境相对湿度增加到50%以上（0区禁止使用）。

3）静电导体与大地间的总泄漏电阻值不应大于$1\times10^{6}\Omega$，每组专设的静电接地体的接地电阻不能大于100Ω。

4）金属导体的防静电接地可以与防雷保护接地、电气设备保护接地共用接地装置，也可以与建筑物地下的金属结构相连接。

（3）使用防静电添加剂、静电消除器等对静电荷进行中和。

在不影响生产安全、产品质量的条件下，可以在物料中加入适量的防静电添加剂，也可以在合适的地方安装静电消除器或静电中和器。

163. 接地装置安装

口诀

接地装置很重要，电击防护离不了；
制作安装合规范，相关要求记心间。
接地极长2米5，埋深大于600毫；
极间距离大5米，连接必须搭焊牢。
搭焊长度要满足，角钢、扁钢宽2倍；
圆钢则为径6倍，焊缝也要双面垒。

为防锈蚀不裂断，钢材宜用镀锌件；
焊接位置涂沥青，防腐措施做到位。
地线材料要选择，铜、铝、钢材都可以；
最小截面须保证，铜 4、铝 6、钢 12。
接地线沟要回填，石头、砖块往外拣；
地线穿越障碍物，加装套管不用说。
接地电阻要检测，4 或 10 欧莫超出；
共用接地要求高，电阻最大 1 欧姆。
接地点位置要明示，设备外壳要接地；
螺栓连接防松动，弹簧垫圈压其中。

知识要点

接地装置是接地体（极）与接地线的总称。接地体（极）和接地线都可以分为自然和人工两大类。

接地体（极）是指直接埋入土壤内并与大地直接接触的金属导体（钢管、扁钢、角钢、圆钢等）以及各种自然接地体（金属管道、金属构件、钢筋混凝土基础等）。接地线是指连接在接地体和系统、装置或设备的外露可导电部分或者外界可导电部分之间的金属导线。

当系统、装置或设备发生故障时，其外露可导电部分可能会产生危险的对地电压（不低于 250V），接地装置的重要性在于降低和限制其对地电压（不高于 50V），防止发生电击事故。

接地体（极）的长度不能小于 2.5m，埋设深度不能小于 600mm，极数不能少于 3 个，极间距离不能小于 5m，极与极之间的连接必须采用搭焊、双面垒焊形式，并且角钢、扁钢搭焊的长度不能少于宽度的 2 倍，圆钢搭焊的长度不能少于外径的 6 倍。为防止锈蚀断裂，钢材应选用镀锌件，焊接位置要用沥青进行防腐涂抹。

接地线材质可以选择钢、铝或铜等材料，但必须要满足一定的机械强度，其对应的最小截面积不能分别小于12、6、4mm^2。埋设接地线的沟道要用黄沙土回填夯平，忌用砖块、水泥块或石头等回填。接地线在穿越障碍物时，必须加装保护套管。

接地装置的接地电阻必须符合相关要求，接地电阻越小越好。

（1）低压电气设备和线路的工作接地装置和保护接地装置，其接地电阻不应大于4Ω，中性线上的重复接地装置，其接地电阻不应大于10Ω（100kVA以上变压器）或30Ω（100kVA及以下变压器）。

（2）6～10kV电气设备和线路的接地装置，其接地电阻不应大于4Ω（100kVA以上容量）或10Ω（100kVA及以下容量）。

（3）高压大接地短路电流系统的接地装置，其接地电阻不应大于0.5Ω；高压小接地短路电流系统的接地装置，其接地电阻不应大于10Ω。

（4）高压线路保护网或保护线、电压互感器和电流互感器的二次绕组以及工业电子设备等的接地装置，其接地电阻不应大于10Ω。

（5）共用接地装置时，接地电阻必须满足最小值要求，一般不应大于1Ω。

系统、装置和设备的接地点必须要有明显的标识，接地应采用螺旋固定连接，并加装弹簧垫圈，防止松动。

四、电气设备篇

164. 电力变压器两大部件

口诀

变压器，两大件，闭合铁芯和线圈；
线圈缠绕铁芯外，两者一起不分开。
电流通过线圈中，磁由铁芯来导通；
线圈之中电流变，铁芯磁场跟着变。
两侧绕组要分开，一次、二次莫搞混；
一次接入电源端，二次再与负载连。

知识要点

电力变压器主要由器身、冷却装置、保护装置和出线装置构成，油浸式电力变压器还有油箱等装置。器身包括铁芯、线圈（或称绕组）、绝缘、引线和分接开关等，其中铁芯和线圈是最重要的两大构成部分。铁芯是磁场的通路，线圈是电流的通路。线圈缠绕在铁芯外面，电流和磁场之间相互作用。绕组区分为一次绕组和二次绕组，一次绕组接电源（输入端），二次绕组接负载（输出端）。

165. 电力变压器工作原理（一）

口诀

电磁感应真神奇，电力变压器显威力；
电生磁来、磁生电，瞬间就把电压变。

知识要点

电力变压器是利用电磁感应原理工作的。首先由交流电源变化的电流（一次绕组中）产生变化的磁场（铁芯中），再由变化的磁场

（铁芯中）产生新的变化的电流（二次绕组中）。由于变压器的一次绕组和二次绕组匝数不相同，电力变压器就可以把接入一次绕组中的交流电流转化成同频率而不同电压的交流电流，从二次绕组中输出。

油浸式电力变压器的外形结构如图 4-1 所示。

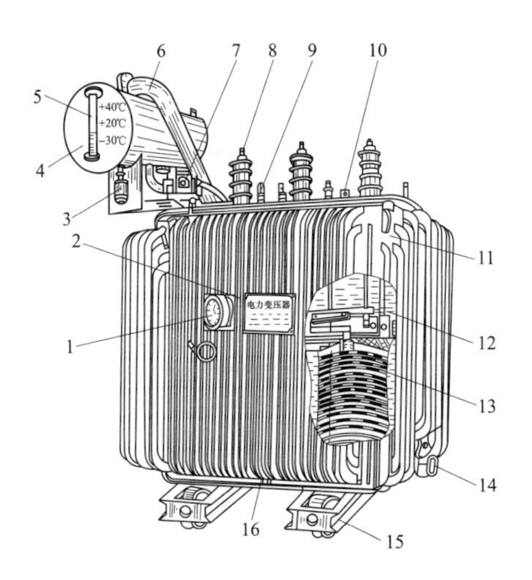

图 4-1　油浸式电力变压器的外形结构

1—信号温度计；2—铭牌；3—吸湿器；4—储油柜（油枕）；5—油位指示器（油标）；6—安全气道（防爆管）；7—气体继电器；8—高压套管；9—低压套管；10—分接开关；11—油箱；12—铁芯；13—绕组及绝缘；14—放油阀；15—小车；16—接地端子

166. 电力变压器工作原理（二）

口诀

变压器，一通电，磁场随着电流变；
磁场变，感生电，电势又随磁场变。
一次绕组电流变，二次绕组感生电；
先有电来再有磁，磁又生电压自变。

知识要点

电力变压器在工作时，当通入一次侧绕组中的交流电流发生变化时，穿过铁芯中的磁场会随着发生变化；铁芯磁场的变化，又会引起二次侧绕组中感生电动势发生变化。也就是说，电力变压器一次侧绕组中交流电流的变化就会在二次侧绕组中产生交流感生电动势，先由电（流）产生磁（场），再由磁（场）产生电（流）。

电力变压器工作原理如图 4-2 所示。电力变压器二次侧感生电动势的大小与交流电源频率的大小、绕组匝数的多少以及铁芯内磁场的强弱成正比。

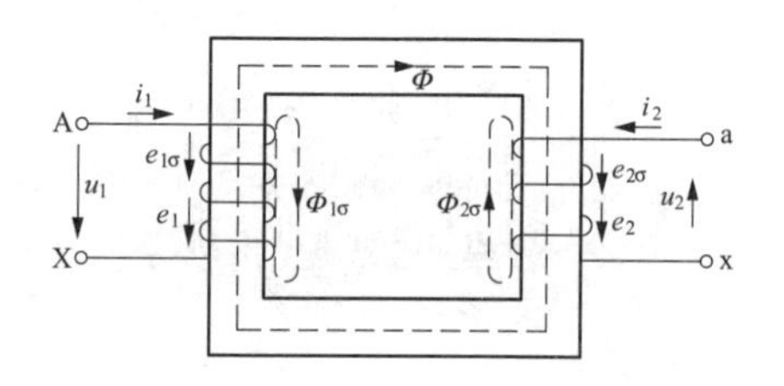

图 4-2　电力变压器工作原理

167. 电力变压器损耗

口诀

绕组导电，铁芯通磁；
电路、磁路，原理类同。
电有电阻，俗称铜损；
磁有磁阻，俗称铁损。

知识要点

电力变压器反映了电流和磁场之间既紧密联系、又相互作用的关系。在电力变压器中，电流和磁场，各有各的通路。电流流经绕组，要受到绕组的阻碍作用（电阻），引起的损耗称作铜损；磁场通过铁芯，要受到铁芯的阻碍作用（磁阻），引起的损耗称作铁损。

168. 电力变压器电压比

口诀

变压器电压有两种，线、相二字来区分；
绕组连接角或星，两者高低值不同。
变比是指相压比，变压比则是线压比；
两侧绕组接法同，两者数值才相等。
变比并非变压比，一字之差辨仔细；
变压比值分高低，万变四百最常用。

知识要点

电力变压器有输入端（一次侧）电压，也有输出端（二次侧）电压。无论是输入端电压，还是输出端电压，又分为相电压和线电压两种。

相电压是指变压器每相绕组两端的电压，线电压是指变压器相线与相线之间的电压。通常所说的电压是指线电压。

电力变压器的变比是指输入端相电压与输出端相电压之比，而变压比指的是输入端线电压与输出端线电压之比。

电力变压器的变比不一定等于变压比，两者之间的关系取决于电力变压器输入端三相绕组与输出端三相绕组的连接方式。只有当电力变压器输入端与输出端三相绕组的接法完全相同（Y/Y或△/△）时，变比才等于变压比。

常用电力变压器的变压比为10/0.4。

169. 电力变压器电流比

口诀

变压器的电流比，情况类似电压比；
线、相二字要区分，电流比值亦不同。
线压、线流有关系，两者比值成反比；
线压高者线流小，线流大者线压低。

知识要点

电力变压器有输入端（一次侧）电流，也有输出端（二次侧）电流。无论是输入端电流，还是输出端电流，又分相电流和线电流两种。相电流是指变压器每相绕组中流过的电流，线电流是指变压器相线中流过的电流。通常所说的电流是指线电流。

电力变压器的电流比是指输入端线电流与输出端线电流之比，它与变压比成反比例关系。也就是说，线电压高者，线电流小；线电压低者，线电流大。

电力变压器输入端相电流与输出端相电流之比，等于变比的倒数。也就是说，相电压高者，相电流小；相电压低者，相电流大。

170. 电力变压器额定容量

口诀

变压器容量如何计，电压、电流$\sqrt{3}$倍；
电压、电流要注意，都指相线输入值。
变压器容量有多种，大小相差上万倍；
容量单位千伏安，250～5000 较常用。

知识要点

电力变压器的额定容量是指变压器在额定工况下连续运行时二次侧输出的最大视在功率。计算公式为：$S_N=\sqrt{3}U_N I_N$，单位用kVA表示。其中U_N为线电压，I_N为线电流。

电力变压器额定容量的标准值有很多，从几十千伏安到几十万千伏安不等。一般较为常用的容量有250、315、400、500、630、800、1000、1250、1600、2000、2500、3150、4000、5000kVA。

171. 电力变压器额定电流（一）

口诀

变压器电流额定值，依据公式可求出：
容量除以电压值，其商乘6、除以10。
电流、容量有关联，也可快速来推算；
依据容量乘系数，系数要随电压变。
10千伏百分6，6千伏百分10；
35千伏，百分10、除以6。
若按千瓦，再加2成。

知识要点

电力变压器的容量（kVA）、电压（kV）和电流（A）之间有一定的关系。可以根据变压器的电压和容量计算出电流，即用容量除以电压值，再乘以0.6即可得出电流的近似值。

根据计算公式，也可以由不同电压等级变压器的额定容量估算出额定电流：

10kV变压器高压侧的额定电流（A）约为额定容量（kVA）的6%；

6kV变压器高压侧的额定电流（A）约为额定容量（kVA）的10%；

35kV变压器高压侧额定电流估算，可以按照6kV估算后，再除以6而得出。

如果以变压器的额定有功功率估算额定电流，则要在参考以上估算方法的基础上再增加20%。

部分电力变压器额定容量与额定电流对照表见表4-1。

表4-1　部分电力变压器额定容量与额定电流对照表

额定容量（kVA）	额定电压（kV）			
	6.3	10.5	35	110
	额定电流（A）			
100	9.18	5.5	—	—
160	14.68	8.81	—	—
200	18.4	11	3.3	—
250	22.9	13.8	4.12	—
315	28.9	17.3	5.2	—
500	45.9	27.5	8.25	—
630	57.8	34.7	10.4	—
800	73.4	44	13.2	4.2
1000	91.8	55	16.5	5.25
1600	146.8	88.1	25.4	8.4
2000	183.5	110	33	10.5
3150	289	173.2	52	16.6
4000	367	220	66	21
5000	459	275	82.5	25.5
6300	578	347	104	32.1
8000	734	440	132	42
10 000	918	550	165	52.5

172. 电力变压器额定电流（二）

口诀

变压器降压有多种，万变四百最常用。
高压电流粗略算，容量值的百分6；
低压电流也可算，容量值的一倍半。

知识要点

电力变压器可以将不同等级的高电压降为不同等级的低电压，其中将电压由10.5kV降为0.4kV的电力变压器最为常用。

10kV变压器高压侧（10.5kV）的额定电流（A）约为额定容量（kVA）的6%；10kV变压器低压侧（0.4kV）的额定电流（A）约为额定容量（kVA）的1.5倍。

173. 电力变压器熔断体电流

口诀

高压熔断体电流，容量、电压相比求。
低压熔断体电流，容量乘9、除以5。

知识要点

电力变压器常采用熔断器作为短路保护，也可作为过负荷保护。对于将10.5kV变为0.4kV的电力变压器，在选用熔断器时，高压侧（10.5kV）熔断体（芯）的电流值可以采用变压器的容量除以电压进行计算，低压侧（0.4kV）熔断体（芯）的电流值可以采用变压器的9倍容量除以5（即容量的1.8倍）进行计算。

174. 电力变压器接线组别

口诀

变压器接线有多种，不同代号来标定；
常用接法有三种， Dyn11、Yd11、Yyn0。
Dyn11、**一万伏，** Yd11、**三万五；**
Yyn0、**一万伏，三相负载须平衡；**
多雷地区较特殊， Yzn0 **接法多采用。**

知识要点

电力变压器三相绕组接线的组合形式有很多种，并用不同的组别代号来标定。其中，最常用的接线组别有 Dyn11、Yd11、Yyn0 三种。

Dyn11 接法（高压侧绕组为三角形接法、低压侧绕组为星形接法）适用于三相负荷不平衡的 10kV 供配电系统；Yd11 接法（高压侧绕组为星形接法，低压侧绕组为三角形接法）适用于 35kV 供配电系统；Yyn0 接法（高压侧绕组为星形接法，低压侧绕组为星形接法）适用于三相负荷基本平衡的 10kV 供配电系统。

对于雷电多发地区，较多采用 Yzn0 接法（高压侧绕组为星形接法，低压侧绕组为曲折形接法）的 10kV 供配电系统。

“Dyn11、Yd11、Yyn0”一句可简单读作“角星、11、双星 0”；“Dyn11”“Yd11”“Yyn0”“Yzn0”可分别对应读作“角星 11”“星角 11”“双星 0”“星折 0”。

电力变压器常用接线组别如图 4-3 所示。

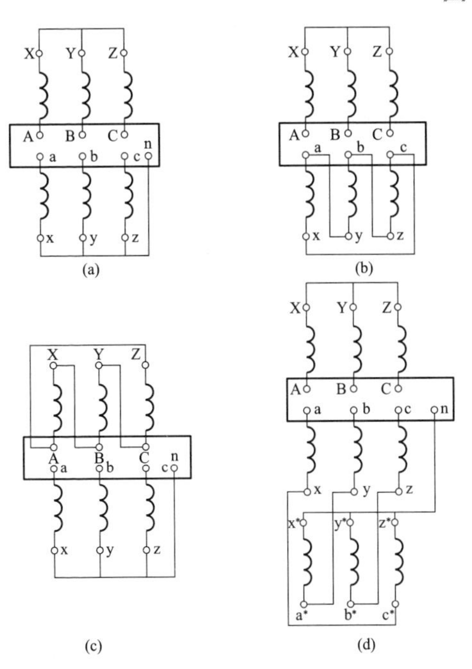

图 4-3　电力变压器常用接线组别

(a) Yyn0 接法；(b) Yd11 接法；(c) Dyn11 接法；(d) Yzn0 接法

175. 电力变压器并联运行

口诀

变压器并联好处多，负荷变化当掌握；
并联运行要注意，四个条件须具备。
压比、短压要相等，连接组别要一致；
并联容量要匹配，大小不超 1～3 倍。

知识要点

电力变压器可以并联运行，也就是将几台变压器的一次侧绕组和二次侧绕组分别接到公共母线上运行。变压器并联运行既能提高供电的可靠性，又能提高运行的经济性。根据用电负荷的大小，选择多台运行、停小用大或停大用小等方式，对并联运行变压器的容量、台数进行适当调整。

电力变压器并联运行必须满足四个条件。①变压器的变压比必须相等；②变压器的短路电压（简称短压，也叫阻抗电压，用百分数表示）必须相等；③变压器的接线组别必须相同；④容量不能相差太大，最大容量与最小容量的比值不得超过3∶1。

176. 电力变压器电压要求

口诀

供电电压有保障，设备运行才正常；
电压偏差有规定，上、下限值不一样。
无论高压或低压，线压范围±7；
单相负载220，－10、＋7为限值。

知识要点

电气设备要正常运行，电力变压器的供电电压必须满足相关规定要求。我国规定：10kV高压供电系统，额定线电压为10kV，允许偏差为±7%。0.4kV低压供电系统，额定线电压为380V，允许偏差±7%；额定相电压为220V，允许偏差－10%～＋7%。

177. 电力变压器过电压保护

口诀

变压器运行要注意，电压过高当禁止；
操作次数尽量少，空载投切也损伤。
故障引发过电压，保护装置应正常；
大气感应过电压，避雷装置须安装。

知识要点

电力变压器在运行过程中，其供电电压不宜超过额定电压。如果供电电压过高，会引起绕组绝缘性能变坏，绕组中的励磁电流会急剧升高，功率因数也会随着降低。另外，供电电压过高，也会造成用电设备运行异常，严重时会烧坏用电设备。电力变压器的供电电压不得超出额定电压的105%。

在对电力变压器进行停送电操作时，也会产生过电压，一般为额定相电压的2～3倍。因此应当尽量减少变压器的停送电操作次数，并且宜在空载时停送电。

当供配电系统发生断相、接地、短路等故障时，电力变压器也会产生过电压。故障电压一般为额定相电压的3～5倍。因此，一旦系统发生接地、短路等故障，保护装置必须迅速地切断系统电源。

大气变化的影响，也会对电力变压器产生过电压。当大气云层之间放电或者发生雷电现象时，会在输电线路上感应过电压，可高达额定相电压的8～12倍。要防止大气过电压的影响，必须在输电线路上装设避雷装置（避雷线、避雷器等）。

178. 电力变压器负荷电流

口诀

变压器运行要经济，负载电流应合适；
容量、负荷要匹配，轻载、超载皆不宜。
停、送电前断负荷，减少冲击没有错；
运行电流超定值，停运、检查莫迟疑。

知识要点

电力变压器在正常运行时，既不能轻载，也不能超载，负荷率应控制在55%～85%范围内。当实际负荷率低于50%时，应当更换为容量小一级的变压器；当时实际负荷率高于90%时，应当更换为容量大一级的变压器。

当变压器长时间超负荷运行时，会引起绕组温度的升高，促使绝缘老化，减少使用寿命。变压器超负荷运行的允许时间与超负荷的大小有关系。在特殊情况下，变压器超负荷不得超过额定负荷的15%（夏季）或30%（冬季），超负荷运行时间不得超过1h（室内）或2h（室外）。

对电力变压器进行停送电操作时，应当在空载情况下进行，以减小过电压、大电流对变压器绕组的冲击和危害。一旦发现变压器的运行电流异常增大，应当及时停止运行，做进一步的检查和处理。

179. 变压器油的作用

口诀

变压器油三作用，散热、消弧和绝缘；
黄色透亮品质好，安全运行少隐患。
颜色变暗或浑浊，取样试验不能缺；
要是结论不合格，过滤、更换必须做。

知识要点

油浸式电力变压器具有一定的特殊型，还没有完全被干式电力变压器取代，在实际中仍然在室外被经常使用。变压器油在油浸式变压器中非常重要，具有散热、消弧和绝缘三大作用。

变压器油质的好坏，可以从外观颜色做出初步判断。品质好的变压器油，质体均匀、黄色发亮、清澈透明、流动性好，无杂质、无沉淀。当运行中的变压器油出现变色或浑浊等现象，应及时取样并进行简化分析试验。如果检验结论不合格，必须进行过滤或更换处理，直至油质检验合格为止。

180. 变压器油位判断

口诀

变压器油量要合适，油枕油位显高低；
油标高度 4 等份，下 1、上 3 较适宜。
过低当心有漏油，过高防止温度高；
颜色浅黄油正常，变暗发黑元件烧。

知识要点

油浸式电力变压器在正常运行时，要保持合适的储油量。油量的多少，可以从储油柜上的油位高低进行判断。可以将油标的高度分成四等份，油位以处在 1/4（下）～3/4（上）范围内为合适。

如果油位低于 1/4，则说明油量不足或者有漏油现象；如果油位高于 3/4，则说明油量偏多或者变压器温升较高。正常的变压器油颜色为透明的浅黄色，如果颜色变暗甚至发黑，则说明变压器内部的元件有烧焦现象。

181. 电力变压器保护装置

口诀

变压器运行要安全，保护装置须配全；
常用保护有多种，根据情况做决选。
瓦斯保护很重要，油浸式变不可少；
内部短路须预防，速断保护当安装。
超载运行应禁忌，过流保护来监视；
内部温度有限值，温度保护应设置。

知识要点

电力变压器在运行过程中有可能发生短路、接地、过负荷或者铁芯损坏等故障。为确保变压器的运行安全，必须装设相应的保护装置。

常用的保护装置有速断保护、过电流保护和温度保护，油浸式变压器还有气体保护装置。

速断保护装置主要用于当变压器绕组发生短路和接地故障时迅速切断变压器的供电电源。

过电流保护装置主要用于当变压器长时间过负荷运行时的报警和延时切断变压器供电电源。

温度保护装置主要用于变压器运行温度的检测及温度过高时的报警和控制。

油浸式变压器的气体保护用于变压器油质分解所产生气体的检测，保护动作分为轻瓦斯动作（作用于报警信号）和重瓦斯动作（作用于电源跳闸）两种。

182. 电力变压器安装要求

口诀

外观检查须合格，运输通道宽 4 米；
轮距、轨距要对正，误差不大 10 毫米。
0.85 负荷率，紧靠负荷中心处；
宽面进时、高压里，窄面进时、油箱外。
变压器室合规范，屋面预埋吊装件；
室内安装要通风，四周通道留足够。
柱式离地 2 米 5，落地四周设围栏；
栏高至少 1 米 8，间距不少 0.8。

工程投资不差钱，采用箱变更安全；
除非临时应急用，不宜露天地上放。
引下线用多股线，截面不小16平；
保护装置配备全，接地电阻限4欧。

知识要点

在安装电力变压器时，要首先对变压器的外观进行详细检查并确认没有问题，安装必须满足相关的规范和要求。

安装进出通道宽度不得小于4m，安全距离和检修通道要留够。安装基础的尺寸要精确，轮距、轨距误差不能超过10mm。

安装位置选择要靠近负荷中心处，负荷率宜保持在85%左右。宽面推进时，高压端要朝里面；窄面推进时，油箱要朝外。

在室内安装时，屋面要有起吊预埋件，室内通风要良好。在室外柱上安装时，距地面高度不得低于2.5m；在室外落地安装时，四周要设置围栏，栏高不低于1.8m，围栏与变压器之间的距离不得小于0.8m。

变压器长期使用时，不宜在露天放置，最好采用箱式变压器。

变压器的接地引下线要采用多股软铜线或软铝线，截面积不能小于$16mm^2$，接地电阻不大于4Ω，保护装置要配置齐全。

183. 电力变压器巡视检查

口诀

变压器巡查项目多，逐项检查无漏缺；
绕着器身转一转，确认外观无缺陷。
第一先听运行声，嗡声均匀无异响；
第二再把表计看，电压、电流未超限。
第三要把油枕观，油位适中色淡黄；

硅胶颜色若改变，及时烘干或更换。
第四看看接线头，连接牢靠不松动；
套管清洁无破损，密封良好无色变。
防爆隔膜应完整，气体通道要畅通；
冷却装置无异常，接地装置未裂断。

知识要点

电力变压器在运行过程中，要定期地进行巡视检查。

变压器需要巡视检查的项目较多，主要包括：检查外观是否完好，有无缺陷和损坏现象；检查运行声音是否正常，有无噪声和异常声响；检查运行参数是否正常，有无过电压、过电流现象；检查变压器油及干燥剂是否正常，有无缺油、变色现象；检查接线头是否正常，有无松动、发热或烧焦现象；检查绝缘套管是否正常，有无积垢、裂纹、渗油现象；检查呼吸道及防爆膜是否正常，有无堵塞、损坏现象；检查冷却装置是否正常，有无停运或故障现象；检查接地装置是否正常，有无锈蚀、断裂现象。

184. 并联电容器补偿方式

口诀

补偿方式分两种，集中、分散有差异；
高压补偿应集中，低压补偿两相宜。
高压集中效果差，投资少来好管理；
低压分散效果好，投资管理成本高。
低压集中较常用，投资管理可兼顾；
重大设备独补偿，就地分散效果好。

知识要点

并联电容器常用来提高配电系统的功率因数。使用时，可以采用高压端补偿、低压端补偿或高、低压端同时补偿三种方式。

并联电容器可以集中安装、分散安装或者集中安装与分散安装相结合。通常在高压端补偿时，并联电容器集中安装；在低压端补偿时，既有集中安装，也有分散安装。

高压端集中补偿效果较差，适用于高压设备。低压端集中补偿效果适中，在低压配电系统中普遍采用。

对于大功率、功率因数较低的低压用电设备，宜采用就地分散安装，补偿效果最好。

BZMJ 系列并联电容器外形如图 4-4 所示。

图 4-4　BZMJ 系列并联电容器外形图

185. 低压并联电容器补偿容量

口诀

并联电容器，力率补偿器；
补偿要经济，容量须适宜。
点八、点七，四一、二一；
点六、点五，七六、四五。

知识要点

并联电容器也叫功率因数（力率）补偿器，可以用来提供无功功率，提高用电系统的功率因数。

并联电容器的补偿容量，要根据用电设备容量大小和自然功率因数高低进行选择，不宜过大或过小。

该口诀给出了根据用电设备的容量大小及自然功率因数高低所需要无功补偿的容量。具体地说，采用 0.4kV 并联电容器进行无功补偿时，要将用电设备的功率因数由 0.80、0.70、0.60、0.50 补偿提高到 0.90 时，所需要电容器的补偿容量（千乏）分别为设备容量（千瓦）的 1/4、1/2、6/7、5/4。

依据设备容量（kW）计算无功补偿容量（kvar），无功功率补偿率 q_c 值（kvar/kW）的选择见表 4-2。

表 4-2　　无功功率补偿率 q_c 值（kvar/kW）

补偿前 $\cos\varphi_1$	补偿后 $\cos\varphi_2$										
	0.80	0.82	0.84	0.86	0.88	0.90	0.92	0.94	0.96	0.98	1.00
0.52	0.89	0.95	1.00	1.05	1.11	1.16	1.22	1.28	1.35	1.44	1.64
0.54	0.81	0.86	0.92	0.97	1.02	1.08	1.14	1.20	1.27	1.36	1.56
0.56	0.73	0.78	0.84	0.89	0.94	1.00	1.05	1.12	1.19	1.28	1.48
0.58	0.66	0.71	0.76	0.81	0.87	0.92	0.98	1.04	1.11	1.20	1.41
0.60	0.58	0.64	0.69	0.74	0.80	0.85	0.91	0.97	1.04	1.13	1.33
0.62	0.52	0.57	0.62	0.67	0.73	0.78	0.84	0.90	0.97	1.06	1.27
0.64	0.45	0.51	0.56	0.61	0.67	0.72	0.78	0.84	0.91	1.00	1.20
0.66	0.39	0.45	0.49	0.55	0.60	0.66	0.71	0.78	0.85	0.94	1.14
0.68	0.33	0.38	0.43	0.49	0.54	0.60	0.65	0.72	0.79	0.88	1.08
0.70	0.27	0.33	0.38	0.43	0.49	0.54	0.60	0.66	0.73	0.82	1.02
0.72	0.22	0.27	0.32	0.37	0.43	0.48	0.54	0.60	0.67	0.76	0.97
0.74	0.16	0.21	0.26	0.32	0.37	0.43	0.48	0.55	0.62	0.71	0.91
0.76	0.11	0.16	0.21	0.26	0.32	0.37	0.43	0.50	0.56	0.65	0.86
0.78	0.05	0.11	0.16	0.21	0.27	0.32	0.38	0.44	0.51	0.60	0.80
0.80		0.05	0.10	0.16	0.21	0.27	0.33	0.39	0.46	0.55	0.75
0.82			0.05	0.10	0.16	0.22	0.27	0.33	0.40	0.49	0.70
0.84				0.05	0.11	0.16	0.22	0.28	0.35	0.44	0.65
0.86					0.06	0.11	0.17	0.23	0.30	0.39	0.59
0.88						0.06	0.11	0.17	0.25	0.33	0.54
0.90							0.06	0.12	0.19	0.28	0.48

186. 低压并联电容器额定电流

口诀

并联电容器，容量千乏计；
额定电流值，可由容量知。
单相电容器，容量 2.5；
三相电容器，容量 1.4。

知识要点

并联电容器的额定容量有大小之分，计量单位用千乏（kvar）。低压并联电容器的额定电流可以由其额定容量进行估算。

单相电容器，额定电流约为额定容量的 2.5 倍；三相电容器，额定电流约为额定容量的 1.4 倍。

187. 低压并联电容器运行控制

口诀

自动补偿当安装，补偿容量易控制；
电压、电流等参数，不能偏离额定值。
电容器投切要注意，交接器触头易损蚀；
冲击电流要限制，专用交接器最适宜。
投入、切除按时段，用电峰、谷可分辨；
放电回路须畅通，确保电荷无残留。
保护装置应配全，短路、过流要避免；
二次投入要慎重，自动重合须禁用。

知识要点

集中安装的并联电容器，宜采用无功功率自动补偿控制器。无功功率自动补偿控制器是一种能够随线路负载变化而自动投切多组并联电容器，避免过度补偿或补偿不足的低压集中补偿装置。

由于并联电容器在投入、切出状态时，会产生强大的冲击电流并形成电弧，对交流接触器的动、静触头损伤较大，因此，应当采用带有限流电阻元件的专用交流接触器。

如果采用人工投切并联电容器，一般要遵循时间原则和负荷原则。也就是说，在用电高峰时间段、用电负荷较大的时间段，将并联电容器投入运行，进行无功功率补偿；在用电低谷时间段、用电负荷较小的时间段，则将并联电容器退出运行。

并联电容器在退出运行时，必须保证其放电回路畅通和有足够的放电时间。并联电容器在二次投入时，不得有残留电荷，以免产生过电压。

为了防止并联电容器在运行过程中发生短路或接地故障，必须在并联电容器回路加装短路保护装置和过电流保护装置。当并联电容器的电源开关动作跳闸后，必须对并联电容器进行认真检查并排除故障，不得盲目重合电源开关或强行送电。

188. 高压熔断器

口诀

设备、线路要正常，高压保险可帮忙；
负荷电流有异常，切断电源理应当。

知识要点

高压熔断器（俗称高压保险）一般用作过负荷保护和短路保护，用来保护电力变压器、电压互感器及输配电线路等。当设备或线路的负荷电流超过高压熔断器熔体的额定电流时，高压熔断器的熔体会自动熔断，切断设备或线路的供电电源。

RN_1 型熔断器的外形及熔管剖面结构如图 4-5 所示。

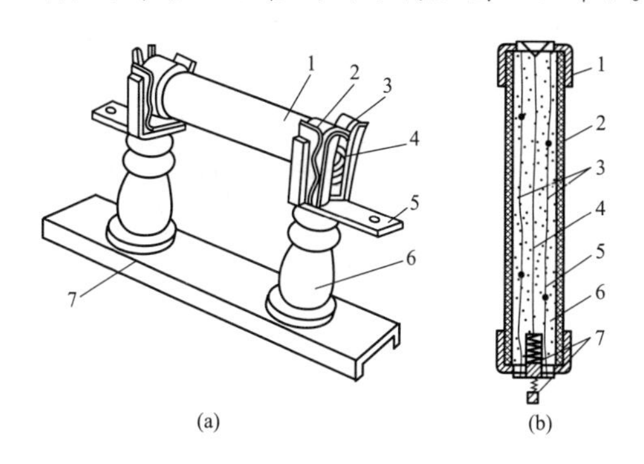

图 4-5 RN_1 型熔断器的外形及熔管剖面结构图

（a）外形图

1—熔管；2—插座；3—端帽；4—端盖；5—接线端；6—支柱绝缘子；7—底板

（b）熔管剖面图

1—端帽；2—熔管；3—工作熔体；4—指示熔体；5—小锡球；6—石英砂；7—指示装置

189. 跌落式熔断器

口诀

跌落保险须注意，操作三相有顺序：
先分中相、后边相，先合边相、后中相；
边相分合也有序，工作现场辨风向；
先分下风相、后合下风相。

知识要点

跌落式熔断器（跌落保险）是一种适用于户外的高压熔断器，常安装在电力变压器的高压侧，用作短路保护和过负荷保护。

在操作跌落式熔断器的第二相（无论是中相还是边相）时，会产生较强烈的电弧，操作不当会引发相间电弧短路故障。

操作跌落式熔断器必须按照规定顺序进行。在送电操作时，先合上风边相，再合下风边相，后合中间相；在停电操作时，先断中间相，再断下风边相，后断上风边相。

RW_4-10 型跌落式熔断器的外形结构如图 4-6 所示 。

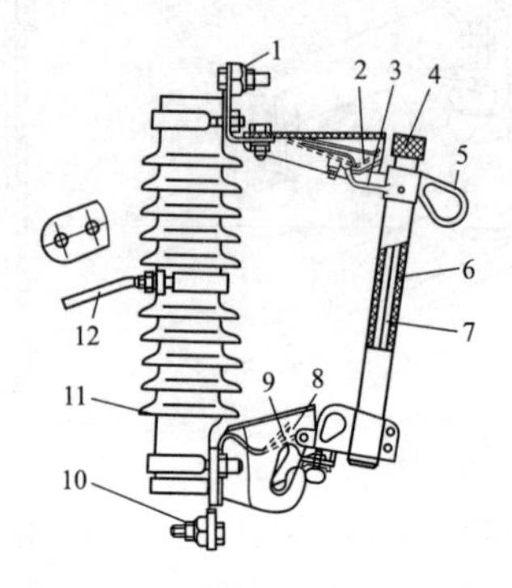

图 4-6　RW_4-10 型跌落式熔断器的外形结构图

1—上接线端；2—上静触头；3—上动触头；4—端帽；
5—抵蛇；6—熔管；7—熔丝；8—下动触头；9—下静触头；
10—下接线端；11—瓷绝缘子；12—固定板

190. 高压隔离开关

口诀

隔离开关有别名，通常叫法是刀闸；
单独安装应避免，最好要与开关连。
操作刀闸须谨慎，带载分合惹祸端；
先断负载后分合，电弧短路可避免。
开关刀闸在一起，操作顺序要注意；
开关先分而后合，刀闸后分而先合。

知识要点

高压隔离开关又称刀闸，没有灭弧装置，主要用于隔离设备或线路的电源电压，具有明显的开断点。高压隔离开关不能通断负荷电流，更不能切断短路故障电流。

高压隔离开关不宜单独安装使用，要与高压断路器（开关）一起安装，并配合使用。在送电操作时，先合高压隔离开关、后合高压断路器；在停电操作时，先分高压断路器，后分高压隔离开关。

严禁带负荷操作高压隔离开关。为了防止误操作高压隔离开关，可以在高压隔离开关和高压断路器之间加装联锁保护装置（机械的或电气的），以确保高压隔离开关在高压断路器合上后不能被分断，在高压断路器断开后才能被合上。

GN_8-10 型高压隔离开关的外形结构如图 4-7 所示。

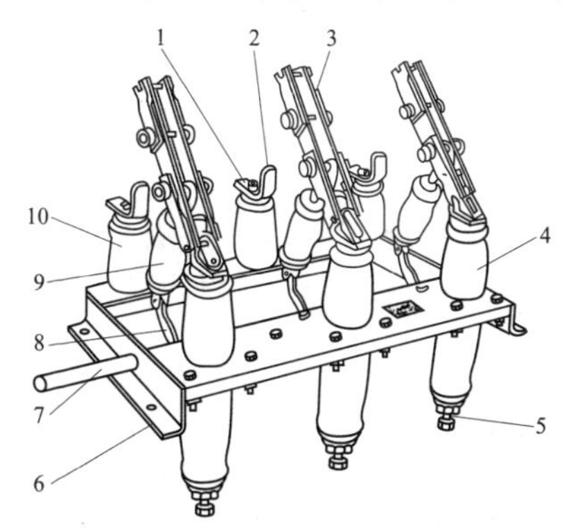

图 4-7　GN_8-10 型高压隔离开关的外形结构图

1—上接线端子；2—静触头；3—闸刀；4—套管绝缘子；5—下接线端子；6—框架；7—转轴；8—拐臂；9—升降绝缘子；10—支持绝缘子

191. 高压负荷开关

口诀

负荷开关，通断负荷；

正常分合，安全稳妥。

高压负荷开关带有专用灭弧触头、灭弧装置和弹簧断路装置。高压负荷开关兼有高压隔离开关和高压断路器的部分功能，既可以

用于通断空载变压器、电压互感器及电容电流不超过5A的空载线路，也可以通断正常工作状态下的负荷线路，但不能通断短路和过负荷等故障状态下的过电流线路。高压负荷开关与高压熔断器配合，可以完全起到高压断路器的作用。

FN_3-10RT型高压负荷开关的外形结构如图4-8所示。

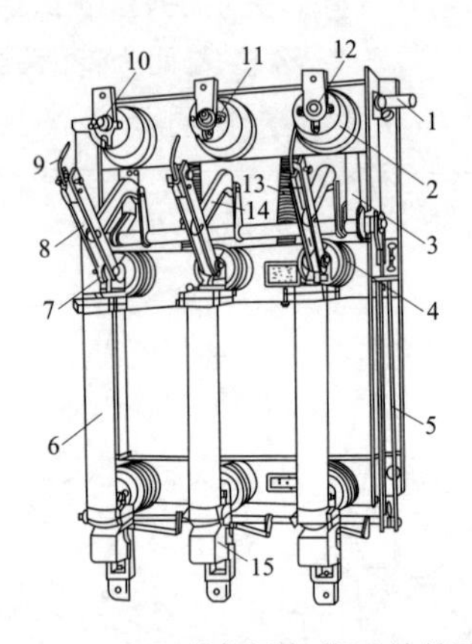

图4-8 FN_3-10RT型高压负荷开关外形结构图

1—主轴；2—上绝缘子兼气缸；3—连杆；4—下绝缘子；5—框架；6—RN1高压熔断器；7—下触座；8—闸刀；9—弧动触头；10—绝缘喷嘴（含弧静触头）；11—主静触头；12—上触座；13—断路弹簧；14—绝缘拉杆；15—热脱扣器

192. 高压断路器

口诀

高压断路器有别名，高压开关也是它；
灭弧介质有多种，真空、六氟较常用。
高压开关作用大，成套盘柜多用它；
过载、短路能跳闸，防止事故扩大化。

知识要点

高压断路器也叫高压开关，具有相当完整的灭弧机构和足够的断流能力，广泛应用于高压供配电系统中。

高压断路器按照灭弧介质不同，分为油断路器、真空断路器和六氟化硫断路器等。油断路器已经逐步被真空断路器和六氟化硫断路器取代。

高压断路器既可以手动通断系统正常状态下线路的负荷电流，也可以自动切断系统异常状态下线路的过负荷电流和短路电流。

ZN 系列户内真空断路外形结构如图 4-9 所示。

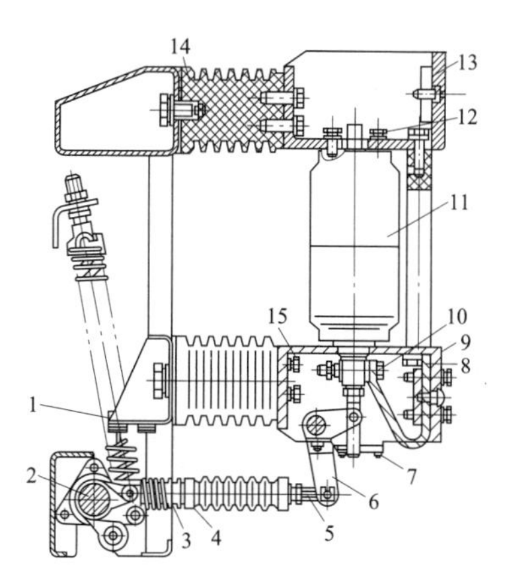

图 4-9　ZN 系列户内真空断路外形结构图

1—开距调整垫片；2—主轴；3—触头压力弹簧；4—弹簧座；5—接触行程调整螺栓；6—拐臂；7—导向板；8—螺钉；9—动支架；10—导电夹紧固螺栓；11—真空灭弧室；12—真空灭弧室固定螺栓；13—静支架；14—绝缘子；15—支架固定螺栓

193. 高压开关柜“五防”功能

口诀

成套盘柜有规范，安全防护功能全；
防护措施有多种，“五防”功能须实现。
防误跳、防误合，开关动作要可靠；
防止刀闸带负荷，防止带电挂地线。

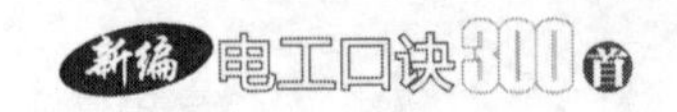

防止接地合刀闸，防止误入带电间；
联锁装置虽可靠，按规操作勿冒险。

知识要点

高压开关柜是按照一定的接线方案将电气设备（高压隔离开关、高压断路器等）组装而成的一种成套的高压配电装置，用于在额定电压、额定电流及断流容量条件下的配电系统中接受与分配电能和大型高压交流电动机的启动与保护。

高压开关柜具有很多类型，柜内装置元件的安装方式分为固定式和手车式两大类。

高压开关柜必须具有防止电气误操作的“五防”功能，即防止误跳、误合断路器，防止带负荷拉、合隔离开关，防止带电挂地线，防止带接地线合隔离开关，防止人员误入带电间隔。

高压开关柜的“五防”功能，可采用机械联锁、电气联锁、电磁联锁及钥匙联锁等方式来实现。不同类型的高压开关柜，所采取的联锁方式也有所不同。

194. 仪用互感器

口诀

仪用互感器，常用有两种：
电压互感器，电流互感器。
仪用互感器，类似变压器；
压互电压降，流互电压升。
电压互感器，高压变百伏；
电流互感器，大流变5安。
仪用互感器，二次须接地；
压互禁短路，流互忌开路。

知识要点

仪用互感器通常指电压互感器（TV）和电流互感器（TA）。电压互感器和电流互感器，可以分别将高电压、大电流转化为低电压、小电流，供电压表、电流表等电信号仪表使用。

仪用互感器的工作原理与电力变压器类似，电压互感器是将高电压、小电流转换成低电压（100V）、大电流，电流互感器是将大电流、低电压转换成小电流（5A）、高电压。

在使用过程中，无论是电压互感器，还是电流互感器，其二次侧必须接地，并且电压互感器不允许短路，电流互感器不允许开路。

常用的几种仪用互感器外形结构如图 4-10 所示。

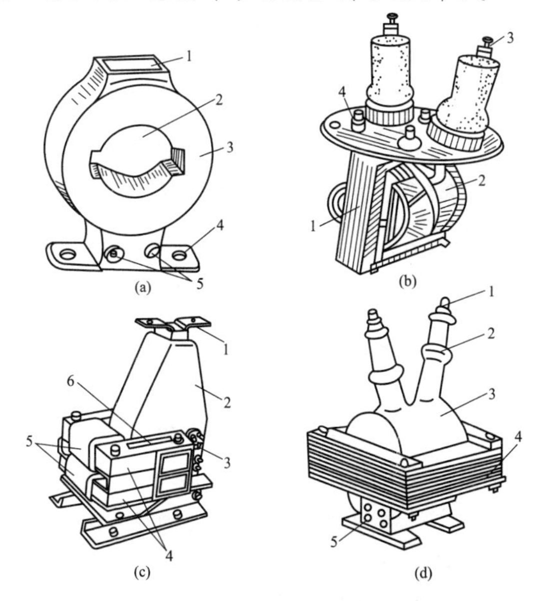

图 4-10　常用的几种仪用互感器外形结构图

(a) LMZJ1-0.5 型电流互感器

1—铭牌；2—一次母线穿孔；3—铁芯；4—安装板；5—二次接线端子

(b) JDJ-10 型电压互感器

1—铁芯；2—线圈；3—一次接线端子；4—二次接线端子

(c) LQJ-10 型电流互感器

1—一次接线端子；2—一次绕组；3—二次接线端子；4—铁芯；5—二次绕组；6—警告牌

(d) JDZJ-10 型电压互感器

1—一次接线端子；2—高压绝缘套管；3—一、二次绕组；4—铁芯；5—二次接线端子

195. 低压刀形开关

口诀

刀形开关三大类，广泛用于盘柜内；
通断电源勿频繁，隔离电压主作用。
隔离刀开关分两种，HD、HS来标识；
单电源选用HD，双电源则用HS。
熔断器式刀开关，常用HR来标识；
通断负荷没问题，过载、短路可保护。
负荷开关也两种，HK、HH来标识；
HK叫开启式，HH称封闭式。
照明、动力线路中，负荷开关可选用；
两种开关有差异，HH容大、HK小。

知识要点

刀形开关是指动、静触头像刀口形状，触头开断点明显的开关的统称。刀形开关广泛用于各种配电设备和供电线路中，用来不频繁接通和分断供电线路或用电设备，并隔离电源电压。

低压刀形开关按照结构和用途可分为隔离刀开关、熔断器式刀开关和负荷开关三类。

隔离刀开关有单电源HD系列和双电源HS系列两种。隔离刀开关用于接通和分断不带负荷（空载）的供电线路。隔离刀开关与断路器配合使用时，可以选用普通型的；单独使用时，必须要选用带灭弧装置的。

熔断器式刀开关（HR系列）是由熔断器和隔离刀开关组合而成的，具有过负荷和短路保护作用。熔断器式刀开关既可以接通和分断正常负荷状态的供电线路，也可以分断发生过负荷或短路故障的供电线路。

负荷开关有HK系列开启式（闸刀开关）和HH系列封闭式（铁壳开关）两种。负荷开关主要用来控制一般照明和电热设备，也可控制小功率（HK系列380V、5.5kW及以下，HH系列380V、15kW及以下）的交流电动机，具有短路保护作用。负荷开关用于照明、电热设备设备时，其额定电流不得小于各负荷额定电流的总和；用于交流电动机时，其额定电流不得小于电动机额定电流的2倍。

几种常见低压刀形开关的外形如图4-11所示。

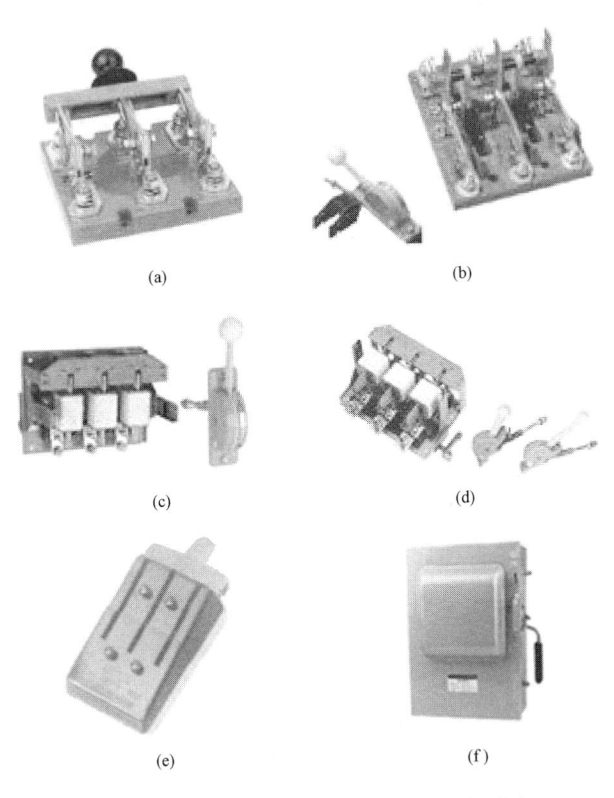

图4-11　几种常见低压刀形开关的外形图

(a) HD11系列隔离开关；(b) HS13系列隔离开关；

(c) HR3系列熔断器式刀开关；(d) HR17系列熔断器式刀开关；

(e) HK系列开启式负荷开关；(f) HH系列封闭式负荷开关

196. 低压熔断器

口诀

低压熔断器称保险，型号种类比较繁；
过载、短路能保护，两大功能不可无。
主要参数有三个，电压、电流和分断；
适用对象分三类，线路、电机、变压器。
电流选择要注意，壳体、熔体有差异；
分断范围有两种，部分范围、全范围。
保护对象不一样，熔体电流值不同；
线路载流1.0，电机额流2.5。

知识要点

低压熔断器就是指常说的保险，对于用电线路和用电设备具有过负荷保护和短路保护作用。当线路或设备的负载电流长时间超过额定值或者出现短路电流时，熔断器的熔体（熔芯、熔丝）熔化断裂，断开线路或设备的供电电源。

常用熔断器有管式（RT、RM系列）、螺旋式（RL系列）、插入式（RC系列）和盒式等结构类型，分别适用于不同场合的线路和设备。选择熔断器时，要注意额定电压、额定电流和分断能力等指标应满足设备或线路的要求。熔断器的额定电流有两个指标：一个是壳体的额定电流，另一个是熔体的额定电流，熔体的额定电流不能超过壳体的额定电流。

熔断器有三种使用类别，分别用“G”“M”和“Tr”区分。“G”表示适用于保护配电线路，“M”表示适用于保护电动机，“Tr”表示适用于保护变压器。熔断器的分断范围有全范围分断（用

“g”表示）和部分范围分断（用“a”表示）两种。

熔断器用来保护线路时，熔体的额定电流可以按照线路的负荷电流选取，或者按照线路允许电流的0.8～1.0倍选取；熔断器用来保护电动机时，熔体的额定电流可以电动机额定电流1.5～2.5倍选取。

几种常用熔断器的外形结构如图4-12所示。

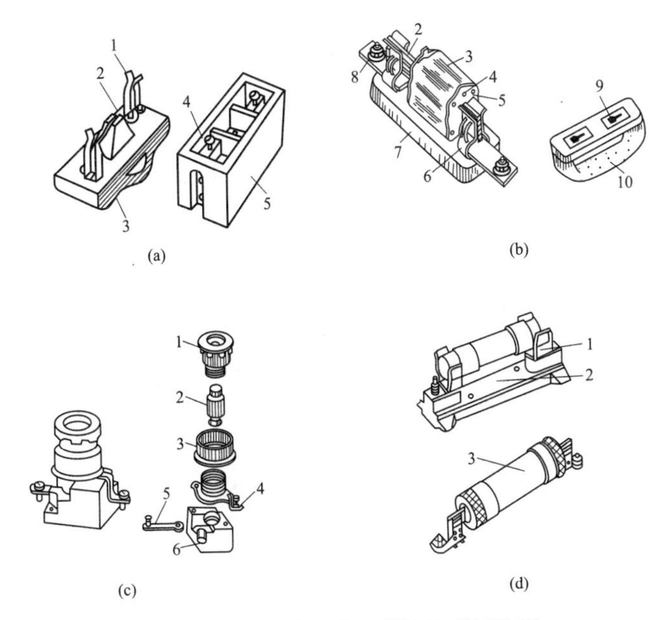

图4-12　几种常用熔断器的外形结构图

（a）RC系列

1—动触头；2—熔体；3—瓷插件；4—静触头；5—瓷底座

（b）RT系列

1—栅状铜熔体；2—刀形触头；3—瓷熔管；4—熔断指示器；5—盖板；6—弹性触座；7—瓷底座；8—接线端子；9—扣眼；10—绝缘手

（c）RL系列

1—瓷母；2—熔管；3—瓷套；4—上接线端；5—下接线端；6—底座

（d）RM系列

1—夹座；2—底座；3—熔管

197. 低压断路器

口诀

低压断路器有别名，自动空开也是它；
保护功能比较全，故障线路断电源。
结构形式分两种，框架、塑壳差别大；
框架也叫万能式、塑壳也称装置式。
万能式型号 DW，配电线路常使用；
装置式型号为 DZ，用在电机回路中。
若是按照用途分，常用类型有五种；
配电、照明和电机，漏电保护、特殊型。
空开选型要注意，电压、电流须适宜；
分断能力当满足，短路电流能切除。
脱扣电流选合适，过载停运有延时；
失压脱扣要保留，防止来电意外生。

知识要点

低压断路器也称自动空气开关，是一种可以自动切断故障（短路、过负荷、失压等）线路的开关电器。

低压断路器有两种结构形式：装置式和框架式，也叫塑壳式和万能式。塑壳式（DZ 系列）一般用于电动机的电源线路中，万能式（DW 系列）一般用于供配电线路中。

按照用途划分，低压断路器有配电型、照明型、电机型、漏电保护型和特殊型等五种类型。在实际应用中，要注意区分使用场所。

在选择低压断路器时，必须注意额定电压和额定电流不能小于线路中的最高电压和最大允许电流，分断能力要大于线路短路电流。要注意低压断路器的额定电流有两个指标：一个是电流型脱扣器的额定电流，一个是壳体的额定电流。壳体的额定电流也就是低压断路器所能安装脱扣器的最大额定电流，电流型脱扣器的额定电流应小于等于壳体的额定电流。

当线路中的负荷电流长时间超过电流脱扣器的额定电流时，低压断路器电流型脱扣器会延时动作，并切断线路电源。当线路突然停电或电压过低时，低压断路器的失压脱扣器瞬时动作，并切断停电线路电源，来电后必须重合低压断路器。

几种常用低压断路器的外形如图 4-13 所示。

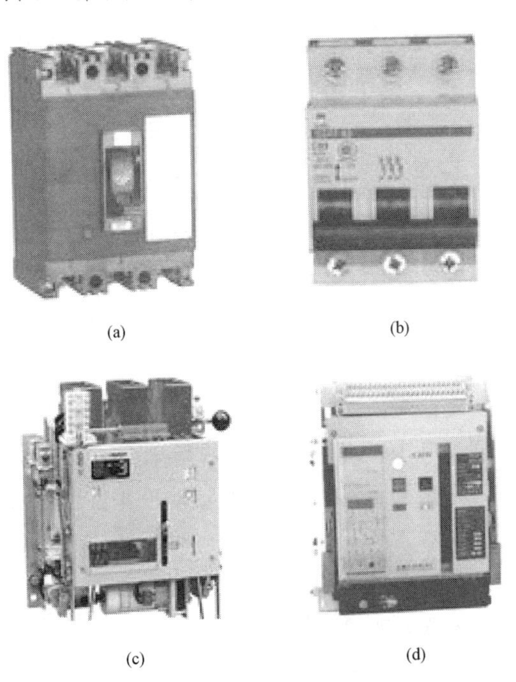

(a) (b) (c) (d)

图 4-13　几种常用低压断路器的外形图

(a) DZ20 系列；(b) DZ47 系列；(c) DW15 系列；(d) DW45 系列

198. 低压断路器脱扣器

口诀

自动空开用途广，保护功能也多样；
脱扣器类型有多种，动作原理不相同。
过载、短路要保护，过流脱扣器必使用；
远程分闸要控制，分励脱扣器须配置。
欠压、失压脱扣器，电压降低有限值；
热脱扣器常采用，过负荷停运会延时。
两种脱扣器莫忘记，多种保护集一体；
复式脱扣器用的多，半导体脱扣器较少用。

知识要点

低压断路器内部可以安装多种形式的脱扣器。常用的脱扣器有过电流脱扣器、分励脱扣器、失（欠）压脱扣器、热脱扣器、复式脱扣器和半导体脱扣器等。

过电流脱扣器具有过载、短路保护作用。当电流超过某一规定动作值时，过电流脱扣器线圈产生的电磁力增大，其衔铁吸合并作用于跳闸机构，使低压断路器的主触头分开，将线路电源切断。

分励脱扣器多用于对万能式低压断路器进行远距离分闸的自动控制。当分励脱扣器的电磁线圈一通电时，其铁芯吸合并作用于跳闸机构，使低压断路器的主触头分开，将线路电源切断。

失（欠）压脱扣器具有欠压、失压保护作用。当电源电压低于某一规定动作值或者线路失压时，失（欠）压脱扣器线圈电磁吸力不足，弹簧反作用于跳闸机构，使低压断路器的主触头分开，将线路电源切断。

热脱扣器主要用于过负荷保护。当负荷电流超过脱扣器额定电流时，热元件发热，双金属片变形并延时作用于跳闸机构，使低压断路器的主触头分开，将线路电源切断。

复式脱扣器同时采用热脱扣器和电磁脱扣器，具有过载保护和短路保护双重作用。

半导体脱扣器具有过负荷、短路和欠电压等保护作用。

低压断路器的结构原理如图 4-14 所示。

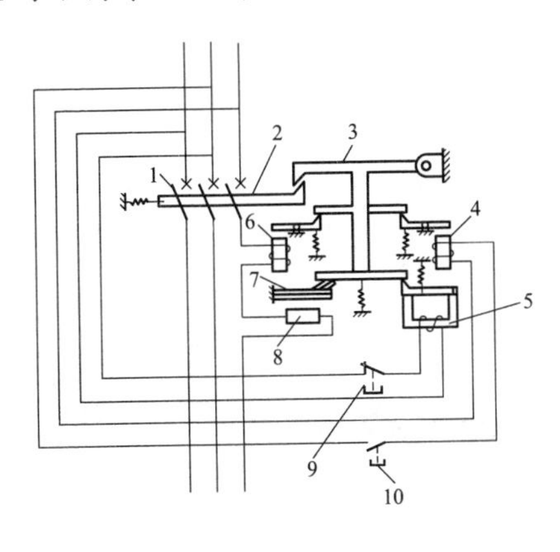

图 4-14　低压断路器的结构原理图

1—主触头；2—锁键；3—搭钩；4—分励脱扣器；5—欠电压脱扣器；6—过电流脱扣器；7—热脱扣器；8—加热电阻；9、10—脱扣按钮

199. 交流接触器

口诀

交接器应用很普遍，电机线路最常见；
电机频繁停和起，远程控制也容易。
线圈通入交流电，铁芯吸合磁力显；
动、静触头相闭合，线路电源就接通。
交接器电流有大小，电机功率需确定；
线圈电压有三种，控制电源须对应。

交接器接线需注意，主、辅触头要分辨；
主触头串入主回路，辅触头与之不相干。
辅触头接于控制线，串在线圈首尾端；
起、停按钮里面添，简单控制即实现。

知识要点

交接器是交流接触器的简称。交流接触器主要用于频繁地接通和断开带有负载（如电动机等）的主电路或大容量的控制回路，以实现远距离自动控制。交流接触器具有失压或欠压保护作用。

当交流接触器线圈通入交流电后，线圈产生的电磁力克服弹簧作用力，使动铁芯与静铁芯吸合，并带动动触头使之与静触头闭合，接通负载主回路电源。当线圈失电后，电磁力消失，弹簧作用力使动铁芯释放，动、静触头分开，切断负载主回路电源。

交流接触器的结构原理如图4-15所示。

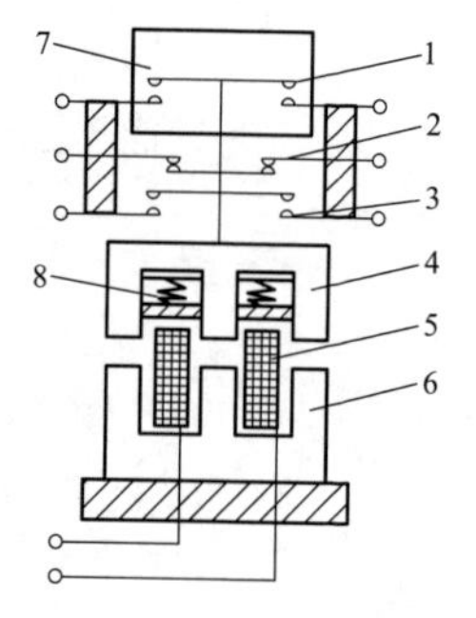

图4-15　交流接触器的结构原理图

1—主触头；2—动断辅助触头；3—动合辅助触头；4—动铁芯；5—电磁线圈；6—静铁芯；7—灭弧罩；8—弹簧

交流接触器的容量有大有小，以额定电流来标定。用于交流电动机回路时，要根据电动机额定功率（或额定电流）进行选择。交流接触器的额定电流不能小于电动机的额定电流；对于频繁起停的电动机，交流接触器的额定电流必须至少加大一级。

交流接触器线圈的额定电压有127、220V和380V三种，可根据线路电源电压情况进行选择。

交流接触器的接线必须区分主回路和控制回路。三相主触头须串接于主回路之中，辅助触头只能串接在控制回路中。主回路的接线比较简单，只要分清相别和相序即可。控制回路则必须按要求接线，简单控制可直接将启动按钮（动合触点）与辅助动合触头并接后，再与停止按钮（动断触点）、线圈串联在一起，连接于控制回路电源的两端。

几种常用交流接触器的外形如图4-16所示。

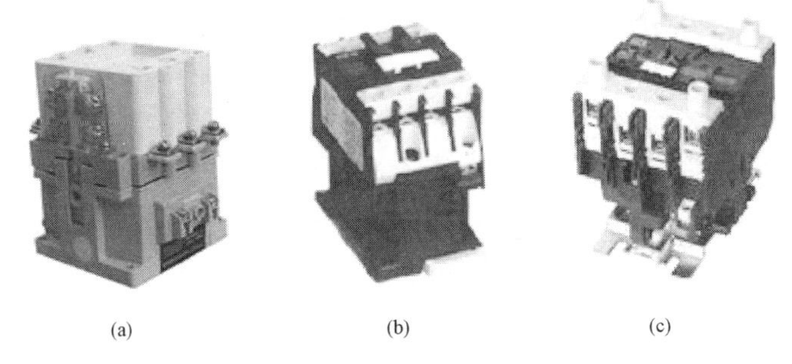

(a) (b) (c)

图4-16 几种常用交流接触器的外形图

(a) CJ20系列；(b) CJX1系列；(c) LC1系列

200. 主令电器

口诀

主令电器乃统称，操纵指令它发出；
常用类型有多种，按钮、开关在其中。
按钮也分好多种，单联、双联和多联；
颜色功能有区分，根据需要来选用。
开关结构也不同，机械、电气差别大；
行程开关须接触，接近开关留间隙。
转换开关触点多，组合开关少触点；
两种开关同功能，多个回路可通断。

知识要点

主令电器是指在控制线路中发出操纵指令的电器。它们主要用来控制交流接触器、热继电器、中间继电器、电流继电器等继电器线圈电源的通断，以达到对机械设备运行进行自动控制的目的。

常用的主令电器包括控制按钮、行程开关、转换开关及组合开关等。

控制按钮不但有单联（单元件）、双联（双元件）和多联（多元件）之分，而且也有颜色（红、黄、绿、蓝、黑、白等颜色）上的区别。

行程开关有接触式机械行程开关和非接触式电气接近开关两种。

转换开关和组合开关都具有多个电气触点，通过转换不同的工作挡位，可以实现对多个回路的通断切换控制。

201. 控制按钮

口诀

控制按钮品种多，结构、类型有差别；
外表颜色五、六种，表示功能各不同。
常用“起动”和“停止”，
也有“急停”和“复位”；
“起动”绿来“复位”蓝，
“停止”“急停”外观红。
“起动”“停止”若交替，
黑、白二色来标记；
单独“点动”用黑色，
“工作”“暂停”带灯黄。

知识要点

控制按钮经常用于交流电动机运行的启动和停止控制。

控制按钮分为开启式、保护式、防水式、防腐式、防爆式、紧急式、旋钮式、钥匙式、指示灯式等结构类型，常用颜色有红色、绿色、黄色、蓝色、黑色和白色（或灰色）等多种，也有采用带不同颜色的指示灯来进行区分。

不同用途的控制按钮，用不同颜色来区分。红色按钮一般用于“停止”或“急停”；绿色按钮一般用于“启动”或“开始”；黄色按钮一般用于“工作”“运行”或“暂停”；蓝色按钮一般用于“复位”；黑色按钮一般用于“点动”；黑色和白色（或灰色）按钮可用作交替动作的“启动”和“停止”。

单联控制按钮的外形与结构原理如图 4-17 所示。

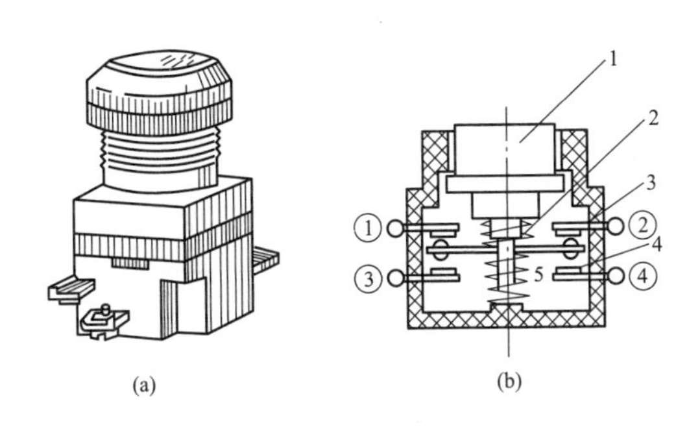

图 4-17　单联控制按钮的外形与结构原理图

（a）外形；（b）内部结构

1—按钮帽；2—操动杆；3—动断触点；4—动合触点；5—弹簧

202. 行程开关

口诀

行程开关较常见，机、电信号能转换；
距离、方向可改变，安全保护易实现。
安装位置选合适，触点分、合要自如；
触点容量比较小，只接控制线路中。

知识要点

行程开关用来检测运动机械的位置和行程变化，将机械信号

(位移或位置)转变成电气信号，通过电气联锁或程序控制改变运动机械的运动方向或行程大小，以达到安全保护的目的。

行程开关在使用过程中，安装位置要合适，触点通断动作自如。行程开关的触点只能接入控制线路中，不能直接通断负载。当控制线路比较复杂时，可通过中间继电器进行转换，用于触点扩展或增容。

常用接触式行程开关的外形如图 4-18 所示。

(a) (b)

图 4-18 常用接触式行程开关的外形图

(a) LX10 系列；(b) LX12 系列

203. 转换开关

口诀

转换开关也常见，控制线路可通断；
操动机构可分、合，电流、电压把相换。
操作手柄挡位多，通断线路有顺序，
中小电机正、反转，直接控制应避免。

知识要点

万能式转换开关(LW 系列)是由多组结构相同的开关元件组装而成，依靠凸轮转动驱动多组触头的通断，使其按预定顺序接通或分断线路，并具有定位或限位功能。

万能式转换开关可以改变多个控制回路的通断，一般用于操动机构分合、控制线路换接、电压表或电流表换相以及中小电动机的启动、制动、正反转和调速等。

常用万能式转换开关的外形如图 4-19 所示。

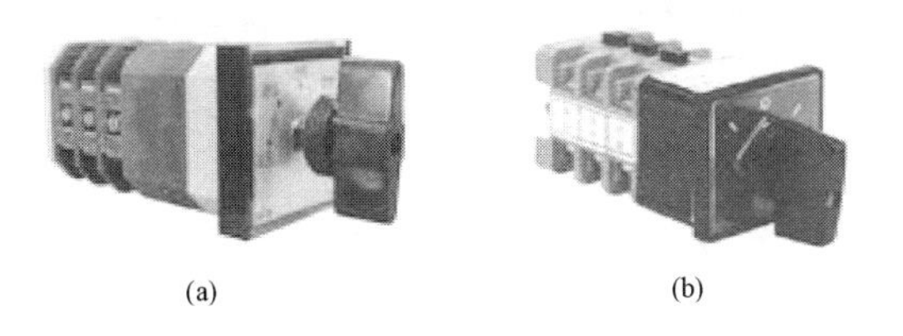

(a)　　(b)

图 4-19　常用万能式转换开关的外形图

(a) LW12 系列；(b) LW15 系列

204. 组合开关

口诀

组合开关常使用，用途也与转换同；
结构紧凑体积小、控制线路回路少。
旋转手柄要注意，操作次数勿频繁；
电机转向要改变，停转以后再切换。

知识要点

组合开关（HZ 系列）属于刀形开关，具有体积小、结构紧凑、使用方便等特点。内部采用动触片代替闸刀，通过旋转方式实现分合操作。

组合开关一般用于不频繁地手动接通或分断电路、转换电源或负载、测量三相电压、改变接线方式以及对电动机的启动、正反转和转速进行控制等场所。

组合开关不能频繁地进行旋转操作。在需要改变电动机运转方向时，必须等到电动机断电并停止转动后方可进行切换操作。

常用组合开关的外形如图 4-20 所示。

(a)

(b)

图 4-20　常用组合开关的外形图

(a) HZ10 系列；(b) HZ12 系列

205. 热 继 电 器

口诀

电机运行超负荷，热继电器能保护；
电流通过热元件，动断触点可切换。
热继电器选合适，结构类型莫弄错；
三相要比两相好，断相保护应配备。
额定电流要选对，大于电机额定值；
整定电流调合适，参考电机额定值。
交接器配合一起用，主、控回路要区分；
主回路接线较简单，交接器下端分相连。
控制回路须断开，动断触点串里面；
交接器线圈一失电，主回路电源立即断。

知识要点

热继电器是利用电流通过热元件所产生的热效应原理制成的，常用作交流电动机的过负荷保护。

热继电器按照热元件结构可分为两相、三相和三相带断相保护三种类型。对于三相电源电压平衡、轻载启动、长期运行或间断运行的电动机，选用两相型热继电器即可；对于三相电源电压均衡性较差、工作环境恶劣、无人看管的电动机，宜选用三相型热继电器。对于绕组为三角形接法的电动机，应选用三相带断相保护功能型的热继电器。

热继电器的结构原理如图4-21所示。当负荷电流超过允许值时，热元件发热使双金属片弯曲，推动导板，使热继电器动作，动断触点信号作用于交流接触器控制线路，由交流接触器切断电动机线路电源。

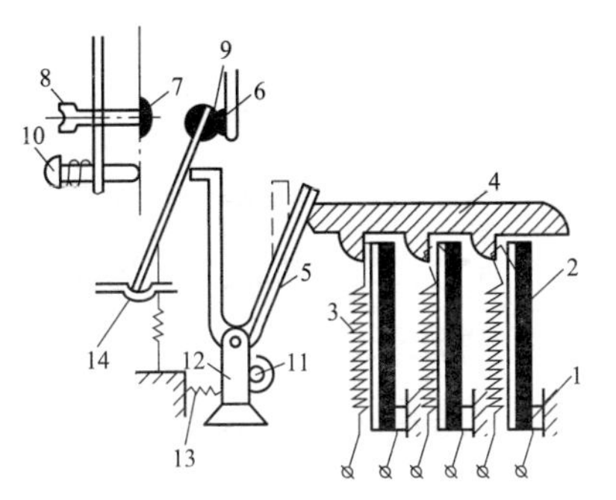

图4-21 热继电器的结构原理图

1—推杆；2—主双金属片；3—发热元件；4—导板；5—补偿双金属片；6—动断静触头；7—动合静触头；8—复位螺钉；9—动触点；10—按钮；11—调节旋钮；12—支撑片；13—压簧

热继电器的额定电流必须大于电动机的额定电流，热元件的动作电流可以参照电动机的额定电流调节整定。

热继电器一般与交流接触器配合使用，将热继电器连接在交流接触器的主回路下端。接线时，须将热继电器热元件的动断触点串入交流接触器的线圈回路，以确保热继电器的动断触点动作时交流接触器线圈失电，由交流接触器主回路切断电动机线路电源。

JR型热继电器的外形如图4-22所示。

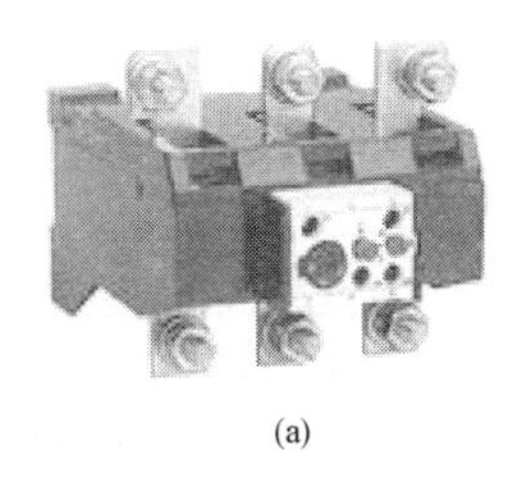

(a)

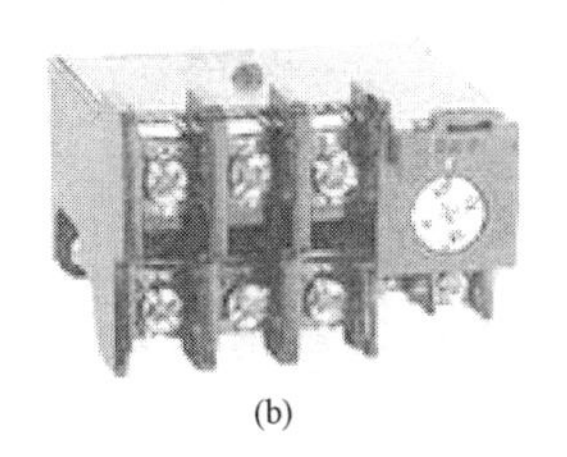

(b)

图4-22 JR型热继电器的外形图

(a) JR20系列；(b) JR36系列

206. 电流继电器

口诀

电流继电器分两类，直流、交流要区分；
过流、欠流也不同，交流、过流较常用。
过流继电器两作用，短路、过载能保护；
电压、电流额定值，依据线路来挑选。
额定电流不能小，大于动作电流值；
动作电流看负荷，最大不超两倍半。
直流、欠流继电器，用在直流励磁中；
额定电流宜选大，动作电流八折算。

知识要点

电流继电器是利用电流的电磁力作用原理制成的，是根据输入电流大小而动作的继电器。

电流继电器既有交流和直流之分，也有过电流和欠电流之分。过电流继电器是当输入电流超过某一规定值时（电磁吸引力大于弹簧作用力）而动作的继电器；而欠电流继电器是当输入电流低于某一规定值时（电磁吸引力小于弹簧作用力）而动作的继电器。

电磁式电流继电器的结构原理如图 4-23 所示。

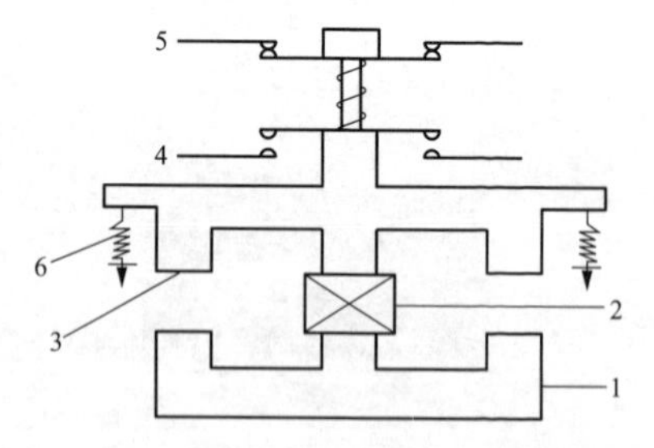

图 4-23　电磁式电流继电器结构原理图

1—底座；2—电磁线圈；3—衔铁；4—动合触点；5—动断触点；6—反力弹簧

交流过电流继电器较为常用。交流过电流继电器具有短路保护和过负荷保护作用。用于保护电动机时，过电流继电器线圈的额定电流不得小于电动机的额定电流，动作电流一般为电动机额定电流的1.7～2.5倍。

直流欠电流继电器一般用于直流电动机的励磁线圈保护。直流欠电流继电器线圈的额定电流不得小于直流电动机励磁绕组的额定电流，吸合动作电流不得大于直流电动机励磁绕组额定电流的80%，释放动作电流应小于直流电动机励磁绕组额定电流的80%。

207. 时间继电器

口诀

时间继电器有多种，原理性能不相同；
空气阻尼精度差，电动、电子性能好。
延时方式有两种，通电延时最常用；
延时触点有不同，动合、动断要分清。
瞬动触点也有配，双向延时不常见；
各种触点容量小，需要中继来转换。

知识要点

时间继电器是当其线圈在通电或断电时，经过一定时限（延时）后，其触点才闭合或分断的继电器，在控制线路中可以起到按时间先后进行顺序控制的作用。

时间继电器按照结构形式可分为空气阻尼式、晶体管式、电磁式、电动式和电子式等种类；按照延时方式可分为通电延时型和断电延时型两种。不同类型的时间继电器，最大延时时间是不同的；有的时间继电器，具有多个时间量程可供选择使用。

时间继电器的延时触点分为单向延时触点和双向延时触点两种。动合延时常开触点、动断延时常闭触点都属于单向延时触点，而双向延时触点是指既能动合延时，又能动断延时的常开触点或常闭触点。

时间继电器触点容量比较小，常串接于交流接触器或中间继电器的线圈回路中。中继是中间继电器的简称。

208. 中间继电器

口诀

中间继电器作用大，控制线路常用它；
原理类似交接器，触点没有主、辅分。
交接器触点不够用，可用中继来扩充；
中继触点容量小，禁止通断大电流。
检测信号接中继，再由中继来传递；
中继相当转换器，放大、控制较容易。
中继触点可选择，常开、常闭多组合；
常用四开和四闭，二、六组合也可以。

知识要点

中继是中间继电器的简称。中间继电器主要用来控制交流接触器或其他继电器等的线圈回路，放大信号或同时传送信号给多个有关控制元件，在控制线路中起扩展、转换作用。

中间继电器的工作原理与交流接触器相同，区别在于中间继电器没有主、辅触点之分，触点容量也没有交流接触器的主触点容量大，不能直接控制负载，只能控制交流接触器或其他继电器的线圈。

中间继电器的触点有动合（常开）触点和动断（常闭）触点两种，两种触点的数量最多有八组，有四常开和四常闭、六常开和二常闭、二常开和六常闭三种组合形式，可以根据使用需要进行选择。其中四常开和四常闭的组合形式较为常用。

几种常用中间继电器的外形如图 4-24 所示。

(a)

(b)

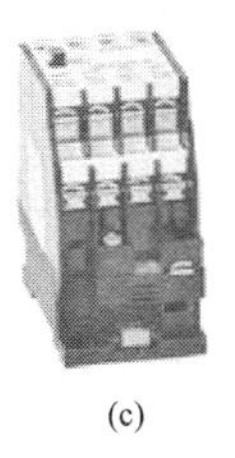
(c)

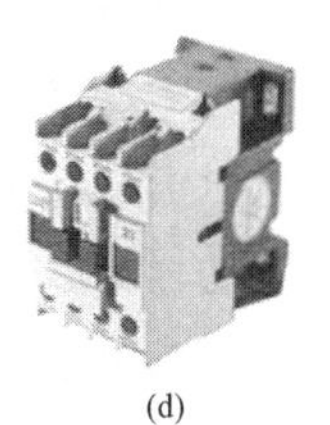
(d)

图 4-24 几种常用中间继电器的外形图
(a) JZ7 系列；(b) JZ11 系列；(c) JZCT 系列；(d) CDZ7 系列

209. 启动器分类

口诀

常用交流启动器，电机运行它控制；
无论起、停、正反转，根据情况可挑选。
交流启动器两大类，全压、降压不相同；
操作方式有三种，手动、自动和远控。
全压启动较单一，磁力启动器就可以；
容量大小差别大，电机功率要满足。
降压启动有多种，自耦、频变、星角换；
启动电流可限制，应用场合有差异。

知识要点

启动器是一种用于三相交流电动机的启动、停止或正反转控制的组合成套电器，兼有开关类电器和保护类电器的双重作用。

启动器分全压启动器和降压启动器两大类。降压启动器一般设置有手动、自动两种启动方式，有的也设有远程控制（远控）方式。

磁力启动器属于全压启动器，适用于小功率交流电动机的运行控制。

降压启动器的优点在于，能够大幅度降低交流电动机的启动电流，延长交流电动机的使用寿命，适合大功率交流电动机的启动控制。常用的降压启动器除了自耦降压启动器、星三角转换启动器和频敏变阻启动器外，还有延边三角形启动器、软启动器等。

启动器的容量有大小区别，需要根据交流电动机的功率大小进行选择。启动器的额定电流不能小于交流电动机的额定电流。

210. 磁力启动器

口诀

选择磁力启动器，使用场所要合适；
结构形式有两种，开启、防护不相同。
电机转动方向变，需把可逆式来选；
电机运行若过载，热继电器串里面。
容量排列七等级，从小到大1～7；
最大电流150，电流最小仅5安。
元件组装空间小，散热措施不能少；
频繁操作多故障，维护保养紧跟上。

知识要点

磁力启动器又称电磁启动器，属于全压启动器，由交流接触器、热继电器及控制按钮等组装而成，一般用于控制三相交流电动机的启动、停止、可逆运转，兼作失压、过负荷保护，有的还兼作短路保护。磁力启动器控制交流电动机，既可以就地控制，也可以远程控制。

磁力启动器种类较多，有开启式、防护式，有普通型、综合型，有可逆式、不可逆式，还有带热继电器型和不带热继电器型等，在选用时要注意区分。

磁力启动器容量等级划分为1、2、3、4、5、6、7七个等级，对应的额定电流分别为5、10、20、40、60、100、150A，可控制的三相交流电动机的最大功率分别为2.2、4、7.5、18.5、30、45、75kW。

磁力启动器在运行过程中，要注意经常检查，加强通风散热和维护保养，减少故障发生频次。

常用磁力启动器的外形如图4-25所示。

(a) (b)

图4-25 常用磁力启动器的外形图

（a）QC12系列；（b）QC20系列

211. 星角转换启动器

口诀

星角转换启动器，操作方式分两种；
手动、自动有区别，手动切换由人工。
星角转换要注意，空载、轻载较适宜；
电机最大125，切换不超10秒钟。
电机绕组有要求，六个端头要引出；
绕组首尾要分清，两种接法能形成。
启动过程一开始，星用交接器先吸合；
启动完成要转换，星用交接器再释放。
电机启动转运行，角用交接器才吸合；
星、角交接器需联控，同时吸合当禁止。

知识要点

星角转换启动器属于降压启动器，用于三相交流电动机的启动。启动器主要由交流接触器、热继电器、时间继电器、中间继电器及控制按钮等标准元件组成。启动方式分手动和自动两种方式，手动启动方式必须由人工进行切换，自动方式则可由时间继电器控制完成。

星角转换启动器可以将交流电动机的三相定子绕组由星形连接方式转化为三角形连接方式。在电动机降压起动开始时，三相定子绕组连接成星形；在电动机转入全压运行时，三相定子绕组连接成三角形。

星角转换起动器起动转矩较小，适用于交流电动机在空载或轻载的情况下启动。交流电动机的额定功率最大不应超过125kW，启动切换延时时间不宜超过10s。

星角启动器的使用，要求交流电动机的三相定子绕组的六个端头必须单独分开，每相绕组的首尾端也要标识清楚。绕组端头与起动器的接线端子之间的接线必须正确，防止接线错误引起相间短路。启动器在自动起动方式时，由时间继电器控制交流接触器，通过延时自动将电动机定子绕组由星形连接方式转换为三角形连接方式。

星角启动器内部的控制接线，用于三角形连接的交流接触器的线圈与用于星形连接的交流接触器的线圈之间要用辅助动断（常闭）触点互相联锁控制，防止同时吸合时发生相间短路。在电动机启动切换时，用于三角形连接的交流接触器必须在用于星形连接的交流接触器断电释放后才能通电吸合。

常用星角转换启动器的外形如图4-26所示。

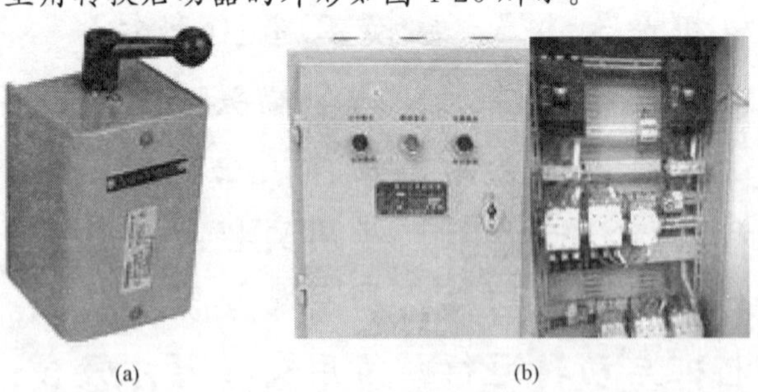

(a)　　(b)

图4-26　常用星角转换启动器的外形图

(a) QX1系列；(b) QX4系列

212. 自耦降压启动器

口诀

自耦降压起动器，有时也叫补偿器；
自耦降压转矩大，带载起动也容易。
起动电压分两挡，65、80 供选择；
电流、转矩有差别，根据情况二选一。
自耦变压器是关键，电机起动它供电；
起动结束要转换，退出运行把电断。
三相绕组分仔细，连接抽头须一致；
自耦降压要注意，频繁起动当禁止。

知识要点

自耦降压启动器属于降压启动器，用于三相交流电动机的启动控制，主要由交流接触器、热继电器、中间继电器、控制按钮等标准元件与自耦变压器组合而成。

自耦降压启动器在交流电动机启动开始时，自耦变压器带电投入运行，给交流电动机提供降压后的三相电源，交流电动机降压启动；当交流电动机起动结束时，自耦变压器断电退出运行，由电源系统直接给交流电动机提供电源，交流电动机全压运行。

自耦降压启动器的启动电压要高于星三角转换启动器，交流电动机有一定的起动转矩，可用于负载情况下的起动。自耦变压器的三相绕组有两种电压抽头，一种是额定电压的 65%（或 55%），另一种是额定电压的 80%（或 73%）。如果要求交流电动机具有较大的起动转矩，则应当选择 80%（或 73%）的额定电压启动。

自耦降压启动器与交流电动机之间的接线一定要正确无误。一方面要正确区分交流电动机三相定子绕组的相别和首尾端，无论是在启动过程中，还是在运行过程中，交流电动机的三相绕组必须都是三角形接法；另一方面要区分清楚自耦变压器绕组的六个抽头，要保证与交流电动机绕组相连接的三个抽头属于同一个降压等级。

自耦降压启动器起动性能较好，能够有效降低交流电动机的启动电流，但也要尽量减少频繁起动次数，每小时不应超过 2～3 次。

常用自耦降压启动器的外形如图 4-27 所示。

(a)　　(b)

图 4-27　常用自耦降压启动器的外形图

（a）QJ3 系列；（b）JJ1 系列

213. 频敏变阻启动器

口诀

笼型电机应用广，启动方式也常见；
绕线电机用得少，频敏变阻助起动。
启动原理较简单，变阻器与转子串；
转子转速慢到快，转子电阻大变小。
定子电压不用变，转子电阻逐渐减；
变阻器电阻降到零，电机启动算成功。
电机启动转运行，变阻器装置须停用；
停用方法也容易，交接器吸合作短接。

知识要点

频敏变阻启动器是专门用于绕线式交流电动机的启动器。启动器主要由是由交流接触器（或开关）与频敏变阻器等构成，也可用于绕线式交流电动机的制动。

在交流电动机启动开始时，启动器通过交流接触器将频敏变阻器串接于电动机转子绕组中，频敏变阻器的阻值随着转子转速的增大而逐渐减小。当交流电动机达到额定转速时，频敏变阻器的阻值接近于零。此时，启动器通过交流接触器再将转子绕组短接，交流电动机由启动状态转入运行状态。

214. 电气设备安装

口诀

电气设备安装前，随机资料备齐全；
水平、垂直固定牢，符合规范才算好。
安装交流接触器，衔铁调整须仔细；
触头压力足够大，防振、消声不可差。
接线端子、金属板，两者之间须绝缘；
空气间隙 3.5，线间距离大 6 毫。
端子板和连接片，紧线螺钉和垫圈；
铝质、铁质不能用，铜质无锈最安全。

知识要点

电气设备的安装要符合相关规范要求。电气设备应完好，随机配套的元器件等要齐全；安装固定要牢靠，水平度、垂直度合格，排列整齐美观；要对交流接触器衔铁进行调整，使主触头在吸合时能够保持足够的压力，防振环、消声器必须配置；接线端子（排）与金属底板之间的绝缘要可靠，空气间隙不能小于 3.5mm，绝缘线之间的距离要大于 6mm；接线端子板、端子之间的连接片、紧线螺钉和垫片等，都应当使用铜质材料，避免使用铝质材料甚至铁质材料。

215. 三相交流电动机主要构造

口诀

三相交流电动机，也称异步电动机；
主要构造两部分，定子、转子来区分。
定子铁芯和绕组，磁场、电流分路走；
铁芯里面留槽口，三相绕组里面嵌。
笼型转子较简单，铜条短接成回路；
绕线转子同定子，三相绕组成星形。

知识要点

三相交流电动机，也叫异步电动机，主要结构分定子和转子两部分。除了定子铁芯、定子绕组以外，定子部分还包括机座、端盖、轴承盖和接线盒等；除了转子铁芯、转子绕组以外，转子部分还包括转轴、轴承和风扇等。定子铁芯与转子铁芯之间留有气隙，转子可以在定子腔内自由旋转。

三相交流电动机的转子绕组有两种结构形式：一种是鼠笼式，由铜条或铝条短接而成；一种是绕线式，绕组结构与定子相似，将三相对称绕组连接成星形。

三相交流电动机的构造如图 4-28 所示。

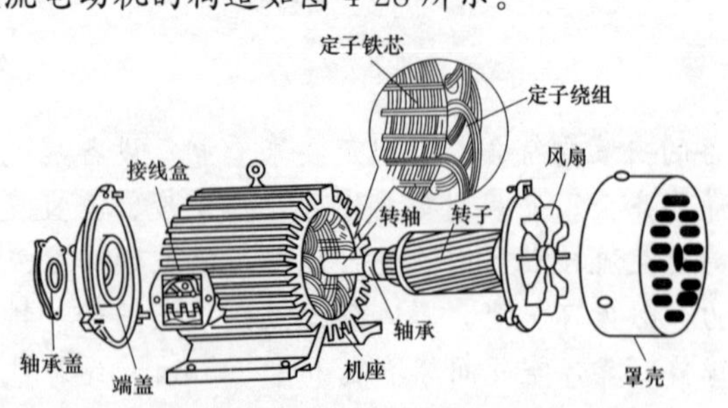

图 4-28　三相交流电动机的构造图

216. 三相交流电动机工作原理

口诀

三相交流电动机，原理类同变压器；
电磁感应用里面，电生磁来、磁生电。
定子绕组接电源，定子铁芯磁场生；
三相绕组对称排，旋转磁场可形成。
转子相对磁场动，感生电流在其中；
电流受到磁场力，转子跟随磁场转。
转子转速有快慢，旋转磁场是关键；
两者转速不相同，“异步”二字有来源。

知识要点

三相交流电动机同电力变压器一样，都是采用电磁感应（先由电产生磁，再由磁产生电）原理工作的。三相交流电动机相当于将二次侧绕组短接后的旋转式电力变压器。

三相交流电动机的工作原理如图 4-29 所示。

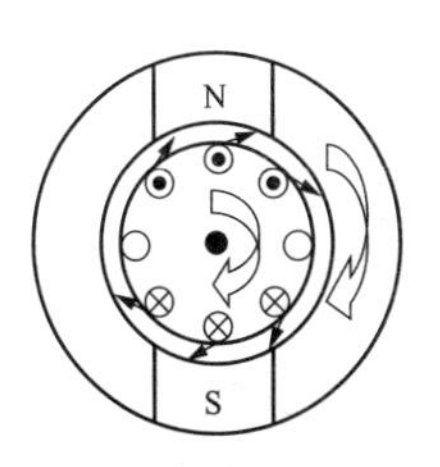

图 4-29　三相交流电动机的工作原理图

当三相交流电动机定子绕组中通入三相交流电时，由于三相交流电的对称性和三相定子绕组的对称分布，就会在定子铁芯中产生旋转磁场。相对于旋转磁场，转子绕组做切割磁力线运动，转子绕组中产生感生电动势。因为转子绕组被连接成闭合回路，绕组中就有感生电流流过。旋转磁场对感生电流具有作用力并产生电磁转矩，转子绕组就带动转子部分转动起来。

三相交流电动机的转速有高有低，与旋转磁场的旋转速度有关系。转子的转动速度不可能与旋转磁场的旋转速度相等，总是要小一点，因此将三相交流电动机也称作异步电动机。旋转磁场的旋转速度也叫同步转速，它决定于三相定子绕组的极对数。

217. 三相交流电动机绕组

口诀

电机绕组形式多，多个线圈串并成；
分类方法有多种，两种分法最常用。
按照线圈层数分，单层、双层、单双层；
单层用于小电机，两极多用单双层。
按照线圈形状分，双层叠式和波式；
单层形状有三种，同心、链式、交叉式。
单层绕组线圈少，嵌线容易波形差；
双层绕组线圈多，嵌线困难波形好。

知识要点

三相交流电动机定子绕组由多个线圈串联或者并联而成，线圈绕制形式有多种。电动机的绕组多采用铜材料，也有采用铝材料的。

按照线圈层数，可分为单层绕组、双层绕组或单双层混合绕组。

单层绕组是指在定子铁芯的每个线槽中只嵌放绕组线圈的一个有效边，也就是说，每只线圈的两个有效边分别嵌放在相邻的异性磁极下的铁芯线槽中。单层绕组多用于小功率电动机中。

双层绕组是指在定子铁芯的每个线槽中分上、下两层同时嵌放两相绕组线圈的一个有效边。也就是说，将两个不同相线圈的有效边上下叠放在一个线槽中，其中一相线圈的一个有效边嵌放在一个线槽的上层，另一个有效边嵌放在规定跨距的另一个线槽的下层，上、下层用绝缘相互隔开。双层绕组多用于较大功率的电动机。

单双层混合绕组是指在定子铁芯的一部分线槽中只嵌放绕组线圈的一个有效边，在另一部分线槽中嵌放着分上、下两层同时嵌放着两相绕组线圈的一个有效边。也就是说，一部分线槽为单层绕组，另一部分线槽为双层绕组。单双层混合绕组多用于两极电动机。

按照线圈形状划分，有同心式、链式、交叉式、叠式和波式等。同心式、链式和交叉式常用于单层绕组，叠式和波式常用于双层绕组。

单层绕组线圈匝数较少、嵌线方便、无层间绝缘，但磁场波形较差；双层绕组匝数较多、嵌线困难、需层间绝缘，但磁场波形较好。单双层绕组的优缺点介于单层绕组与双层绕组之间。

218. 三相交流电动机同步转速

口诀

同步转速有所指，旋转磁场定数值；
要问转速是多少，频率、极数有关系。
电源频率固定值，交流工频 50 赫；
转速、极数成反比，2 极电机 3000 转。
4 极电机 1500，6 极电机整 1000；
8 极电机 750，10 极电机仅 600。
转子转速有差值，转差率大小来定义；
转差率波动有范围，2%～6%为正常值。

知识要点

交流电动机之所以也叫异步电动机，是因为其转子的转速要小于同步转速。同步转速是指旋转磁场的转速，也就是旋转磁场的变化速度。

交流电动机的同步转速与三相交流电的频率和电动机绕组的极对数有关系，其计算公式为 $n_0=60f/p$（f 指电源频率，p 指电机极对数）。

对于工频（50Hz）交流电来说，2、4、6、8、10 极电动机的同步转速分别为 3000、1500、1000、750、600r/min。

交流电动机的额定转速与同步转速之间的差别，用转差率表示，其计算公式为：$s=(n_0-n_N)/n_0\times100\%$（$n_0$ 指同步转速，n_N指额定转速）。电动机的转差率在 2%～6%之间。

219. 三相交流电动机工作状态

口诀

工作状态有五种，转差率值不相同；
转差率介于 0～1，异步运行最常用。
转差率，小于 0，发电运行把电送；
转差率，等于 0，运行状态变同步。
转差率，等于 1，堵转制动转子停；
转差率，大于 1，反接制动就形成。

知识要点

交流电动机按照转速的大小，在通电后可分为五种工作状态：

（1）反接制动状态：转速 $n<0$、转差率 $s>1$；

（2）堵转制动状态：转速 $n=0$、转差率 $s=1$；

（3）异步运行状态：$0<$转速 $n<$同步转速 n_0、转差率 $0<s<1$；

（4）同步运行状态：转速 $n=$同步转速 n_N、转差率 $s=0$；

（5）发电运行状态：转速 $n>$同步转速 n_N、转差率 $s<0$。

220. 三相交流电动机的功率和电流

口诀

电机功率有大小，铭牌数据有标记；
额定状态运行时，轴上输出功率值。
电流随着功率变，功率增加电流升；
额定电流可估算，额定功率翻一番。

知识要点

交流电动机铭牌上标定的额定功率是指电动机在额定工作状态下运行时转轴上输出的机械功率，单位为千瓦（kW）。

电动机的额定工作状态是指工作电压为额定电压、工作电流为额定电流、工作转速为额定转速的状态。

交流电动机的额定功率要小于额定输入电功率，因为电动机本身要消耗掉一部分电功率，就是常说的铁损和铜损，或者叫无功功率损耗和有功功率损耗。

Y 系列三相交流电动机额定功率的标称值有 0.55、0.75、1.1、1.5、2.2、3、4、5.5、7.5、11、15、18.5、22、30、37、45、55、75、90、110、132、160、185、200、220、250kW 等。

常用 Y 系列（IP44）三相交流电动机的技术数据见表 4-3。

表 4-3　常用 Y 系列（IP44）三相交流电动机的技术数据

型号	额定功率(kW)	额定电流(A)	转速(r/min)	功率因数(cosφ)	效率(%)
Y801-4	0.55	1.5	1390	0.76	73.0
Y801-2	0.75	1.8	2830	0.84	75.0
Y802-4		2	1390	0.76	74.5
Y90S-6		2.3	910	0.70	72.5
Y90S-4	1.1	2.7	1400	0.78	78.0
Y90L-6		3.2	910	0.72	73.5

续表

型号	额定功率 (kW)	额定电流 (A)	转速 (r/min)	功率因数 (cosφ)	效率 (%)
Y802-2	1.5	2.5	2830	0.86	77.0
Y90S-2		3.4	2840	0.85	78.0
Y90L-4		3.7	1400	0.79	79.0
Y100L-6		4	940	0.74	77.5
Y90L-2	2.2	4.8	2840	0.86	80.5
Y100L1-4		5	1430	0.82	81.0
Y112M-6		5.6	940	0.74	80.5
Y132S-8		5.8	710	0.71	80.5
Y100L-2	3	6.4	2880	0.87	82.0
Y100L2-4		6.8	1430	0.81	82.5
Y132S-6		7.2	960	0.76	83.0
Y132M-8		7.7	710	0.72	82.0
Y112M-2	4	8.2	2890	0.87	85.5
Y112M-4		8.8	1440	0.82	84.5
Y132M1-6		9.4	960	0.77	84.0
Y160M1-8		9.9	720	0.73	84.0
Y123S1-2	5.5	11.1	2900	0.88	85.5
Y132S-4		11.6	1440	0.84	85.5
Y132M2-6		12.6	960	0.78	85.3
Y160M2-8		13.3	720	0.74	85.0
Y132S2-2	7.5	15.0	2900	0.85	86.2
Y132M-4		15.4	1440	0.85	87.0
Y160M-6		17	970	0.78	86.0
Y160L-8		17.7	720	0.75	86.0
Y160M1-2	11	21.8	2930	0.88	87.2
Y160M-4		22.6	1460	0.84	88.0
Y160L-6		24.6	970	0.78	87.0
Y180L-8		24.8	730	0.77	87.5

续表

型号	额定功率（kW）	额定电流（A）	转速（r/min）	功率因数（cosφ）	效率（%）
Y160M2-2	15	29.4	2930	0.88	88.2
Y160L-4		30.3	1460	0.85	88.5
Y180L-6		31.4	970	0.81	89.5
Y200L-8		34.1	730	0.76	88.0
Y160L-2	18.5	35.5	2930	0.89	89.0
Y180M-4		35.9	1470	0.86	91.0
Y200L1-6		37.2	970	0.83	89.8
Y225S-8		41.3	730	0.76	89.5
Y180M-2	22	42.2	2940	0.89	89.0
Y180L-4		42.5	1470	0.86	91.5
Y200L2-6		44.6	970	0.83	90.2
Y225M-8		47.6	730	0.78	90.0
Y200L1-2	30	56.9	2950	0.89	90.0
Y200L-4		56.8	1470	0.87	92.2
Y225M-6		59.5	980	0.85	90.2
Y250M-8		63	730	0.80	90.5
Y200L2-2	37	69.8	2950	0.89	90.5
Y225S-4		70.4	1480	0.87	91.8
Y250M-6		72	980	0.86	90.8
Y280S-8		78.2	740	0.79	91.0
Y225M-2	45	84.0	2970	0.89	91.5
Y225M-4		84.2	1480	0.88	92.3
Y280S-6		85.4	980	0.87	92.0
Y280M-8		93.2	740	0.80	91.7
Y315S-10		101	590	0.74	91.5
Y250M-2	55	103	2970	0.89	91.5
Y225M-4		103	1480	0.88	92.6
Y280M-6		104	980	0.87	92.0

续表

型号	额定功率（kW）	额定电流（A）	转速（r/min）	功率因数（cosφ）	效率（%）
Y315S-8	55	114	740	0.80	92.0
Y315M-10		123	590	0.74	92.0
Y280S-2	75	139	2970	0.89	92.0
Y280S-4		140	1480	0.88	92.7
Y315S-6		141	980	0.87	92.8
Y315M-8		152	740	0.81	92.5
Y315L2-10		164	590	0.75	92.5
Y280M-2	90	166	2970	0.89	92.5
Y280M-4		164	1480	0.89	93.5
Y315M-6		169	980	0.87	93.2
Y315L1-8		179	740	0.82	93.0
Y315S-2	110	203	2980	0.89	92.5
Y315S-4		201	1480	0.89	93.5
Y315L1-6		206	980	0.87	93.5
Y315L2-8		218	740	0.82	93.3
Y315M-2	132	242	2980	0.89	93.0
Y315M-4		240	1480	0.89	94.0
Y315L2-6		246	980	0.87	93.8
Y315L1-2	160	292	2980	0.89	93.5
Y315L1-4		289	1480	0.89	94.5
Y315L2-2	200	365	2980	0.89	93.5
Y315L2-4		361	1480	0.89	94.5

注　表中数据来源于西安电机厂产品选型样本。

221. 三相交流电动机的启动电流和空载电流

口诀

启动电流比较大，额定电流5～7倍；
启动电流要限制，降压起动宜采用。
空载电流比较小，额定电流2～5成；
空载电流也有用，旋转磁场要生成。

知识要点

交流电动机在全压起动时电流比较大，可达到额定电流的5～7倍。起动电流太大，对电动机定子绕组的绝缘影响很大，也会缩短电动机的使用寿命。因此，大功率的交流电动机宜采用降压起动方式，以降低起动电流。

交流电动机在空载运行时电流比较小，一般为额定电流的20%～50%。定子绕组极数较多的电动机，空载电流占的比重较大。空载电流主要为定子铁芯建立旋转磁场所需要的电流。

222. 三相交流电动机绕组接法

口诀

电机绕组两接法，星、角接法差别大；
大多电机只一种，也有电机二选一。
星接容量有规定，功率不超3千瓦；
角形接法较常见，3千瓦以上都采用。
两种接法要注意，绕组电压有差异；
角接绕组电压高，星接绕组电压低。
启动电流要限制，绕组电压须降低；
星、角转换起动器，大功率电机较适宜。

知识要点

交流电动机三相对称绕组的连接方法有两种：一种是星形（Y），一种是三角形（△）。功率为3kW及以下的交流电动机，三相绕组一般连接成星形；功率在3kW以上的交流电动机，三相绕组一般连接成三角形。也有的交流电动机，三相绕组既可以连接成星形，也可以连接成三角形。

交流电动机三相绕组接法不同，每相绕组所承受的电源电压不同。星形连接时每相绕组所承受的电源电压（220V）要小于三角形连接时每相绕组所承受的电源电压（380V）。

交流电动机在启动时，降低定子绕组的输入电压，可以有效地降低启动电流。大功率交流电动机采用星—三角转换起动器或自耦降压启动器进行起动，都是为了降低启动电压，限制启动电流。

223. 三相交流电动机绕组辨识

口诀

电机绕组有相别，U、V、W来区别；
每相都有首、尾端，1、2数字缀后面。
接线盒内六端头，每相首、尾在其中；
上面三头为首端，下面三头为尾端。
U1、V1、W1，三个首端依次排；
W2、U2、V2，三个尾端有错位。
也有电机有例外，接线盒内三端头；
绕组内部已连接，三个端头接电源。

知识要点

三相交流电动机的三相绕组必须按照相别进行标识。三相绕组分别用U、V、W三个字母进行区别，而每相绕组的首端和尾端又通过在字母后面缀上1、2两个数字来区分。也就是说，三相绕组六个端头的标识中，U1、U2为第一相绕组的首端、尾端，V1、V2为第二相绕组的首端、尾端，W1、W2为第三相绕组的首端、尾端。

三相交流电动机定子绕组内部接线如图4-30所示。

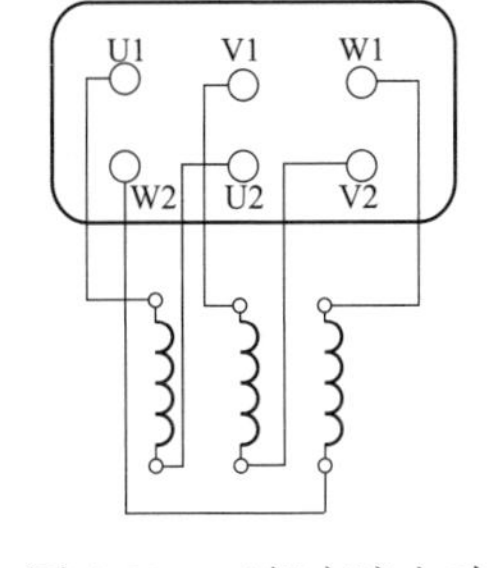

图4-30 三相交流电动机定子绕组内部接线图

应注意的是，在交流电动机接线盒中，同一相绕组的首端和尾端是错位排列的。上面三个端头的排列顺序是U1、V1、W1，而下面三个端头的排列顺序则是W2、U2、V2。

有的交流电动机，在内部已经将每相绕组的首端或尾端连接在一起，将三相绕组连接成星形或三角形，而在接线盒中只引出了三个端头供接三相电源用。

224. 三相交流电动机绕组连接

口诀

星形接法形如“Y”，绕组首尾须分开；
接线盒内要连接，水平端头连一组。
角形接法形如“△”，绕组首尾连起来；
接线盒内要连接，上下端头连三组。

知识要点

对于六个绕组端头全部引出的三相交流电动机来说，可以通过改变接线盒内六个端头的短接片，将三相绕组连接成星形（Y）或者三角形（△）的接线方式。星形接法是将接线盒内的上面三个水平端头（U1、V1、W1）或者下面三个水平端头（W2、U2、V2）用短接片连接起来；三角形接法是将接线盒内左侧的上、下两个端头（U1、W2）、中间的上、下两个端头（V1、U2）和右侧的上、下两个端头（W1、V2）分别用短接片连接起来。

三相交流电动机定子绕组的两种接线如图 4-31 所示。

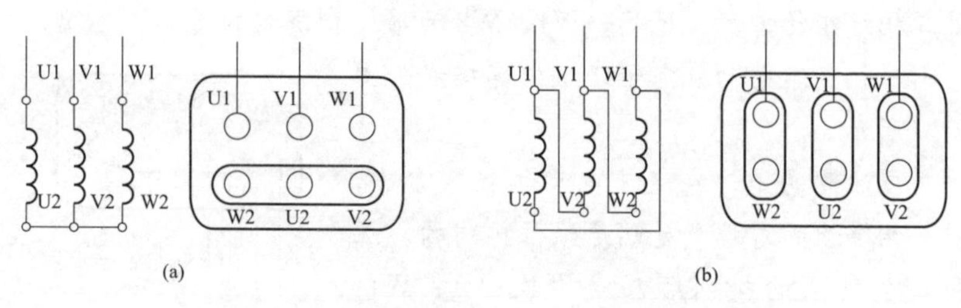

图 4-31　三相交流电动机定子绕组的两种接线图

（a）星形接法；（b）三角形接法

225. 三相交流电动机安装确认

口诀

电机到货先查验，验收合格再安装；
固定基础应平正，不平度小 10 毫米。
维修通道要留够，不能小于 1 米 2；
电机外壳要接地，电阻不超 10 欧姆。
安装完毕测气隙，手动盘转很容易；
绕组极性要辨识，接线方式也合适。
绕组绝缘应良好，通风冷却不能少；
空载运转 2 小时，各项参数要达标。

知识要点

三相交流电动机安装必须符合规范要求。新购买的电动机应完好无损、随机附件齐全和技术资料完整。安装基础应坚实平正，不平度不能超过 10mm。安装位置要便于检修，进出通道的宽度不应小于 1.2m。

电动机的外壳必须接地或接零，接地电阻不应超过 10Ω。机械传动联轴器的间隙合适并均匀，电动机的转子应转动灵活无卡涩。绕组的连接方式正确无误，交流电源相序正确。

电动机绕组不能受潮，绝缘电阻不得小于0.5MΩ，周围环境要通风。电动机在正式投运之前，应先通电空转2h左右，并测试电压、电流等参数是否正常。

226. 三相交流电动机运行确认

口诀

异步电机要运行，电源电压须合格；
波动范围百分比，下限−5上限10。
三相电压要平衡，差值不超5%；
缺相运行烧绕组，保护装置当安装。
轻载运行不适宜，损耗增加效率低；
过载运行也不该，绕组发热有危害。

知识要点

三相交流电动机在运行时，电源电压应接近额定电压，波动范围不得超出−5%～10%。三相电源的电压要保持相对平衡，相差不能超过5%。电源回路须安装断相保护装置，以防止电动机缺相运行而烧坏绕组。电动机的负荷要合适，负荷率控制在60%～100%范围内。交流电动机既不宜轻载运行，效率低、不经济；也不宜过负荷运行，容易引起绕组发热或者损坏。

227. 三相交流电动机启动方式

口诀

电机启动要选择，启动方式分两种；
全压启动电流大，降压启动转矩小。

全压启动很常见，启动设备种类全；
磁力启动器多采用，功率可达75。
闸刀开关可起动，功率不超5.5；
转换开关要起动，功率不超7.5。
铁壳开关也可用，最大功率为15；
空气开关较常用，最大功率为100。
降压启动有四种，空载启动星、角换；
带载启动要注意，自耦降压较适宜。
延边角形要选用，绕组抽头需满足；
绕线电机要启动，应选频敏变阻器。

知识要点

三相交流电动机有全压启动和降压启动两种启动方式。全压启动启动电流较大，降压启动转矩较小。无论是全压启动，还是降压启动，都应在电动机空载或轻载的情况下进行启动，以减小启动电流。小功率的交流电动机较多采用全压启动。大功率的交流电动机采用全压启动时，电力变压器的容量必须满足电动机启动要求。

全压启动设备比较多，可以采用闸刀开关、转换开关、铁壳开关或自动空气开关启动，也可以采用磁力启动器启动。但对于不同的启动设备，交流电动机的最大功率是有限制的。采用闸刀开关启动，电动机最大功率5.5kW；采用转换开关启动，电动机最大功率7.5kW；采用铁壳开关启动，电动机最大功率15kW；采用磁力启动器启动，电动机最大功率75kW；采用空气开关启动，电动机最大功率100kW。

降压启动设备主要有星-三角转换器、自耦降压器、延边三角形及频敏变阻器等类型。星-三角转换启动器适合于额定功率不超过125kW、电动机在空载或轻载情况下启动，自耦降压启动器适合于大功率电动机在一定负荷情况下启动，延边三角形启动器要求电动机的三相绕组有九个抽头，频敏变阻器适合于绕线式电动机在一定负荷情况下启动。

228. 三相交流电动机单向运转

口诀

单向运转较简单，控制元件配齐全；
启、停按钮在现场，其他元件异地装。
主回路连接依相序，开关之后交接器；
接着串入热继器，线路尾端连电机。
控制电源开关后，应有保险作保护；
控制回路也不难，接线规律藏里面。
停、启、线圈、热继串，电源接于两相间；
启钮要并动合点，钮后可添指示灯。

知识要点

三相交流电动机通常采用交流接触器、热继电器等电气设备进行运行控制。交流电动机的单向运行控制比较简单，除了交流接触器、热继电器外，还需要启动按钮和停止按钮。交流接触器、热继电器一般异地安装在配电柜里面，而启动按钮和停止按钮一般就近安装在交流电动机的操作现场。

主回路接线比较简单。三相交流电源经三相开关引入，后由开关引出分相别连接至交流接触器主触点的上端头；将热继电器的输入端分相别连接至常用交流接触器主触点的下端头；将交流电动机的三相绕组分相别连接至热继电器的输出端。

控制回路接线也不复杂。控制电源可从主回路电源开关后的某一相或某两相引出，经控制开关、熔断器再依次与停止按钮（动断触点）、启动按钮（动合触点）、交流接触器线圈和热继电器的动断触点相连，构成闭合回路，简单的启动、停止点动控制就可实现。若在启动按钮两端并接上交流接触器的辅助动合触点，就可实现具有自锁功能的启、停运行控制。运行指示灯可以直接串联在启动按钮之后，并连接在交流接触器的线圈两端。

应注意，常用交流接触器线圈的工作电压有 380V 和 220V 两种。对于线圈工作电压为 380V 的交流接触器，控制电源两端必须与任意两相电源连接。而对于线圈工作电压为 220V 的交流接触器，控制电源一端只需与任意某一相连接，另一端则与工作零线相连接。

三相交流电动机单向运转控制接线原理如图 4-32 所示。

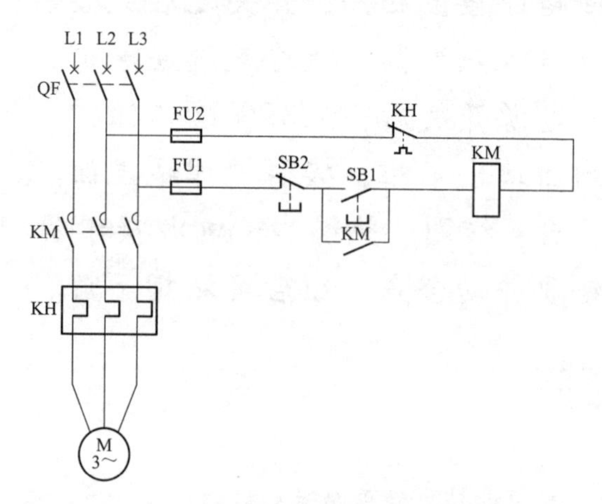

图 4-32　三相交流电动机单向运转控制接线原理图

229. 三相交流电动机双向运转

口诀

电机运转可双向，正转、反转均无妨；
运转方向要改变，只需调换两相线。
双向运转要控制，两个交接器须配置；
启动按钮需两个，正转、反转要分开。

交接器标识要清楚，正转、反转相对应；
主回路接线也有别，需把相序作交换。
两交接器须互锁，动断串在线圈中；
正转要串反动断，反转则串正动断。
点动运转最常用，起钮不并动合点；
起钮若并动合点，停止按钮串里面。

知识要点

三相交流电动机的双向运转（也称可逆运转）也比较多见，比单向运转控制稍复杂。对于交流电动机来说，转子由轴承支撑，转动方向既可顺时针方向，也可逆时针方向。

交流电动机的运转方向与旋转磁场的方向一致，而旋转磁场的方向与三相电源的相序有关。因此，交流电动机的转动方向最终取决于三相电源的相序。三相电源相序的改变，可以通过对调任意两相电源线的连接位置来实现。

交流电动机的正转和反转，可以根据实际使用情况进行选择。交流电动机正、反转的运行控制，必须配置两个交流接触器和两个启动按钮。其中一个交流接触器和一个启动按钮用于正转控制，另一个交流接触器和另一个启动按钮用于反转控制。

在主回路接线时，要注意区分两个交流接触器三相电源线的接线位置，必须将第二个交流接触器三相电源的两个边相进行对调接入，以改变三相电源的相序。

在控制回路接线时，为防止两个交流接触器同时吸合引发短路故障，必须将两个交流接触器进行互锁控制，既可以将两个交流接触器的辅助动断触点互相串接在对方的线圈回路中，也可以将两个启动按钮的动断触点互相串接在对方的动合触点中，或者两种互锁控制方法同时采用。

如果三相交流电动机正、反转采取点动控制方式，启动按钮

（动合触点）两端不需要并接交流接触器的辅助动合触点；如果在启动按钮（动合触点）两端并接交流接触器的辅助动合触点，则必须在启动按钮（动合触点）前端串接停止按钮（动断触点）。

三相交流电动机双向运转控制接线原理如图4-33所示。

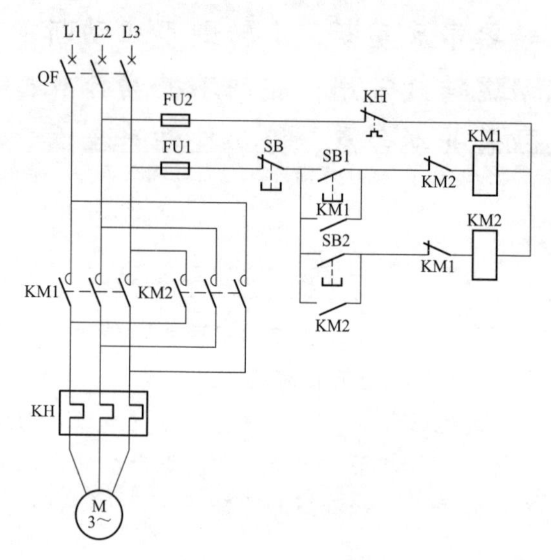

图4-33 三相交流电动机双向运转控制接线原理图

230. 三相交流电动机星角转换启动

口诀

星角转换要控制，三个交接器应配置；
一个通断主电源，其余两个来转换。
交接器作用须标注，星用、角用要清晰；
启、停按钮各一只，时间继电器可延时。
启、停按钮来相串，主交线圈再相连；
动合并在起钮端，自保回路续电源。
星用、角用交接器，线圈回路要分开；

两者之间须互锁，动断互串线圈中。
时继接线需注意，两种触点辨仔细；
延时动断接星用，延时动合角用连。
电机绕组细区分，相别首尾莫搞混；
六个接头连接对，谨防短路生是非。

知识要点

三相交流电动机采用星—三角转换降压启动进行自动控制时，应当配置三个交流接触器，一个用于主电源的通断，另外两个用于星—三角转换。除了交流接触器外，还须配置启动按钮、停止按钮和时间继电器、中间继电器等。

在控制回路接线时，首先要将启动按钮（动合触点）、停止按钮（动断触点）和主交流接触器的控制线圈串接在回路中，并将主交流接触器的辅助动合触点并接于启动按钮（动合触点）两端。

用于星形连接控制的交流接触器和用于三角形连接控制的交流接触器必须区分开来，两个交流接触器的控制线圈回路也要分开，并将两个交流接触器的辅助动断触点互相串接在对方的线圈回路中进行互锁控制。

时间继电器有延时动合触点和延时动断触点之区分，其延时动合触点要串接于三角形用交流接触器的线圈回路中，延时动断触点要串接于星形用交流接触器的线圈回路中。时间继电器的线圈与三角形用交流接触器的辅助动断触点串联后，再连接于启动按钮（动合触点）之后。

也可以采用中间继电器进行转换，先由时间继电器控制中间继电器，再由中间继电器控制两个交流接触器。

交流电动机采用星—三角转换启动方式，在主回路接线时要注意区分三相绕组的相别和首尾端，绕组的六个端头与启动器接线端子之间的连接必须正确无误，避免发生相间短路现象。

三相交流电动机星角转换启动运行控制接线原理如图 4-34 所示。

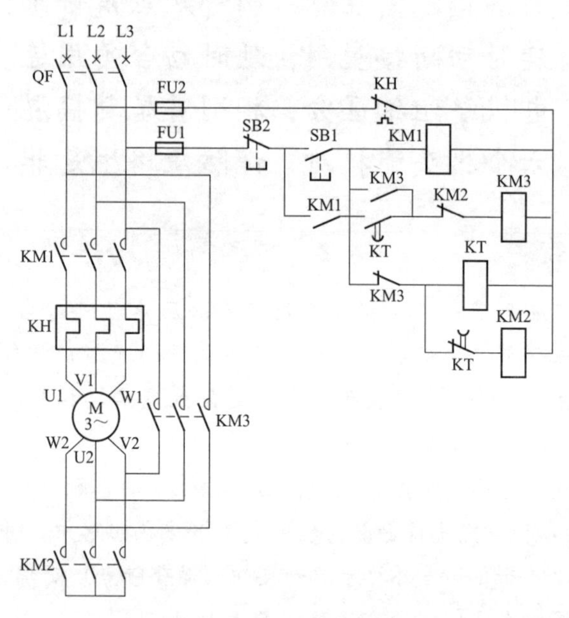

图 4-34　三相交流电动机星角转换启动运行控制接线原理图

231. 三相交流电动机自耦降压启动

口诀

自耦降压易控制，两个交接器就足矣；
交接器作用要清楚，主、辅功能不相同。
主交接器连电动机，全压运行它承担；
辅交接器连降压器，降压启动它优先。
启、停按钮来相串，辅交线圈再相连；
动合并在起钮端，自保回路续电源。
时间继电器来延时，中间继电器可转换；

主、辅交接器须互锁，动断、线圈要反串。
自耦变压器抽头多，连接抽头要一致；
电机绕组连角形，只需引出三个头。

知识要点

三相交流电动机采用自耦降压起动进行自动控制时，只需配置两个交流接触器（交接器）。一个交接器用于降压起动（辅交接器），与自耦变压器连接，另一个交接器用于全压运行（主交接器），与电动机绕组连接。除了交流接触器外，还须配置起动按钮、停止按钮和时间继电器、中间继电器等。

在控制回路接线时，需要将起动按钮（动合触点）、停止按钮（动断触点）和辅交接器的线圈串接在回路中，将辅交接器的辅助动合触点并接于起动按钮（动合触点）两端。

主交接器与辅交接器的线圈回路要分开，并要相互闭锁，将一方的辅助动断触点串接于另一方的线圈回路中。

时间继电器的线圈可以并接在辅交接器线圈的两端，时间继电器的延时动合触点串联在主交接器的线圈回路中，再在延时动合触点两端并接主交接器的辅助动合触点后，连接于起动按钮（动合触点）之后。

也可以采用中间继电器进行切换，先由时间继电器控制中间继电器，再由中间继电器控制主交接器。

交流电动机采用自耦降压起动方式，在接线时要注意区分自耦变压器三相绕组的六个抽头，与电动机三相绕组相连接的三个抽头必须保持一致，以确保加在电动机三相绕组上的起动电压相等。

在电动机起动时，自耦变压器的三相绕组必须通电并且连接成星形；起动完成后，自耦变压器的三相绕组必须断电并且必须相互分开。

三相交流电动机自耦降压起动运行控制接线原理如图 4-35 所示。

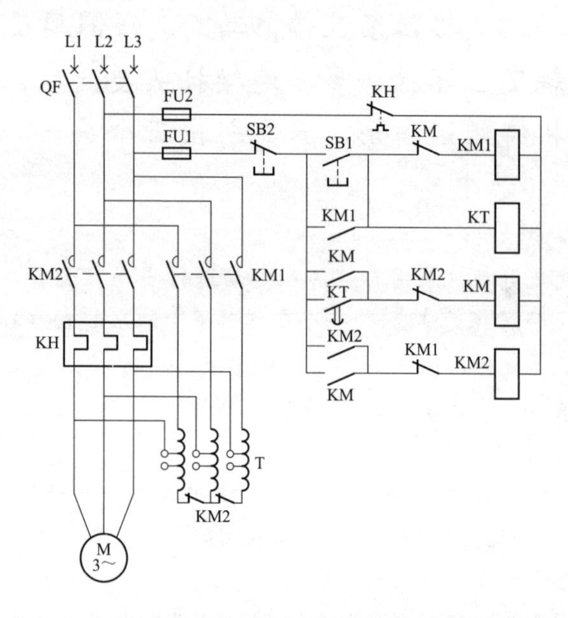

图 4-35　三相交流电动机自耦降压起动运行控制接线原理图

232. 三相交流电动机调速方式

口诀

电机转速可调控，常用方法有三种；
变频、变极、变转差，调速原理各不同。
变频调速应用广，平滑调速无级差；
转速正随频率变，电压同步作调整。
变极调速有缺陷，电机绕组留抽头；
接法改变极数变，极数增加转速减。
转差调速应用少，调速方法有两种；
定子绕组变电压，转子回路变电阻。

知识要点

三相交流电动机的运转速度可以调节变化，常见的调速方式有变频调速、变极调速和变转差调速三种。

变频调速是通过改变交流电动机的三相交流电源的频率而改变电动机的转速。电动机的转速与电源频率成正比例关系。电源频率的变化，决定了旋转磁场旋转速度（同步转速）的变化，也就决定了电动机实际转动速度的变化。变频调速调速范围宽、调速平滑，速度几乎没有级差的变化。应当注意的是，在变频调速过程中，交流电动机的电源电压也是变化的，以保持电压与频率的比值（U/f）不变，最终保持电动机定子绕组的主磁通不变。

变极调速是通过改变交流电动机定子绕组的极对数而改变电动机的转速。电动机的转速与极对数成反比例关系。绕组极对数的变化，决定了旋转磁场旋转速度（同步转速）的变化，也就决定了电动机实际转动速度的变化。变极调速属于有级调速，非连续平滑，只适用于定子绕组有多抽头的笼型交流电动机。变极调速最常用的方法是改变半绕组的电流方向，有YY/△、YY/Y两种绕组接法。

变转差调速是通过改变定子绕组外加电压或改变转子回路电阻的方法而改变电动机的转速。改变外加电压可采用半导体（晶体管或晶闸管）调压装置。转子回路串联电阻的调速方法只适用于绕线式交流电动机。

233. 三相交流电动机电气保护措施

口诀

电机运行要安全，保护措施应完善；
主要保护有四种，根据情况来选用。
短路保护很重要，断路器、熔断器离不了；

动作电流须整定，起动电流要满足。
过载保护很常用，热继、热脱起作用；
动作电流不宜大，额定电流就够啦。
断相运行危害大，保护方法也多杂；
电压、电流继电器，热继电器也有配。
失压、欠压可保护，两种方法可选择；
断路器欠压脱扣器，还有欠压继电器。
断路器功能较完善，多种保护配备全；
电机保护优先选，热继电器当另添。

知识要点

三相交流电动机必须采用必要的电气保护措施，以确保其安全运行。常用的电气保护有短路保护、过载保护、断相保护和失压或欠压保护等四种措施。

短路保护一般利用低压断路器的电磁瞬时脱扣器作保护。功率不大于15kW、轻载直接启动的交流电动机，也可利用熔断器（熔丝）作保护。保护装置的瞬时动作整定电流必须大于电动机启动电流的1～2倍。

过载保护一般采用热继电器或电动机用低压断路器的热脱扣器作保护，保护装置的动作电流应按照电动机的额定电流选择。当电动机运行过负荷20％时，热继电器应在20min内动作并切断电动机电源。

常用的断相保护装置有带断相保护功能的热继电器、欠电流继电器、零序电压继电器、熔丝电压继电器及速饱和电流继电器等。

失压或欠压保护一般利用低压断路器的欠电压脱扣器或启动器

的吸引线圈组成保护装置，整定电压为电源电压的35%～70%。

低压断路器常采用复式脱扣器，兼有多种保护功能，在实际中应用较多。

234. 三相交流电动机运行监控

口诀

电机运行需监控，电压、电流应正常；
传动装置无卡涩，表面清洁散热良。
地脚螺栓不松动，机身平稳无振动；
轴承完好不缺油，运转均匀没噪声。
外壳接地要可靠，防止漏电遭祸殃；
环境干燥通风良，绝缘电阻须保障。
起动装置勤巡检，保护装置消缺陷；
电气元件未损伤，工作状态无异常。

知识要点

三相交流电动机运行是否正常，可以通过电压、电流等参数显示有无异常进行判断。

交流电动机在运行过程中需要进行监控，检查传动装置应转动灵活自如，无卡涩、摩擦现象；检查电动机表面应清洁无异物，冷却扇运转正常，环境干燥、通风散热良好；检查电动机基础应固定牢靠、无松动，机身平稳、无振动；检查电动机轴承润滑良好，转动均匀无噪声；检查电动机外壳接地应良好，接地电阻不得大于10Ω；检查电动机绕组绝缘电阻应符合要求，不得小于0.5MΩ；检查电动机启动装置应工作正常，保护装置功能要有效，电气设备或元器件应完好无疵，工作状态均应正常。

235. 三相交流电动机轴承判断

口诀

轴承运转好与坏，不同声响做判断；
“沙沙”声音很均匀，运转正常无妨碍。
“嗞嗞”声音从里发，及时停转把油加；
“咕噜咕噜”声不断，轴承损坏须更换。
轴承运转有温度，不可超过允许值；
滚动轴承95，滑动轴承仅80。
要知温度有多高，酒精温度计可测试；
也可滴水端盖处，观察有无冒热汽。

知识要点

三相交流电动机在运转过程中，转子轴承的作用非常重要。轴承的好坏除了本身的制造质量以外，还取决于润滑状况是否良好。轴承及其润滑好坏的判断，可用手握住螺丝刀或细铁棍的一端，另一端抵住轴承端盖位置，耳朵贴近手握端，听取轴承发出的声音。轴承运转正常，通常会是均匀的“沙沙”声；如果轴承缺油，则会发出“嗞嗞”声；如果轴承损坏，则会发出“咕噜咕噜”声。轴承运转过程中，会产生一定的温度，但温度不能超过80℃（柱状轴承）或95℃（球状轴承）。轴承温度的高低，可以采用酒精温度计测量，也可以用水滴在端盖处试探，观察有无汽化现象。

236. 空压机用电动机额定功率

口诀

空压机产气量有大小，电动机功率配不同；
功率、产气量有关系，每个立方7千瓦。

知识要点

空气压缩机简称空压机。空压机的产气量以“立方米/分”为计量单位。不同产气量的空压机，所配交流电动机的额定功率也不相同。空压机的产气量越大，所配交流电动机的额定功率也越大。

空压机所配电动机的额定功率，可根据空压机的产气量来估算，即每 $1m^3$ 的产气量，所配功率约为 7kW。

237. 离心式水泵用电动机额定功率

口诀

离心式水泵，大小有不同；
配套电动机，功率也有别。
功率如何定，取决两参数；
流量、扬程积，二百分之一。

知识要点

离心式水泵的大小是用流量和扬程两个参数来区分的。离心式水泵所配交流电动机额定功率，主要取决于流量和扬程两个参数的大小。

离心式水泵所配交流电动机的额定功率（kW）可以由流量（m^3/h）和扬程（m）来估算，用流量和扬程的乘积，再除以 200 即可。

238. 照明开关

口诀

照明开关种类多，原理、结构有差别；
功能、极数不相同，根据需要来选用。
开关接线有规定，电源接在上端头；

出线须由下端引，手柄朝上把电供。
开关装在火线上，单独莫把零线断；
漏电保护要有用，双极开关须采用。
零线、地线细分辨，零线可随火线断；
地线用来防漏电，畅通无阻才安全。

知识要点

照明开关类别较多，结构和原理也不同，有自动空气开关（断路器）、转换开关、翘板开关等类型。按照极数划分，有单极、双极、多极；按照功能划分，有单控、双控和多控；按照组合划分，有单联、双联和多联。

常用的照明开关有自动空气开关（配电箱内）和翘板开关（照明现场）。电源进线必须接在自动空气开关的上端部，电源出线接在自动空气开关的下端部，手柄朝上为接通状态，手柄朝下为断开状态。

无论是哪种照明开关，一定要安装在电源的相线（火线）上。也就是说，进入照明灯具的相线必须经过开关后面引出。单极开关只能通断照明灯具的相线，不能通断照明灯具的中性线。双极开关可以同时通断照明灯具的相线和中性线。

在使用漏电保护型的开关时，应当使用双极开关，将火线、中性线同时接入开关；而地线不能接入开关，要保持畅通无阻，才能有效地起到安全保护作用。

239. 照明灯具使用要求

口诀

灯具接线莫随意，谨防检修遭电击；
火线要由开关出，零线直接进灯具。
白炽灯，要接线，挂扣火、零任意连；

口诀

螺扣接线莫随便，零线要连外螺旋。
荧光灯，有要求，镇流器串在火线中；
启辉器，两头连，火线、零线接两端。
高压汞灯有两种，自镇流型很少用；
外镇流型优先选，电源电压应稳定。
碘钨灯使用要慎重，温度将近2000℃；
水平安装防振动，易燃物品须远离。

知识要点

照明灯具安装和接线必须符合相关安全规范要求。电源相线（火线）必须由照明开关引出后，才能接入照明灯具；而电源中性线（零线）则直接接入照明灯具。

白炽灯等照明灯具的灯头有挂扣式和螺旋式两种：挂扣式灯头，相线和中性线可以任意连接在两端；螺旋式灯头，相线必须连接在中心端，中性线则连接在外螺旋端。

荧光灯的镇流器必须串接于电源相线上，再与灯头一端相连；启辉器并接于灯头两端，中性线则直接与灯头的另一端相连。

高压汞灯分自镇流型和外镇流型两种，外镇流型的电压比较稳定，比自镇流型照明效果好。

碘钨灯的表面温度较高（约2000℃），不得在危险环境使用；在普通环境使用，其安装位置也要远离易燃物品，必须水平安装并且要避免振动。

240. 照明灯具故障检查

口诀

灯具不亮要维检，常见原因灯丝断；
如果灯丝看不见，使用电笔再判断。

合上开关点两端，都不发亮火线断；
一亮一灭灯丝断，两端都亮零线断。

知识要点

照明灯具不发亮，是最常见的电气故障。在检查和排除时，首先检查灯具的灯丝是否完好，有无断裂现象。如果灯丝的好坏不好判断，可以使用万用表进行测量；没有万用表，也可以用试电笔测试。分、合电源开关，用试电笔测试开关的通断。确认电源开关没有问题后，再测试灯具灯头的两个接线端子。合上电源开关，如果两个端子均不带电，说明相线断裂、电源不通；如果两个端子都带电，说明中性线断裂；如果两个端子一个带电、另一个不带电，则说明灯具灯丝断裂。

241. 插　　座

口诀

常用插座两大类，单相、三相要区分；
单相又有两类型，两孔、三孔也不同。
两孔插座要接线，左接零来、右接火；
三孔插座带地线，地线接在最上端。
接线孔旁有标注，L、N、E 分辨清；
L 接火、N 接零，地线接在 E 孔中。
其他插座也很多，使用电压分高低；
插头插座要匹配，电流不超额定值。

知识要点

常用低压电源插座按使用电压可分为单相和三相两大类，而单相插座的构造又有两孔和三孔之区分。常用单相插座有 10A 和 16A 两种规格。

单相两孔插座在接线时，必须按照“左零右火”（左孔端接相线、右孔端接零线）要求接线；单相三孔插座的接线，除了“左零右火”的要求外，还必须将地线必须接在上孔端。单相三孔插座的接地线必须连接在专用地线的干线上，禁止另设接地线或者与零线连接。

常用插座的相线端、零线端和地线端分别用 L、N、E 三个字母标记。插座的使用，必须满足额定电压和额定电流的要求，插头要与其配套，禁止超过额定电压和额定电流。

单相三孔插座接线孔排列及标志如图 4-36 所示。

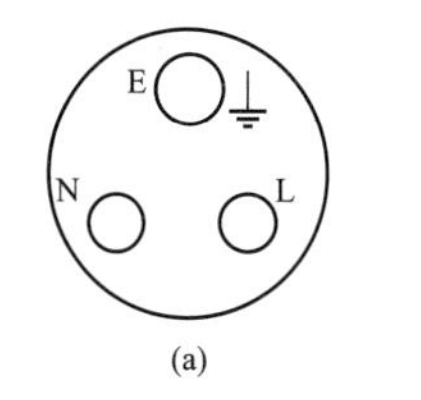

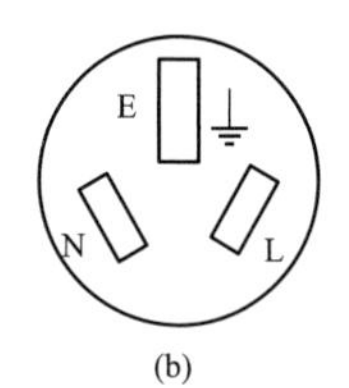

图 4-36　单相三孔插座接线孔排列及标志图

（a）圆形插孔；（b）扁形插孔

242. 低压设备负荷电流

口诀

单相 220，千瓦 4.5；
两相 380，千瓦 2.5。
三相电热器，千瓦 1.5；
三相电动机，千瓦 2 安算。

知识要点

低压用电设备的负荷电流，可以通过其额定功率进行估算。单相220V用电设备，其额定电流约为额定功率的4.5倍，即每千瓦、4.5安培；两相380V用电设备，其额定电流约为额定功率的2.5倍，即每千瓦、2.5安培。三相380V电热器，其额定电流约为额定功率的1.5倍，即每千瓦、1.5安培；三相380V电动机，其额定电流约为额定功率的2倍，即每千瓦、2安培。

五、电力线路篇

243. 电力线路种类

口诀

电力线路分布广，电能输送能担当；
三种用途要区分，动力、照明和控制。
导体材料铜和铝，导电性能有差异；
防爆场所要注意，只能用铜、禁用铝。
导体芯数可选择，单芯、双芯或多芯；
圆形、扁形看形状，硬质、软质不一样。
构成形式有三种，架空、电缆和穿管；
塑料、橡皮做绝缘，架空可用裸导线。

知识要点

电力线路的主要用途就是输送电能，是电力网中不可缺少的组成部分。按照负荷用途来分，电力线路可分为动力线路、照明线路和控制线路三种。

电力线路常用的导体材料有铜材和铝材，铜材的导电性能好于铝材；在易燃易爆等危险区域，必须使用铜材线路。

电力线路的导体芯数有单芯、双芯和多芯；截面形状有圆形，也有扁形，质体也分软、硬两种。

按照构成形式划分，电力线路有架空线路、电缆线路和穿管线路三种。电力线路常用塑料（聚氯乙烯、聚乙烯等）和橡皮等材料做绝缘层，架空线路既可用裸导线，也可用绝缘导线。

244. 电力线路安全要求

口诀

电力线路输配电，确保安全是关键；

要求涉及多方面，以下几点记心间。
导电能力足够好，电流无阻压损小；
机械强度足够大，外力影响也不怕。
绝缘性能要达标，泄漏电流宜减少；
安全间距须留够，人流通道要畅通。
导线连接要注意，焊接、压接须紧密；
保护措施应完善，过载、短路把电断。

知识要点

电力线路作为输配电流的载体，必须满足安全性、可靠性、连续性和经济性等方面的要求。而安全性最为关键，是满足其他方面要求的前提和保障。电力线路的安全性要求，主要体现在导电能力、机械强度、绝缘性能、安全间距、导线连接和保护措施等六个方面。

电力线路导电能力的好坏表现在发热、电压损失和短路电流三个方面。不同类型的绝缘导线，允许有不同的极限温度值（65、70℃或 80℃）；电压范围要控制在±7%以内，电压损失太大，会影响电气设备正常工作或者造成损坏；电力线路要能够承受速断保护装置动作瞬间强大的短路电流。

电力线路必须具有一定的机械强度，能够承受多重机械外力或电磁力的作用，其截面积不能小于所要求的最小截面积。

电力线路会产生泄漏电流，影响输电能力。泄漏电流的大小，取决于线路绝缘性能的好坏。电力线路的绝缘电阻越高，则绝缘性能越好。高压线路的绝缘电阻不得小于 1000MΩ，低压线路的绝缘电阻不得小于 1kΩ/V。

电力线路应当与附近的建筑物、构筑物、树木、地面、路面、水面、其他线路及设备之间保持足够的安全距离，并要保持人流通道的畅通。安全距离不够时，必须采取隔离、封闭措施。

电力线路的连接部位比较薄弱，其绝缘强度不能低于原线路的绝缘强度，机械强度也不能低于原线路机械强度的80%，连接电阻不得大于原电阻的1.2倍。导线的连接采用焊接、压接或缠绕等方式，铜、铝导体的连接必须采用过渡接头。

电力线路应当设置必要的保护装置。当线路的负荷电流超过所允许的最大电流值时，过载保护装置应在规定的时间内动作并切断线路电源；当线路发生短路故障时，短路保护装置应迅速动作并切断线路电源。

245. 架空线路导线选择

口诀

架空线路较直观，户外输电很常见；
导线材料分股数，多股绞线应采用。
多股绞线添钢芯，机械强度能增加；
普通裸铝钢绞线，架空线路优先选。
也有架空绝缘线，绝缘材料裹表面；
多树线廊将它选，绝缘性能有改观。
导线截面有大小，规格标称有数值；
根据负荷来选择，线径宜粗不宜细。
机械强度要保证，最小截面须满足；
千伏以下架空线，铜16来、铝25。
电压不低1千伏，最小截面升一级；
导线若用钢绞线，铝线截面降一级。

知识要点

架空线路多用于户外输配电，在电力网中占的比重较大。架空线路必须采用多股钢绞线，可以是裸导线，也可以是绝缘导线。较常用的是多股钢芯铝绞裸导线，适用于线路走廊无障碍、无树害、无建筑的空旷地带。对于线路走廊多障碍、多树害、多建筑的狭窄地带，应当使用多股铝芯钢绞绝缘导线，有利于提高线路的绝缘水平。

架空线路导线的截面积既要满足负荷电流的要求，又要满足机械强度的要求。常用架空线路导线的截面积有16、25、35、50、70、95、120、150、185、240、300mm^2 等标称规格。

1kV以下架空线路导线，其最小截面积不能小于16mm^2（铜绞线）或25mm^2（铝绞线）；1kV及以上架空线路导线，其最小截面积不能小于25mm^2（铜绞线、钢芯铝绞线）或35mm^2（铝绞线）。

246. 架空线路电杆

口诀

架空线路用电杆，常用材料两大类；
钢管电杆成本高，水泥电杆使用多。
按照功能来区分，电杆类型也很多；
终端杆在首、尾端，防止倾斜加拉线。
直线杆，好分辨，两边线路呈直线；
转角杆，也不难，两边线路有拐弯。
耐张杆，有特点，两边线路须搭连；
分支杆，跨越杆，两边线路分支线。
水泥电杆规格多，埋设深度有要求；
坑道深度视杆长，一般应为1比6。
杆长8米、1米5，递增点1依次加；
13米杆、整2米，15米杆、2米3。
18米杆可深、浅，埋设深度有范围；
最浅不少2米6，最深不超3米整。

杆坑挖成长方形，拉力方向保原土；
回填土层要夯实，防止杆倒把人伤。

知识要点

杆塔是架空线路不可缺少的构成部分，起支撑导线及其附件的作用。按照材料类别划分，电杆的种类有木质杆、水泥杆、钢管杆及铁塔等。按照在线路中的功能划分，电杆有终端杆、直线杆、转角杆、耐张杆、分支杆和跨越杆等区别。

水泥电杆较为常用，杆的长度有 7、8、9、10、11、12、13、15、18m 九种规格。不同长度的电杆，其埋设深度不一样，一般约为杆长的 1/6。长度为 8、9、10、11、12、13、15、18m 的电杆，对应的埋设深度分别为 1.5、1.6、1.7、1.8、1.9、2.0、2.3、2.6～3.0m。电杆的埋设坑道应挖成长方形，受力方向的原土层应予以保留，回填的新土层必须夯实坚硬，防止电杆倾斜或倒塌。

低压架空线路常用的电杆类型如图 5-1 所示。

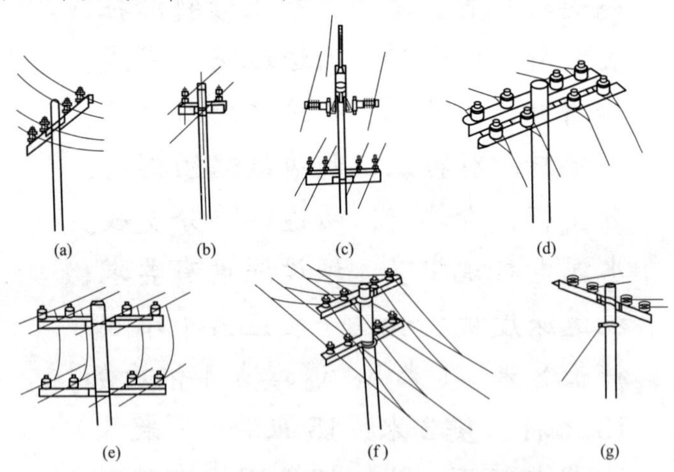

图 5-1　低压架空线路常用的电杆类型
(a) 直线杆；(b) 耐张杆；(c) 转角杆；(d) 耐张转角杆；
(e) 分支杆；(f) 跨越杆；(g) 终端杆

247. 电杆拉线

口诀

电杆拉线也重要，固定电杆要用到；
制作安装合规范，技术要求记心间
拉线构成分三把，上把、中把和下把；
把线扎法有多种，根据情况做选择。
缠绕绑扎省工料，制作安装费工时；
U 形、T 形、花篮扎，三种扎法皆容易。
拉线宜选裸铝线，钢绞镀锌更适宜；
拉线夹角 45，低于 30 加弓线。
拉线截面分两种，25、35 两选一；
不超万伏用 25，万伏以上需 35。
水平拉线距路中，高度不低 6 米整；
地牛埋深 1 米 5，拉棒直径 16 圆。

知识要点

电杆拉线常用于终端杆、转角杆、耐张杆等类型电杆的固定，以抵消架空线路对电杆产生的拉力。拉线主要由上把、中把和下把三部分构成：上把固定在电杆上，下把固定在地牛上，中把将上把和下把连接起来。

电杆拉线的绑扎方法有多种。缠绕绑扎比较麻烦，但节省工料；U 形、T 形与花篮绑扎比较容易，但需相应的构件。

拉线应选择镀锌钢绞裸铝线，截面积不能小于 $25mm^2$（10kV 及以下）或 $35mm^2$（10kV 以上、35kV 及以上）。

拉线与电杆之间的夹角应为 45°，小于 30°时必须采用弓形线。

采用水平拉线时，距路面高度不得低于6m，拉线柱的倾斜角宜控制在10°～20°。

拉线地牛的埋设深度不能小于1.5m，拉棒的直径也不能小于16mm。

电杆拉线的构成如图5-2所示。

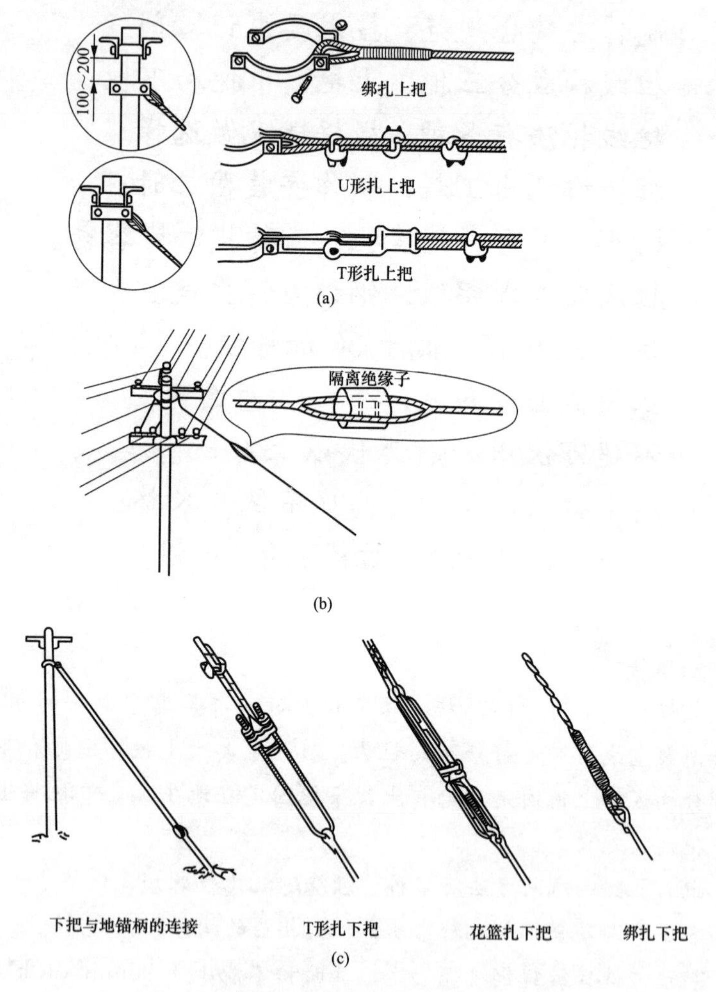

图5-2　电杆拉线的构成

(a) 上把部分；(b) 中把部分；(c) 下把部分

248. 架空线路输电负荷距

口诀

架空线路输送电，三个参数有关联；
电压、距离和容量，综合因素想周全。
容量、距离之乘积，称作输电负荷矩；
容量单位按千瓦，距离要以公里算。
输电电压分高低，负荷矩限值也不同；
常用高压 1 万伏，负荷矩不超 4 万 5。
输电电压 3 万 5，负荷矩可达 50 万；
电压只有 400 伏，负荷矩最大 25。

知识要点

采用架空线路输配电，必须综合考虑电源电压、输电容量和输送距离三个参数。输电容量（kW）和输送距离（km）的乘积，称作负荷矩。

架空线路输送的电源电压不同，最大负荷矩要求也不同。输送距离越远，输电容量越小。

10kV 架空线路，最大负荷矩为 45 000（kW・km）；35kV 架空线路，最大负荷矩为 500 000（kW・km）；0.4kV 架空线路，最大负荷矩为 25(kW・km)。

架空线路供电容量及供电距离可参考表 5-1。

表 5-1　　架空线路供电容量及供电距离参考表

供电电压（kV）	供电容量（kW）	供电距离（km）
110	10 000～50 000	50～100
35	2000～10 000	20～50
10	3000	5～15

续表

供电电压（kV）	供电容量（kW）	供电距离（km）
6	2000	3～10
0.4	100	0.25
0.23	<50	0.15

249. 架空线路导线最小截面积

口诀

架空线路用导线，截面选择是关键；
机械强度须保证，用电负荷要满足。
电源、负荷和距离，三种因素都考虑；
电压损失有限值，不宜超过5%。
最小截面有要求，高压、低压不相同；
低压铝线25，钢绞、铜线可16。
高压线路需注意，最小截面升一级；
铝线最小35，钢绞、铜线25。

知识要点

架空线路导线截面积的选择非常重要，需要从电源电压、用电负荷、输电距离、电压损失、机械强度等方面要求综合考虑。

根据输送电压等级的高低，架空线路的负荷矩需满足相应要求。架空线路导线，负荷端的电压损失不应超过电源端电压的5%。

单从机械强度方面要求，低压架空线路导线的最小截面积不能小于25mm^2(铝线)或16mm^2(钢绞铝线、铜线)；高压架空线路导线的最小截面积则需要加大一级规格，即最小截面积不能小于35mm^2(铝线)或25mm^2(钢绞铝线、铜线)。

250. 架空线路档距和线距

口诀

导线排列有讲究，各相弧垂应一致；
高压排成三角形，低压排成水平线。
低压档距限 50，线距不小 0.4；
万伏档距限 80，线距不小 1 米 5。
同杆架设低压线，垂距不小 600 毫；
同杆架设万伏线，垂距不小 800 毫。
高压、低压若同杆，上高、下低莫弄反；
线间垂距须增加，不能小于 1 米 2。

知识要点

低压架空线路，三相导线的排列方式为水平直线形（“—”字形）；高压架空线路，三相导线的排列方式为三角形（“△”字形）。有的采用铁塔或钢管的高压架空线路，三相导线的排列方式也呈垂直直线形（“｜”字形）。

无论是低压架空线路，还是高压架空线路，三相导线的弧垂应当保持一致，松紧度要合适，并要考虑环境温度对导线弧垂的影响。

低压架空线路，最大档距（相邻两杆之间的距离）不应超过 50m，线距（相邻两相导线之间的距离）不应小于 0.4m；10kV 架空线路，最大档距（相邻两杆之间的距离）不应超过 80m，线距（相邻两相导线之间的距离）不应小于 1.5m。

同杆架设不同电源的低压线路，垂距（相邻导线之间的垂直距离）不能小于 0.6m；同杆架设不同电源的 10kV 线路，垂距（相邻导线之间的垂直距离）不能小于 0.8m；低压线路和高压线路同杆架设，低压线路必须在高压线路的下方，线间垂直距离不能小于1.2m。

251. 架空线路相序

口诀

架空线路辨相别，相序排列有规则；
对着来电方向看，从左到右A、B、C。
高压排成三角形，左A、右C、顶端B；
低压水平一条线，A、B、N、C依次排。
N线特征较明显，截面小于三相线；
排列位置也固定，靠近电杆或墙体。

知识要点

架空线路三相导线相别的排列顺序是有规定的。顺着架空线路，迎着来电方向（变电站）看，高压线路的相别是“左边A相、右边C相、顶端B相”；低压线路“从左往右”按照“A、B、C、N”相别顺序依次排列。在低压架空线路中，工作零线（N）较为明显，其截面积要小于其他三相导线，排列位置靠边，并靠近杆体或墙体。

252. 架空线路导线载流量

口诀

架空线路裸铝线，强度、载流两安全；
最小截面16平，载流大小可估算。
截面越大载流大，依据截面乘倍数；
16平方6.5，25以上分挡算。
70以下各一挡，95以上二合一；

25平方按5倍，每挡0.5依次减。
如果选用裸铜线，载流倍数升级算；
穿管、绝缘宜7折，温度高则9折算。

知识要点

架空线路导线，必须同时满足负荷电流和机械强度两方面的要求。单从机械强度方面要求，裸铝线的最小截面积不能小于16mm^2。导线所允许的最大负荷电流（载流量）可以根据其截面积来估算，截面积越大，载流量越大。

按照该口诀，对于不同截面规格的裸铝线，其载流量估算如下：

（1）16mm^{2}裸铝线的载流量约为16×6.5=104A；

（2）25mm^{2}裸铝线的载流量约为25×5=125A；

（3）35mm^{2}裸铝线的载流量约为35×4.5=158A；

（4））50mm^{2}裸铝线的载流量约为50×4=200A；

（5）70mm^{2}裸铝线的载流量约为70×3.5=245A；

（6）95、120mm^{2}裸铝线的载流量分别约为95×3=285A、120×3=360A；

（7）150、185mm^{2}裸铝线的载流量分别约为150×2.5=375A、185×2.5=463A；

（8）240、300mm^{2}裸铝线的载流量分别约为240×2=480A、300×2=600A。

如果选用裸铜线，其载流量可按照裸铝线加大一级截面积后进行估算。如果选用绝缘导线，则载流量须在裸导线估算的基础上乘以0.7后得出。如果绝缘导线穿管敷设，则载流量还须在绝缘导线估算载流量的基础上再乘以0.7得出。

考虑到环境温度对导线载流量的影响，载流量通常按照9折估算。

裸铝绞线的允许载流量见表5-2。

表 5-2　　　　裸铝绞线的允许载流量（70℃，A）

截面积（mm^2）	LJ 型（室外）				LGJ 型（室外）			
	25℃	30℃	35℃	40℃	25℃	30℃	35℃	40℃
10	75	70	66	61	—	—	—	—
16	105	99	92	85	105	98	92	85
25	135	127	119	109	135	127	119	109
35	170	160	150	138	170	159	149	137
50	215	202	189	174	220	207	193	178
70	265	249	233	215	275	259	241	222
95	325	305	286	247	335	315	295	272
120	375	352	330	304	380	357	335	307
150	440	414	387	356	445	418	391	360
185	500	470	440	405	515	484	453	416
240	610	574	536	494	610	574	536	494
300	680	640	597	550	700	658	615	566

裸铜绞线的允许载流量见表 5-3。

表 5-3　　　　裸铜绞线的允许载流量（70℃，A）

截面积（mm^2）	TJ 型（室内）				TJ 型（室外）			
	25℃	30℃	35℃	40℃	25℃	30℃	35℃	40℃
4	25	24	22	20	50	47	44	41
6	35	33	31	28	70	66	62	57
10	60	56	53	49	95	89	84	77
16	100	94	88	81	130	122	114	105
25	140	132	123	104	180	169	158	146
35	175	165	154	143	220	207	194	178

续表

截面积（mm^2）	TJ 型（室内）				TJ 型（室外）			
	25℃	30℃	35℃	40℃	25℃	30℃	35℃	40℃
50	220	207	194	178	270	254	238	219
70	280	263	246	227	340	320	300	276
95	340	320	299	276	415	390	365	336
120	405	380	356	328	485	456	426	393
150	480	451	422	389	570	536	501	461
185	550	516	484	445	645	606	567	522
240	650	610	571	526	770	724	678	624
300	—	—	—	—	890	835	783	720

253. 架空线路电压损失

口诀

架空铝绞线输电，电压损失要估算；
电源电压偏差值，不宜超过 5%。
输送距离、电流积，除以导线截面积；
结果再乘 0.6，万伏压损可得出。
压损估算要注意，输送距离千米计；
截面毫方电流安，不同单位记心间。
低压线路虽复杂，电压损失也能算；
导线长度、电流积，除以导线截面积。
结果还需乘系数，系数依据线路定；
三相供电取 12，单相供电 26。
电阻负载为基准，感性负载须提高；
功率因数 0.8，根据截面把数加。

10平以下可忽略，大于10平再增加；
两种规格为一组，每组0.2往上加。
以上算法为铝线，铜线数值也好办；
两种导线同截面，铝线数值6折算。

知识要点

架空线路的电压损失不能太大，不能影响用电设备的正常工作。在使用裸铝绞线输配电时，线路引起的电压损失一般不应超过5%。

架空线路电压损失的大小，可以根据输送距离、线路电流及导线截面积进行估算。

10kV高压架空线路，用输送距离（km）乘以负荷电流（A），除以导线截面积（mm^2）后，再乘以系数0.6，所得结果即为电压损失（%），即$U\%=0.6IL/S$。例如，现有一条长度为10km的高压10kV输电线路，所用导线为50mm^2钢芯铝绞线。当线路电流为30A时，线路电压损失约为$U\%=(0.6\times10\times30)/50=3.6\%$。

0.4kV低压架空线路，用导线长度（L，m）乘以负荷电流（I，A），除以导线截面积（S，mm^2）后，再根据是单相供电，还是三相供电，分别乘以不同系数，所得结果即为电压损失（%）。如果是三相供电，系数取12，即$U\%=12IL/S$；如果是单相供电，系数则取26，即$U\%=26IL/S$。

如果是感性负荷，功率因数取0.8，再根据导线截面积的大小逐级增加0.2倍的电压损失。10mm^2及以下的导线，可以不增加；16、25按0.2倍增加；35、50mm^2按0.4倍增加；70、95mm^2按0.6倍增加……

如果是铜导线，则电压损失可以在同截面铝导线数值的基础上乘以0.6。

254. 低压架空线路正常负荷电流

口诀

低压架空铝绞线，负荷电流可估算；
最小截面16平，80左右校核算。
25平为100，每上一挡加50；
最大截面300平，负荷电流550。
若用铜线输配电，负荷电流升级算；
最大截面300平，负荷电流700安。

知识要点

低压架空线路的负荷电流并非越大越好。负荷电流越大，线路的电压损失和电能损耗越大，也会影响线路的正常运行和使用寿命。架空线路的负荷电流应当控制在正常范围内。

最小截面积为16mm^{2}的低压架空铝绞线，正常负荷电流宜控制在80A左右；截面积为25mm^{2}的低压架空铝绞线，正常负荷电流宜控制在100A左右；截面积为35mm^{2}的低压架空铝绞线，正常负荷电流宜控制在150A左右；截面积为50mm^{2}的低压架空铝绞线，正常负荷电流宜控制在200A左右；截面积为70mm^{2}的低压架空铝绞线，正常负荷电流宜控制在250A左右；截面积为95mm^{2}的低压架空铝绞线，正常负荷电流宜控制在300A左右；截面积为120mm^{2}的低压架空铝绞线，正常负荷电流宜控制在350A左右；截面积为150mm^{2}的低压架空铝绞线，正常负荷电流宜控制在400A左右……截面积为300mm^{2}的低压架空铝绞线，正常负荷电流宜控制在550A左右。

如果低压架空导线为铜绞线，则正常负荷电流可以按照截面积大一个规格的铝绞线进行估算。截面积为300mm^{2}的低压架空铜绞线，正常负荷电流宜控制在700A左右。

255. 低压架空线路相线截面积

口诀

低压架空铝绞线，相线截面怎样选？
输电负荷乘距离，再乘系数算一算。
三相负荷乘以 4，单相要乘 24；
机械强度须满足，16 以下不宜选。
最大截面 300 平，单根不够两根并；
若用铜线输配电，铝线数值 6 折算。

知识要点

低压架空线路相线的截面积，可以根据负荷矩进行选择。负荷矩是指输电负荷（kW）与输送距离（km）的乘积。

对于三相输电线路，输电负荷应为三相的总负荷，每根相线的截面积不小于 4 倍的负荷距；对于单相输电线路，每根相线的截面积不小于 24 倍的负荷距。

低压架空线路还必须满足机械强度要求，相线最小截面积不能小于 $16mm^2$（钢芯铝绞线或铜绞线）。对于 $16mm^2$ 的低压架空铝绞线，其三相最大负荷矩约为 4kW· km，其单相最大负荷矩约为 0.6kW·km。

低压架空线路，单根相线截面积不宜超过 $300mm^2$。如果单根相线截面积不能满足负荷电流要求，可以选择将两根相同截面积的相线并接在一起。

如果架空线路为铜导线，则可以在上述铝导线数值的基础上，乘以 0.6 或者将截面积规格减小一级。

256. 低压架空线路中性线截面积

三相四线输配电，导线截面如何选；

口诀

依据负荷选相线，零线截面看相线。
相线截面分两段，70、35 为界限；
70 为铝、35 铜，小于相等、大一半。

知识要点

低压架空线路通常采用三相四线（三根相线和一根中性线）制供电。相线的截面积应根据负荷电流的大小进行选择，中性线的最小截面积要根据同线路相线的截面积来决定。

通常中性线截面积以相线截面积为 70mm^2 的铝绞线和 35mm^2 的铜绞线为界限来分段选择。在界限截面积以下时，中性线截面积应与相线截面积相同；在界限截面积及以上时，中性线截面积可以按照相线截面积的 50%选择。

257. 低压母线排列顺序

口诀

配电柜内排母线，A、B、C、N 细分辨；
面对柜门认方向，上下、左右、后和前。
A、B、C、N 依次排，先 A、后 N 不能变；
水平排列左、中、右，N 线放在最右边。
垂直排列上、中、下，N 线放在最下面；
前后排列远、中、近，N 线放在最近端。

知识要点

低压配电柜共用母线的相序排列是有规定的，必须按照自上而下、从左到右、从后向前的顺序进行排列。也就是说，母线水平排列时，从左到右或从里到外相别依次为 A、B、C、N；母线垂直排列时，从上到下相别依次为A、B、C、N；母线前后排列时，从远到近相别依次为A、B、C、N。

A、B、C、N母线应分别采用黄、绿、红、黑四种颜色进行区分。零母线（N）必须在靠近人员活动的方向上。

258. 电力电缆种类

口诀

电力电缆种类多，分类方法有区别；
常见分法有两种，依据电压和芯数。
电压等级有界定，11万以上为高压；
千伏以下为低压，6至35千为中压。
导线芯数有五种，一至五芯供选择；
铜芯、铝芯要区分，依据情况来确定。
绝缘材料有多种，常用塑料和橡胶；
塑料又有两类型，聚氯乙烯、聚乙烯。
导线截面规格多，最大可达2000平；
结构特征有差别，适用场合别搞错。

知识要点

电力电缆多用于电力线路的两端，作为架空线路之间或者架空线路与变配电站设备之间的过渡连接，也有的整条电力线路全部采用电力电缆。

电力电缆有很多种类，分类方法也不相同。按照使用电压高低，常用电力电缆分高压（110kV及以上）电力电缆、中压（6～35kV）电力电缆和低压（1kV及以下）电力电缆三种；按照导线芯数多少，常用电力电缆有单芯、两芯、三芯、四芯和五芯电力电缆之分；按照导线材料不同，常用电力电缆有铜芯电力电缆和铝芯电力电缆等；

按照绝缘材料不同，常用电力电缆有聚氯乙烯绝缘、聚乙烯绝缘和橡胶绝缘等。

电力电缆导线的截面积也有很多规格，最小截面积为 $2.5mm^2$，最大截面积可以达到 $2000mm^2$。电力电缆的内护层、外护层及结构特点也有不同差别，使用时应当根据场所要求进行选择。

259. 电力电缆安装要求

口诀

电力电缆要安装，敷设方式可多种；
架空、埋地或穿管，沟道、管井或桥架。
敷设方式有差异，电缆类型选合适；
普通电缆不受力，铠装电缆防外力。
敷设环境要注意，远离各种危险源；
多条电缆同敷设，平行排列忌绞缠。
电缆选型两要素，电源、负荷都满足；
电压高低由电源，截面大小依负荷。
四芯、五芯要区分，配电制式有要求；
电缆长度留备用，中间不宜有接头。
两根电缆并联用，型号规格须相同；
弯曲半径不能小，外径 10 至 25 倍。

知识要点

电力电缆安装的敷设方式有架空、埋地、穿管、沟道、管井和桥架等多种。根据不同的敷设方式，要选用不同类型的电力电缆。

常用的普通型电力电缆，不能很好地抵抗机械力的作用，敷设时要注意防止自身重量或外来机械力的影响。带铠装层的电力电缆防护性较好，可以承受一定的外来机械力。

敷设电力电缆时，应当远离各种危险源（高温、湿热、易燃、易爆），必要时要采取隔离封闭措施。多条电力电缆同沟道、同管井、同桥架敷设时，应当平行排列，不能相互交叉或缠绕。

选择电力电缆必须满足两个要素，一个是电源电压，一个是负荷电流。电力电缆的芯数，要根据配电方式确定，三相四线制配电方式选择四芯电力电缆即可，三相五线制配电方式必须选择五芯电力电缆。

每条电缆线路应采用整根电力电缆，避免用中间接头连接。每条电缆线路两端要留够足够的备用长度（0.5%～1%），以备电缆头损坏重新制作后继续使用。

两根电缆并联在一起使用时，电缆的型号规格必须完全相同。敷设电力电缆时应尽量减少路径弯曲，电缆的弯曲半径应控制在外径的 10～25 倍之间。

260. 电力电缆直埋敷设

口诀

电缆敷设选直埋，铠装、防腐性能好；
电缆沟底要平实，深度不小 700 毫。
沟底垫铺沙土层，厚度不少 10 公分；
电缆埋入沙土中，上面加盖保护板。
敷设路径仔细看，远离各种危险源；
回填土层要夯实，地面埋桩设标记。
电缆经过农田处，埋设深度大 1 米；
电缆穿越障碍物，套装钢管做保护。

知识要点

电力电缆直埋（直接埋地）是常用的敷设方式。

直埋的电力电缆，应当选择带有铠装层或具有防腐性能的电力电缆。电缆沟的深度不能小于700mm，沟底要平整夯实。

电缆沟底要铺垫厚度不少于100mm的沙土层，并将电缆埋入沙土层中，再在沙土层上面盖上砖块或敷设保护板。

电力电缆的埋地敷设通道应当安全通畅，远离各种危险物，禁止经过危险土层区域。回填电缆沟时，忌用土块、水泥块、石块或者建筑垃圾等回填，要用细砂土粒回填夯实，并且要在电缆走道处埋设电缆标示桩。

电缆经过农田时，埋设深度不能小于1m。电缆在穿越道路、铁路、走廊及各种障碍物时，必须套装钢管进行保护，避免遭受外力损坏。

电力电缆直接埋地敷设如图5-3所示。

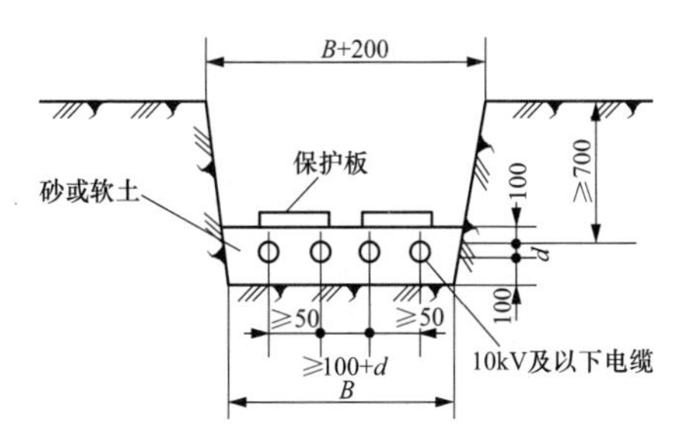

图5-3　电力电缆直接埋地敷设示意图

261. 电力电缆穿管敷设

口诀

电力电缆要穿管，套管内径选合适；
电缆外径是依据，2.5倍最小值。
单芯电缆穿管时，相线、零线莫分离；
多芯电缆穿管时，电缆、套管一对一。
多根电缆并联用，单独穿管相适宜；

三相芯线分开用，严禁三相并一起。
套管切割要注意，管口毛刺需处理；
穿前可用滑石粉，穿后管口做封闭。

知识要点

电力电缆穿管敷设，套管的内径不能太小，至少要以电缆外径的 2.5 倍进行选取。

单芯电缆穿管敷设时，必须将中性线与相线一起穿在同一套管内，不能分开；多芯电缆穿管敷设时，只能一根电缆穿一个套管，不许多根电缆共用一个套管。

两根或多根多芯电缆需要并联在一起使用时，每根电缆必须单独穿管敷设；两根电缆的芯线要分别按照相别并联在一起，严禁将同一根多芯电缆的芯线并联在一起当作单芯电缆使用。

电缆套管在切割时要注意，管口的断面必须光滑、无毛刺；在电缆穿管前，可以在电缆的进口端涂上滑石粉以减小穿管时的摩擦阻力；电缆穿管后，应对套管的管口进行封闭处理，防止雨水或其他异物落入套管内。

262. 电力电缆架空敷设

口诀

电缆架空要慎重，锌钢绞线吊挂用；
绞线截面有规定，依据电缆质量定。
电缆千米 2 吨下，绞线最小 35；
电缆千米超 2 吨，绞线最小须 50。
电缆固定有两种，挂钩拖挂或绑扎；
最大间距有要求，铠缆 1 米、普点 6。

电缆通过建筑物，需装支架来加固；
电缆支架应平正，间距均匀排列齐。
电缆跨越街、道路，高度不低5.5；
跨越铁路、高速处，最低高度7.5。

知识要点

电力电缆采取架空敷设方式要慎重考虑，必须配备专用的镀锌钢绞线悬挂。选择镀锌钢绞线非常重要，其截面积大小要依据电力电缆的质量来确定。

如果电力电缆的质量小于2000kg/km，镀锌钢绞线的截面积不能小于35mm^2；如果电力电缆的质量在2000kg/km及以上，镀锌钢绞线的截面积不能小于50mm^2。

电力电缆在钢绞线上有挂钩拖挂和铁丝绑扎两种固定方法；两个相邻固定点之间的间距不能大于1m（铠装电缆）或0.6m（普通电缆）。

电力电缆在经过建筑物时，必须安装支架对电缆进行固定；支架安装要平正、牢靠，排列整齐、间距均匀。

电力电缆架空敷设，在跨越街道、乡道等普通道路时，距离地面的高度一般不能低于5.5m；在跨越铁路、高速公路等重要交通路线时，距离地面的高度一般不能低于7.5m。有特殊要求者，则必须满足。

263. 电力电缆沟道敷设

口诀

电缆敷设沟道内，防水、防火有措施；
进出口处密封严，照明、通风配备全。

沟道通过建筑物，防火墙、门不能缺；
电缆采用阻燃型，远离危险介质管。
沟道内部设支架，电力、控制要分开；
沟道盖板强度够，人工搬动应方便。
进入沟道要小心，有害气体要检测；
通道敞开多晾晒，最好强制把气换。

知识要点

电力电缆在沟道或管井内敷设时，必须做好防水、防火安全措施，要对沟道或管井的电缆进出口处进行封堵处理；如果维修人员可以进入其中，则必须配备必要的照明和通风设备。

电缆沟道或管井通过建筑物时，必须设置防火墙，安装防火门；沟道或管井内敷设的电缆应尽量采用阻燃性电力电缆，并且要远离可燃、腐蚀及高温等危险介质管道。

电缆沟道或管井内，须按照要求安装固定支架，电缆要按照动力、照明、控制等功能分开敷设；沟道的盖板要有足够的强度，质量合适便于人工搬动。

作业人员需要进入电缆沟道或管井等密闭空间内，在进入前必须对里面的气体进行充分的空气置换，必要时可用氧气检测仪或有害气体检测仪进行测试。确认无问题后，作业人员方可进入。

264. 电力电缆室内明敷

口诀

电缆室内明敷设，相关要求莫忘却；
阻燃电缆必采用，不同电压要分开。
敷设高度有限值，水平、垂直有差异；
水平不低2米5，垂直不小1米8。

并列明敷有间距，15 公分要留足；
远离可燃、热力管，小于 1 米加隔板。
室内埋地或穿越，穿管保护不能缺；
腐蚀环境用电缆，防腐护套是关键。
燃爆场所要求严，铜芯电缆穿钢管；
不穿钢管若明敷，铜芯电缆选铠装。

知识要点

电力电缆在室内明敷时，必须符合相关规范要求。电力电缆必须采用阻燃型，并且要按照工作电压的高低分开敷设。

电力电缆在室内明敷有高度要求。水平敷设时，距地面高度不能小于 2.5m；垂直敷设时，距地面高度不能小于 1.8m。

电力电缆多根并列明敷时，相邻两根之间的间距不能小于 150mm；电力电缆应远离可燃、腐蚀、热力等介质管道，当间距不足 1m 时，必须加装隔板进行隔离。

电力电缆在室内地埋或者要穿越墙面时，必须加装金属保护套管；如果有腐蚀性介质存在，则必须做好电缆的防腐措施，并选择带有铠装层的电缆。

在易燃易爆场所敷设电力电缆，必须选择阻燃型铜芯电力电缆。室内明敷时，必须是带铠装层的铜芯电力电缆；如果穿金属管敷设，可以采用不带铠装层的普通铜芯电力电缆。严禁在易燃易爆场所使用铝芯电力电缆。

265. 低压电力电缆载流量

口诀

低压电缆供配电，三相四芯老习惯；
导线截面有很多，载流大小有差别。

常用四芯铝电缆，50 平方按百算；
50 以下、减 20，50 以上、加 30。
换做四芯铜电缆，参考铝缆来估算；
截面规格升一级，载流大小也可知。
载流按照明敷估，其他方式做调整；
埋地、穿管温度高，估算数值 8、9 折。

知识要点

过去常用的低压配电方式为三相四线制，也多采用四芯低压电力电缆。随着供配电安全性要求越来越高，采用五芯低压电力电缆的三相五线制配电方式也越来越普遍。电缆导线的截面积规格有十余种之多，所允许的负荷电流（载流量）有大有小。

低压电力电缆的载流量可以根据电缆导线截面积的大小进行估算。以四芯、铝导线低压电缆为例，$50mm^2$ 的低压电缆，载流量可按照 100A 估算；35、25、$16mm^2$ 的低压电缆，载流量可分别按照 80、60、40A 估算；70、95、120、150、185、240、$300mm^2$ 的低压电缆，载流量可分别按照 130、160、190、220、250、280、310A 估算。

如果换做四芯、铜导线低压电缆，其载流量可以按照截面积规格增大一级后的四芯、铝导线低压电缆进行估算。也就是说，$16mm^2$ 四芯、铜导线低压电缆，载流量可以按照 $25mm^2$ 的四芯、铝导线低压电缆进行估算，$25mm^2$ 四芯、铜导线低压电缆，载流量可以按照 $35mm^2$ 的四芯、铝导线低压电缆进行估算，以此类推。

低压电力电缆埋地敷设时，其载流量在估算值的基础上再乘以 0.8；穿管敷设或者环境温度超过 40℃时，其载流量在估算值的基础上再乘以 0.9。

五芯低压电力电缆的载流量，可以参考或等同四芯低压电力电缆进行估算。

0.6/1kV 聚氯乙烯绝缘及护套电力电缆明敷时的载流量见表 5-4。

0.6/1kV 交联聚乙烯绝缘及护套电力电缆明敷时的载流量见表 5-5。

表 5-4　0.6/1kV 聚氯乙烯绝缘及护套电力电缆明敷时的载流量（70℃，A）

主线芯 (mm²)	中性线 (mm²)	VLV（三芯）				VV（三芯）			
		25℃	30℃	35℃	40℃	25℃	30℃	35℃	40℃
1.5	—	—	—	—	—	20	18	17	16
2.5	—	20	19	18	17	27	25	24	22
4	4	28	26	24	23	36	34	32	30
6	6	35	33	31	29	46	43	40	37
10	10	49	46	43	40	64	60	56	52
16	16	65	61	57	53	85	80	75	70
25	25/16	83	78	73	68	107	101	95	88
35	25/16	102	96	90	84	134	126	118	110
50	25	124	117	110	102	162	153	144	133
70	35	159	150	141	131	208	196	184	171
95	50	194	183	172	159	252	238	224	207
120	70	225	212	199	184	293	276	259	240
150	70	260	245	230	213	338	319	300	278
185	95	297	280	263	244	386	364	342	317
240	120	350	330	310	287	456	430	404	374
300	150	404	381	358	331	527	497	467	432

表 5-5　0.6/1kV 交联聚乙烯绝缘及护套电力电缆明敷时的载流量（90℃，A）

主线芯 (mm²)	中性线 (mm²)	YJLV（三芯）				YJV（三芯）			
		25℃	30℃	35℃	40℃	25℃	30℃	35℃	40℃
1.5	—	—	—	—	—	24	23	22	21
2.5	—	25	24	23	22	33	32	29	29
4	4	33	32	31	26	44	42	40	38

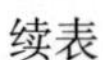

续表

主线芯（mm^2）	中性线（mm^2）	YJLV（三芯）				YJV（三芯）			
		25℃	30℃	35℃	40℃	25℃	30℃	35℃	40℃
6	6	43	42	40	38	56	54	52	49
10	10	60	58	56	53	78	75	72	68
16	16	80	77	74	70	104	100	96	91
25	25/16	101	97	93	88	132	127	122	116
35	25/16	125	120	115	109	164	158	152	144
50	25	152	146	140	133	210	192	184	175
70	35	194	187	180	170	269	246	236	224
95	50	236	227	218	207	326	298	286	271
120	70	274	263	252	239	378	346	332	315
150	70	316	304	292	277	436	399	383	363
185	95	361	347	333	316	498	456	438	415
240	120	425	409	393	372	588	538	516	490
300	150	490	471	452	429	678	621	596	565

266. 高压电力电缆载流量

口诀

高压电缆绝缘好，载流要比低缆高；
50、三芯铝电缆，载流大约150安。
50以下减30，50以上加40；
铜芯截面升一级，参考铝芯可估算。
电缆明敷载流大，其他方式载流小；
直埋、穿管温度高，点7、点8来折算。

知识要点

高压电力电缆与低压电力电缆相比较，其绝缘性能要好得多，所以载流量相应就要高一些。

高压电力电缆的载流量也可以根据电缆导线截面积的大小进行估算。以三芯、铝导线高压电缆为例，$50mm^2$ 的高压电缆，载流量可按照 150A 估算；35、25、$16mm^2$ 的高压电缆，载流量可分别按照 120、90、60A 估算；70、95、120、150、185、240、$300mm^2$ 的高压电缆，载流量可分别按照 190、230、270、310、350、390、430A 估算。

如果换作三芯、铜导线高压电缆，其载流量可以按照截面积规格增大一级后的三芯、铝导线高压电缆进行估算。也就是说，$16mm^2$ 三芯、铜导线高压电缆，载流量可以按照 $25mm^2$ 的三芯、铝导线高压电缆进行估算，$25mm^2$ 三芯、铜导线高压电缆，载流量可以按照 $35mm^2$ 的三芯、铝导线高压电缆进行估算，以此类推。

高压电力电缆埋地敷设时，其载流量在估算值的基础上再乘以 0.7；穿管敷设或者环境温度超过 40℃时，其载流量在估算值的基础上再乘以 0.8。

6～35kV 交联聚乙烯绝缘及护套电缆明敷时的载流量见表 5-6。

表 5-6　6～35kV 交联聚乙烯绝缘及护套电缆明敷时的载流量（90℃，A）

截面积（mm^2）	YJLV（三芯）			YJV（三芯）		
	25℃	30℃	35℃	25℃	30℃	35℃
35	131	126	121	173	166	159
50	159	153	147	210	202	194
70	204	196	188	265	255	245
95	248	238	228	322	310	298
120	287	276	265	369	355	341
150	322	310	298	422	406	390
185	370	356	342	480	462	444
240	436	419	402	567	545	523
300	499	480	461	660	635	610
400	558	537	516	742	713	684

6～35kV 交联聚乙烯绝缘及护套电缆埋地敷设时的载流量见表 5-7。

表 5-7　6～35kV 交联聚乙烯绝缘及护套电缆埋地敷设时的载流量（90℃，A）

截面积（mm^2）	YJLV（三芯）			YJV（三芯）		
	20℃	25℃	30℃	20℃	25℃	30℃
35	100	96	93	129	124	120
50	120	115	111	153	147	142
70	148	142	138	190	182	176
95	177	170	165	224	215	208
120	202	194	188	255	245	237
150	227	218	211	289	277	268
185	255	245	237	323	310	300
240	294	282	273	375	360	249
300	331	318	308	425	408	395
400	354	340	329	463	444	430

267. 绝缘电线种类

口诀

常用塑料绝缘线，铜芯、铝芯要分辨；
硬质、软质有差别，根据情况来选择。
铜芯要比铝芯优，燃、爆场所必采用；
软质要比硬质好，多股要比单股强。
绝缘电线有规格，标称截面有序列；
最小截面有限值，2.5 铝、铜为 1。

知识要点

常用的绝缘电线既有铝芯线和铜芯线之分、也有硬线和软线之分，可以根据适用场所进行选择。

铜芯线的导电性能比铝芯线要好，易燃易爆危险场所必须采用铜芯线；软线（多股线）的机械性能比硬线（单股线）好，配电盘内的配线应采用多股软铜线。

绝缘线的规格也是按照线芯的截面积来划分的。绝缘电线的标称截面积有1.0、1.5、2.5、4.0、6.0、10、16、25、35、50、70、95、120、150mm^2等规格。

铝线的最小截面积为2.5mm^2，铜线的最小截面积为1.0mm^2。

268. 绝缘电线穿管敷设

口诀

绝缘电线要穿管，敷设方式分明、暗；
建筑物内、顶棚里，明敷可用金属管。
埋地、暗敷要注意，厚壁钢管须选择；
普通环境选明敷，可以采用薄壁管。
特殊场所敷设时，钢管端口须封密；
腐蚀环境选明敷，优先选用硬塑管。
穿管明敷要美观，横平竖直合规范；
线路走向要明辨，避让基础少绕弯。

知识要点

绝缘电线必须穿管敷设，明敷或者暗敷，穿金属管或者穿PVC管，可依据情况进行选择。

在建筑物顶棚内明敷时，穿线管宜选用金属管；埋地或暗敷时，穿线管必须选择厚壁金属管。在普通环境内可以明敷，也可以使用薄壁金属管。

在特殊场所（潮湿、粉尘、火灾或爆炸）敷设时，必须对穿线管的两端管口进行密封处理。在腐蚀性环境宜选择明敷，并采用硬质PVC管。

无论是穿管明敷，还是穿管暗敷，穿线管应按照规范要求进行选择和安装，尽量做到横平竖直、美观耐用，做到线路短捷、避让基础、减少拐弯。

269. 绝缘电线穿线管要求

口诀

绝缘电线穿线管，管壁、管径合规范；
薄厚钢管硬塑管，根据环境来做选。
内径最小为15，截面预留1/3；
管壁厚度要足够，不能小于要求值。
薄壁钢管1.5，普通场所可明配；
厚壁钢管2.5，特殊场所或暗配。
硬塑料管防腐蚀，壁厚明2或暗3；
易燃易爆场所内，硬塑料管要禁忌。
钢管连接做丝扣，塑管连接套或焊；
弯曲半径不能小，明配6倍、暗配10。
明管固定用管卡，最大间距不能超；
限距要随管径变，钢管、塑管也不同。
厚管50、两米五，50以上三米五；
25、40、两米整，25以下一米五。
薄管40及以上，最大间距为两米；
25、32、一米五，25以下整一米。
钢管要比塑管强，水平、垂直限距同；
塑管限距分两种，水平、垂直不相同。

水平限距值变小，25 以下、点八米；
25、40、一米二，40 以上一米五。
垂直限距有三值，25 以下为一米；
25、40、一米五，40 以上整两米。

知识要点

绝缘电线保护用穿线管，必须满足线路正常工作需要，确保线路安全运行。穿线管壁厚和内径有大有小，材质也有区别，要依据绝缘电线的截面积、根数及使用场所等情况进行选择。

穿线管的壁厚和内径要满足要求，穿线管的内径不得小于15mm，管内预留截面积不能小于1/3。薄壁钢管（适用于普通环境明敷）的壁厚不能小于1.5mm，厚壁钢管（适用于特殊环境或暗敷）的壁厚不能小于2.5mm。硬质塑料管（适用于腐蚀环境）明敷时壁厚不能小于2.0mm，暗敷时壁厚不能小于3.0mm。在易燃易爆环境内，严禁使用硬质塑料穿线管，必须使用厚壁钢管。

穿线管之间的连接和弯曲半径也要满足要求。钢管之间的连接要采用丝扣连接，硬塑管之间的连接必须采用套管黏结或焊接。穿线管明敷时，弯曲半径不能小于管径的6倍；穿线管暗敷时，弯曲半径不能小于管径的10倍。

钢管明敷时应采用专用管卡进行固定，固定间距不能大于允许值。内径25mm及以下、40、50、50mm以上的厚壁管，最大固定间距分别为1.5、2.0、2.5、3.5m；内径25mm以下、25～32mm、40mm及以上的薄壁管，最大固定间距分别为1.0、1.5、2.0m。

硬塑管明敷时也应采用专用管卡进行固定，固定间距也不能大于允许值。水平明敷时，内径25mm以下、25～40mm、40mm以上的硬塑管，最大固定间距分别为0.8、1.2、1.5m；垂直明敷时，内径25mm以下、25～40mm、40mm以上的硬塑管，最大固定间距分别为1.0、1.5、2.0m。

穿线管管卡固定点最大限距见表5-8。

表 5-8　　穿线管管卡固定点最大限距（m）

管卡种类		管径（公称直径，mm）				
		15～20	25～32	40	50	63～100
钢管		1.5	2.0		2.5	3.5
电线管		1.0	1.5	2.0		—
硬塑料管	水平	0.8	1.2		1.5	
	垂直	1.0	1.5		2.0	

270. 绝缘电线穿线管内径选择

20 穿 4、6，25 只穿 10；

40 穿 35，一、二轮流数。

知识要点

绝缘电线穿线管内径的选择，必须满足在穿入线芯后其内部预留截面积不小于1/3的要求。

口诀以三根绝缘电线穿入钢管为例，给出了不同内径的钢管所允许穿入绝缘电线的最大截面积，具体如下：

内径为20mm的钢管，允许穿入截面积$4mm^2$或$6mm^2$的三根绝缘电线；

内径为25mm的钢管，最大只能穿入截面积$10mm^2$的三根绝缘电线；

内径为40mm的钢管，最大只能穿入截面积$35mm^2$的三根绝缘电线。

口诀中“一、二轮流数”，隐含了以下内容：

内径为15mm的钢管，最大只能穿入截面积为$2.5mm^2$的三根绝缘电线；

内径为32mm的钢管，最大只能穿入截面积为$16mm^2$的三根绝缘电线；

内径为 50mm 的钢管，允许穿入截面积为 $50mm^2$ 或 $70mm^2$ 的三根绝缘电线；

内径为 70mm 的钢管，允许穿入截面积为 $95mm^2$ 或 $120mm^2$ 的三根绝缘电线；

内径为 80mm 的钢管，最大只能穿入截面积为 $150mm^2$ 的三根绝缘电线；

内径为 100mm 的钢管，最大只能穿入截面积为 $185mm^2$ 的三根绝缘电线。

如果需要同时穿入 4 根相同截面积的绝缘电线，则钢管的内径必须增大一个规格。

聚氯乙烯绝缘导线穿线管内径选择见表 5-9。

表 5-9　　聚氯乙烯绝缘导线穿线管内径选择

<table>
<tr><td rowspan="2">截面积（mm^2）</td><td>2 根</td><td>3 根</td><td>4 根</td></tr>
<tr><td colspan="3">管径（mm）</td></tr>
<tr><td>1.0</td><td colspan="3" rowspan="2">15</td></tr>
<tr><td>1.5</td></tr>
<tr><td>2.5</td><td colspan="2">15</td><td rowspan="2">20</td></tr>
<tr><td>4</td><td colspan="2" rowspan="2">20</td></tr>
<tr><td>6</td><td>25</td></tr>
<tr><td>10</td><td colspan="2">25</td><td>32</td></tr>
<tr><td>16</td><td colspan="3">32</td></tr>
<tr><td>25</td><td>32</td><td colspan="2">40</td></tr>
<tr><td>35</td><td colspan="2">40</td><td>50</td></tr>
<tr><td>50</td><td colspan="2" rowspan="2">50</td><td rowspan="2">70</td></tr>
<tr><td>70</td></tr>
<tr><td>95</td><td colspan="2" rowspan="2">70</td><td rowspan="2">80</td></tr>
<tr><td>120</td></tr>
<tr><td>150</td><td colspan="3">80</td></tr>
<tr><td>185</td><td colspan="2">80</td><td>100</td></tr>
</table>

271. 绝缘电线载流量

口诀

10 下五、100 上二，25、35，四、三界；
70、95，两倍半，穿管、温度 8、9 折；
裸线加一半，铜线升级算。

知识要点

绝缘电线的载流量与截面积有关，截面积越大，载流量越大。该口诀以铝芯绝缘电线为例，给出了载流量与截面积之间的大概倍数关系。

$10mm^2$ 及以下的铝芯绝缘线的载流量大约为截面积的 5 倍，即 $4mm^2$ 为 20A、$6mm^2$ 约为 30A、$10mm^2$ 约为 50A。

$100mm^2$ 及以上的铝芯绝缘线的载流量大约为截面积的 2 倍，即 $120mm^2$ 约为 240A、$150mm^2$ 约为 300A、$185mm^2$ 约为 370A……。

$25mm^2$ 的铝芯绝缘线的载流量大约为截面积的 4 倍，即 100A；$35mm^2$ 的铝芯绝缘线的载流量大约为截面积的 3 倍，即 105A。（16、$50mm^2$ 的铝芯绝缘线的载流量大约分别为截面积的 4.5 倍、2.5 倍，即 72、125A。）

70、$95mm^2$ 的铝芯绝缘线的载流量大约为截面积的 2.5 倍，即分别为 175、238A。

如果绝缘电线穿管敷设，其载流量在上述估算值的基础上乘以 0.8，如果敷设环境温度较高，其载流量在上述估算值的基础上乘以 0.9。

如果是裸铝线，其载流量在上述估算值的基础上乘以 1.5；如果是铜芯绝缘线，其载流量按照截面积规格加大一级后的铝芯绝缘线估算。

聚氯乙烯绝缘电线穿管敷设时的允许载流量见表 5-10。

表 5-10　聚氯乙烯绝缘电线穿管敷设时的允许载流量（70℃，A）

截面积（mm^2）	BLV（25℃）			BV（25℃）		
	2 根	3 根	4 根	2 根	3 根	4 根
1.0	—	—	—	—	—	—
1.5	—	—	—	19	17	15
2.5	20	17	16	25	22	20
4	27	23	21	34	30	27
6	34	30	27	43	38	34
10	47	41	37	60	53	48
16	64	56	51	81	72	65
25	84	74	67	107	94	85
35	103	91	82	133	117	105
50	125	110	100	160	142	128
70	159	141	125	204	181	163
95	192	171	154	246	219	197
120	223	197	177	285	253	228
150	—	—	—	325	293	261
185	—	—	—	374	331	296

272. 绝缘电线电压损失

口诀

压损根据“千瓦·米”，2.5 铝线 20—1；
截面增大、荷矩大，电压降低平方低。
三相四线、6 倍计，铜线乘上 1.7；
感抗负荷压损高，10 下截面影响小。
若以力率 0.8 计，10 上增加 0.2 至 1；
35 以上，7、5、3 折。

知识要点

绝缘电线的电压损失与其负荷矩（kW·m）有关系。当线路电源电压一定时，线路的负荷矩越大，其负载端的电压损失也越大。

该口诀以“2.5mm^{2}的铝芯线，单相220V，电阻性负载，每相20kW·m负荷矩的电压损失为1%”为基准数据，指出在电压损失为1%的基准下，负荷矩与截面积成正比、与电压的平方成反比。

当线路为三相四相制时，2.5mm^{2}的铝芯线电压损失1%的负荷矩为基准数据的6倍，即6×20=120kW·m（也就是说每120kW·m的负荷矩，其电压损失为1%）。如果是2.5mm^{2}的三相铜芯线，电压损失1%的负荷矩为基准数据的6×1.7=10.2倍，即10.2×20=204kW·m。对于感性负荷来说，电压损失要比电阻性负荷高一些，但对于10mm^{2}及以下的导线影响较小；对于10mm^{2}以上的导线，功率因数取0.8时，则在以上估算结果的基础上增加0.2～1，即再乘1.2～2。

如果25mm^{2}及以下铝芯线的电压损失必须符合5%的要求，那么35、50mm^{2}铝芯线的电压损失可控制在3.5%（5%的七折）以内，70、95mm^{2}铝芯线的电压损失可控制在2.5%（5%的五折）以内，120mm^{2}铝芯线的电压损失可控制在1.5%（5%的三折）以内。

当功率因数取0.8时，10kV、16mm^{2}三相线路铝芯线电压损失1%的负荷矩约为400kW·m；35kV、35mm^{2}三相线路铝芯线电压损失1%的负荷矩约为10000kW·m。其他线路可以参考以上两种情况按口诀进行估算。

绝缘电线的电压损失与很多因素有关，计算也较为复杂。计算公式如下

$$\Delta U\% = \frac{R_0 + X_0 \tan\varphi}{10U_N^2} PL\% = \Delta U_0\% PL$$

式中　R_0——三相线路每千米的电阻（Ω/km）；

X_0——三相线路每千米的电抗（Ω/km）；

$\tan\varphi$——功率因数角的正切值；

PL——负荷功率与传送距离的乘积，称为负荷矩（kW·km）；

U_N——额定电压（kV）；

$\Delta U_0\%$——1kW 功率通过 1km 三相线路电压损失百分数（可以通过查表获取）。

273. 绝缘电线股数与截面积

口诀

1—6、7—5、19—5，37 股过百数。

知识要点

该口诀指明了绝缘电线的股数与最大截面积之间的倍数关系。

单股线的最大截面积为 $1\times6=6mm^2$（包含 1、1.5、2.5、$4mm^2$），7 股线的最大截面积为 $7\times5=35mm^2$（包含 10、16、$25mm^2$），19 股线的最大截面积为 $19\times5=95mm^2$（包含 50、$70mm^2$）。由 37 股线的截面积在 $100mm^2$ 以上，最大为 $185mm^2$（包含 120、$150mm^2$）。

274. 电动机配线截面积

口诀

2.5 加三，4 加四，6 后加六，25、一五；120 导线配百数。

知识要点

该口诀给出了不同截面积的三相铝芯绝缘线穿管敷设时所允许带动电动机的最大功率数。

2.5mm² 三相铝芯线，允许电动机最大功率为 2.5+3=5.5kW；4mm² 三相铝芯线，允许电动机最大功率为 4+4=8kW(7.5kW)。

6、10、16mm² 三相铝芯线，允许电动机最大功率分别为 6+6=12kW(11kW)、10+6=16kW(15kW)、16+6=22kW。

25、35、50、70、95mm² 三相铝芯线，允许电动机最大功率分别为 25+5=30kW、35+5=40kW(37kW)、50+5=55kW、70+5=75kW、95+5=100kW(90kW)。

120mm² 三相铝芯线，允许电动机最大功率为 100kW。

如果是三相铜芯线，则按照截面积规格加大一级后的铝芯线考虑。如可将 2.5mm² 三相铜芯线看作是 4mm² 三相铝芯线，则允许电动机最大功率为 4+4=8kW(7.5kW)。

275. 母线安装要求

口诀

母线焊接要注意，焊接对口须一致；
裂纹、咬边不能用，冷却之后方可动。
螺栓连接很重要，两面接触须 5 道；
搭接长度为宽度，孔比螺栓大 1 毫。
接触表面研磨平，螺栓受力要均匀；
氧化表层应清理，涂抹中性凡士林。
母线弯曲尽量少，弯点距瓶 100 毫；
立弯、平弯、扭转弯，2.5 倍要记牢。
母排矫正应平直，钢锯切割较适宜；
排列接线要对称，整齐美观乃第一。

知识要点

母线（铝母或铜母）也叫母排（铝排或铜排），其制作和安装非常重要，必须符合相关要求。

母线的连接有两种方式：一种是焊接，一种是用螺栓连接。

焊接方式要求较高，必须由专业人员操作。焊接的两边对口必须平整一致，不能有裂纹或咬边，焊接完毕待冷却后方可移动。

采用螺栓连接时，两接触面须平滑，钻孔不能太大，比螺栓大1mm就可以，母线的搭接长度要大于其宽度，螺栓必须紧固，并且不能少于5个丝扣。

采用多个螺栓连接时，每个螺栓的紧固程度保持一致、受力要均匀。两个母线的接触面须清理掉氧化层，要研磨平滑，并涂抹上凡士林或导电膏。

母线制安应保持直线，减少弯曲，弯曲部位距离绝缘子不能小于100mm，弯曲半径不能小于其宽度的2.5倍。

对母线进行切割时，最好采用钢锯手工切割，避免高温影响。母线的排列及接线应保持对称性，做到整齐、美观和耐用。

276. 母线载流量估算

口诀

4—3、8—2，中—2半，
10厚以上1.8安；
铜排再乘1.3。

知识要点

不同规格的母线，所承受的负荷电流（载流量）不一样。该口诀给出了不同厚度的铝排，每mm^2所允许的大约载流量。

厚度4mm的铝排，每mm^2的载流量余约为3A；厚度8mm的铝排，每mm^2的载流量约为2A；厚度5～8mm的铝排，每mm^2的载流量约为2.5A；厚度10mm及以上的铝排，每mm^2的载流量为1.8A。

如果是铜排，在铝排估算数据的基础上再乘以1.3。

常用矩形截面母线的允许载流量见表5-11。

表 5-11　　矩形截面母线允许载流量（70℃，A）

规格 (mm)	LMY			TMY		
	25℃	30℃	35℃	25℃	30℃	35℃
20×3	215	202	189	275	258	242
30×4	365	343	321	475	447	418
40×4	480	451	422	625	587	550
40×5	540	507	475	700	658	616
50×5	665	625	585	860	808	757
50×6	740	695	651	955	897	840
60×6	870	817	765	1125	1060	990
80×6	1150	1080	1010	1480	1390	1305
100×6	1425	1340	1255	1810	1700	1590
60×8	1025	965	902	1320	1240	1160
80×8	1320	1240	1160	1690	1590	1490
100×8	1625	1530	1430	2080	1955	1830
60×10	1155	1085	1015	1475	1386	1300
80×10	—1480	—1390	—1305	1900	1785	1670
100×10	1820	1710	1600	2310	2170	2030

六、电气测量篇

277. 电气测量仪表分类

口诀

电测仪表种类多，分类方法也很多；
按照工作原理分，常用仪表六大系。
磁电、电磁和电动，静电、整流和感应；
每种仪表虽不同，电磁感应用其中。
仪表精度分七级，测量误差有大小；
0.1 级精度好，5.0 级精度糟。
电气测量很重要，日常工作常碰到；
仪表、方法要正确，专人测量有必要。

知识要点

电气测量仪表的分类方法有多种，仪表种类也很多。

按照工作原理不同分类，电气测量仪表有磁电系、电磁系、电动系、静电系、整流系和感应系六类仪表，其中都运用了电磁感应原理。

按照精度（准确度）等级分类，从高到低有 0.1、0.2、0.5、1.0、1.5、2.5 和 5.0 共七个等级。

电气测量工作比较重要，在实际工作中经常遇到。电气测量工作要由具有相应知识和技能的人员承担，一是测量仪表要选对，二是测量方法要正确。

电气测量仪表的标识符号见表 6-1。

表 6-1　电气测量仪表的标识符号

类别	名称	符号	类别	名称	符号
工作原理	磁电系	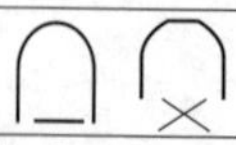	电流种类	直流	—
	电磁系	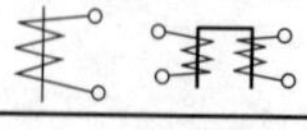		交流	～

续表

类别	名称	符号	类别	名称	符号
工作原理	电磁系	[symbol]	电流种类	直流和交流	∼
	电动系	[symbol]		具有单元件的三相平衡负载电流	≋
	感应系	[symbol]	准确度（1.5级）	用标度尺量限百分数表示	1.5
	静电系	[symbol]		用标度尺长度百分数	[symbol] 1.5
	整流系	[symbol]		用指示值百分数表示	 [symbol] 1.5
	热电系	[symbol]	端钮及调零器	接地端钮	[symbol]
工作位置	垂直	⊥		与外壳相连接的端钮	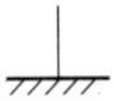 [symbol]
	水平	⊓		与屏蔽相连接的端钮	 [symbol]
	倾斜 60°	∠60°		调零器端钮	 [symbol]
绝缘强度	不进行耐压试验	[symbol] 0	外界条件	Ⅰ级防外磁场	 [symbol]
	2kV 试验电压	[symbol] 2		Ⅰ级防外电场	 [symbol]
端钮及调零器	正端钮	+		Ⅱ级防外磁场和外电场	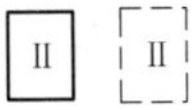 [symbol] Ⅱ [symbol] Ⅱ
	负端钮	−			
	公共端钮	[symbol]		Ⅲ级防外磁场和外电场	 [symbol] Ⅲ [symbol] Ⅲ

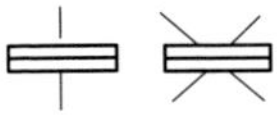

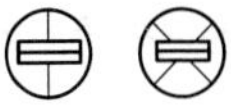

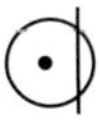

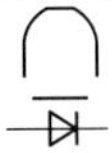

278. 电气测量仪表误差

口诀

电测仪表有误差，误差类型分三种；
绝对、相对和引用，表示方式不相同。
绝对误差较直观，指示、实际两值差；
相对误差百分比，绝对误差、实际比。
引用误差较科学，绝对误差、量程比；
引用误差最大值，俗称仪表准确度。

知识要点

任何一种电气测量仪表都存在测量误差，不可能做到100%准确。一般将仪表的测量误差划分为绝对误差、相对误差和引用误差三类，表示方式也不相同。

绝对误差（ΔX）是指仪表的指示值（X）与被测量的实际值（X_0）之间的差值，即$\Delta X = X - X_0$。绝对误差可正可负，它表示测量值偏离实际值的程度和方向。

相对误差（γ）是指绝对误差（ΔX）与实际值（X_0）之间的比值，用百分数表示，即$\gamma = \Delta X / X_0 \times 100\%$。相对误差的绝对值越小，表示测量的准确度越高。

引用误差（γ_m）也称满刻度误差，是指绝对误差（ΔX）与仪表最大量程值（X_m）之间的比值，也用百分数表示，即$\gamma_m = \Delta X / X_m$。引用误差可以用来比较大小不同的被测量之间的准确度。

电气测量仪表的准确度是指测量结果与实际值保持一致的程度，用仪表的最大引用误差表示，共分为0.1、0.2、0.5、1.0、1.5、2.5和5.0七个等级。

电气测量仪表的测量单位和符号见表6-2。

表 6-2　　电气测量仪表的测量单位和符号

类别	名称	符号	类别	名称	符号
电流	千安	kA	无功功率	兆乏	Mvar
	安培	A		千乏	kvar
	毫安	mA		乏	var
	微安	μA	功率因数	相位角	φ
电压	兆伏	MV		功率因数	$\cos\varphi$
	千伏	kV	电容	法拉	F
	伏特	V		微法	μF
	毫伏	mV		皮法	pF
	微伏	μV	电感	亨利	H
电阻	太欧	TΩ		毫亨	mH
	兆欧	MΩ		微亨	μH
	千欧	kΩ	频率	兆赫	MHz
	欧姆	Ω		千赫	kHz
	毫欧	mΩ		赫兹	Hz
	微欧	μΩ	电量	库仑	C
有功功率	兆瓦	MW	磁通量	毫韦伯	mWb
	千瓦	kW	磁通密度	毫特斯拉	mT
	瓦特	W	温度	摄氏度	℃

279. 磁电系测量仪表

口诀

磁电仪表精度高，永久磁铁装里面；
线圈通入直流电，受力带动指针转。
主要用来测直流，测量交流先整流；
无论电压和电流，携带仪表常采用。

知识要点

磁电系仪表主要由永久磁铁、转动线圈、转轴、游丝、指针和调零机构等构成，具有精确度、灵敏度高的特点。

当线圈中通入直流电流时，在永久磁铁作用下线圈带动指针发生偏转，当转动至与游丝反作用力相等的位置时，指针停留在某一确定位置，就可以从刻度盘上读出相应的数值。线圈偏转的角度与电流值的大小成正比，偏转角度越大，指针指示的数值也越大。

280. 电磁系测量仪表

口诀

电磁仪表零部件，线圈、铁芯是关键；
线圈固定铁芯转，直流交流均可检。
电磁仪表精度差，抗扰性能也不佳；
无论电压和电流，固定仪表多用它。

知识要点

电磁系仪表主要由固定线圈、转动铁芯、转轴、游丝、指针和调零机构等构成，具有精确度低、抗干扰能力差的特点。

当线圈中流过电流时，铁芯受到线圈磁场作用而磁化，并受到磁场力的作用带动指针偏转，由指针指示出被测量的数值。当电流方向改变时，磁场极性及铁芯磁化极性也随之改变，而铁芯的偏转方向不变。线圈电流越大，铁芯偏转角度越大，指针指示的数值也越大。

281. 电动系测量仪表

口诀

电动仪表有特点，固定、转动两线圈；
两个线圈同通电，转动线圈会偏转。
电动仪表精度高，交流、直流都适宜；
主要用来测功率，功率因数也用它。

知识要点

电动系仪表主要由固定线圈、转动线圈、转轴、游丝、指针和调零机构等构成，具有精确度高的特点。

当两个线圈中同时流入电流时，可转动线圈受到磁场作用力带动指针偏转。电流越大，线圈偏转角度越大，指针指示的数值也越大。当电流方向改变时，线圈的偏转方向不会发生改变。

282. 感应系测量仪表

口诀

感应仪表有特点，转动铝盘在里面；
磁铁线圈通入电，铝盘内部涡流显。
涡流受到磁场力，铝盘转动把数计；
感应仪表应用单，只把交流电能检。

知识要点

感应系仪表主要由开口电磁铁、永久磁铁、转动铝盘、转轴及计数器等构成。

当电磁铁线圈中流过交流电流时，铝盘里会产生涡流并受到磁场作用力而转动，并带动计数器计数。铝盘转动时会受到永久磁铁的反作用力。

感应系仪表的用途比较单一，主要用于交流电能的测量。

283. 电流测量

口诀

电流测量用电流表，计量单位有三种；
安培、毫安和微安，测量量程有标注。
电流表类型要清楚，直流、交流或两用；
测量线路要断开，电流表串入线路中。
测量直流需注意，正、负极性看仔细；
正连正来、负接负，分流器端钮莫弄反。
被测电流有大小，电流较小表直连；
电流太大莫嫌烦，电流互感器连在先。
电流表内阻非常小，测量莫把量程超；
电流大小不能估，最大量程先试测。

知识要点

电流的测量需要用电流表。被测电流有大小，电流表的测量单位和量程也有区别。按照计量单位划分，常用的电流表有安培（A）、毫安（mA）和微安（μA）三种。

测量电流时，首先要清楚被测电流是交流、还是直流，以便选择合适的电流表。测量直流电流时，应采用磁电系电流表；测量交流电流时，应采用电磁系电流表。其次必须断开被测线路，将电流表串联至线路之中（钳形电流表除外）。

测量直流电流时，需要分清电源的正、负极。电流表的正极要接在电源的正极端，负极要接在电源的负极端。如果电流表自带分流器，分流器的正负端钮也必须连接正确。

测量交流电流时，被测电流值较小（在电流表量程范围内），可以用电流表直接测量；如果被测电流值较大（超过电流表最大量程），应通过电流互感器用电流表间接测量。

电流表的内阻非常小，必须与负载串联后接入线路。根据被测电流值的大小，选择合适的量程。如果不能判断被测电流值的大小，最好选取量程大一点的电流表先试测后，再选择量程适宜的电流表正式测量。

直流电流测量如图 6-1 所示。

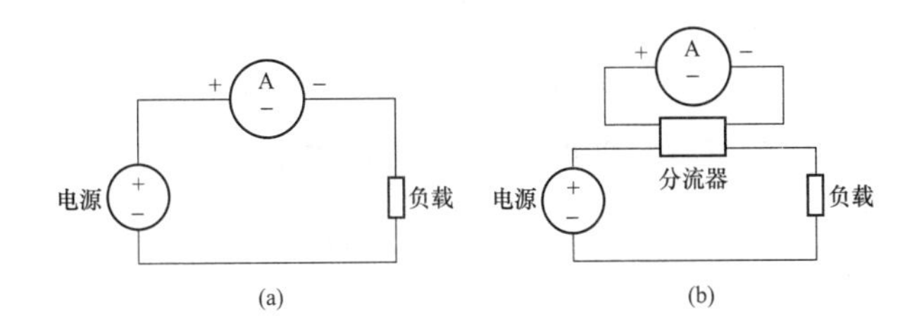

图 6-1　直流电流测量

（a）直流电流表直接接入；（b）直流电流表经分流器接入

交流电流测量如图 6-2 所示。

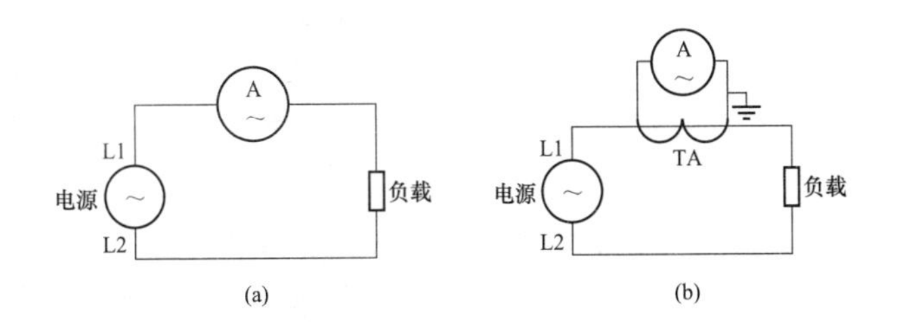

图 6-2　交流电流测量

（a）交流电流表直接接入；（b）交流电流表经互感器器接入

284. 电 压 测 量

口诀

电压测量用电压表，计量单位有两种；
伏特、毫伏好区分，测量量程有标注。
电压表类型要清楚，直流、交流或两用；
测量线路不必断，电压表并联线路端。
测量直流需注意，正、负极性看仔细；
正连正来、负接负，分压器端钮莫弄反。
被测电压有高低，电压较低表直连；
电压太高莫嫌烦，电压互感器连在先。
电压表内阻非常大，测量莫把量程超；
电压高低不清楚，最大量程先试测。

知识要点

电压的测量需要用电压表。被测电压有高有低，电压表的测量单位和量程也有区别。按照计量单位划分，常用的电压表有伏特（V）和毫伏（mV）两种。

测量电压时，首先要清楚被测电压是交流、还是直流，以便选择合适的电压表。测量直流电压时，应采用磁电系电压表；测量交流电压时，应采用电磁系电压表。其次必须将电压表并联至被测线路两端。

测量直流电压时，需要分清电源的正、负极。电压表的正极要接在电源的正极端，负极要接在电源的负极端。如果电压表自带分压器，分压器的正、负端钮也必须连接正确。

测量交流电压时，被测电压值较低（在电压表量程范围内），可以用电压表直接测量；如果被测电压值较高（超过电压表最大量程)，应通过电压互感器用电压表间接测量。

电压表的内阻非常大，必须并联在被测线路两端。根据被测电压值的高低，选择合适的量程。如果不能判断被测电压值的高低，最好选取量程大一点的电压表先试测后，再选择量程适宜的电压表正式测量。

直流电压测量如图 6-3 所示。

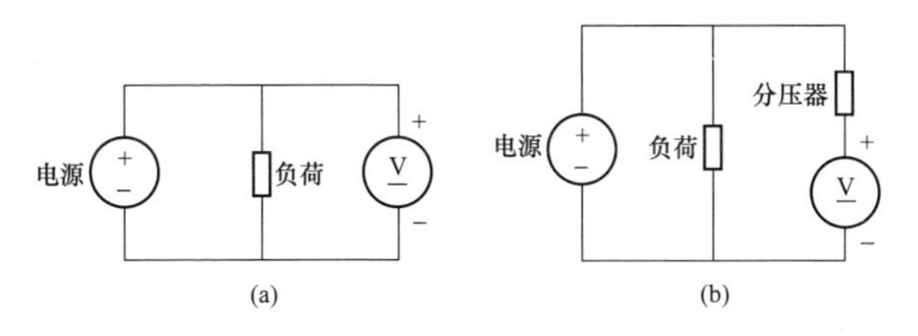

图 6-3　直流电压测量

(a) 直流电压表直接接入；(b) 直流电压表经分压器接入

交流电压测量如图 6-4 所示。

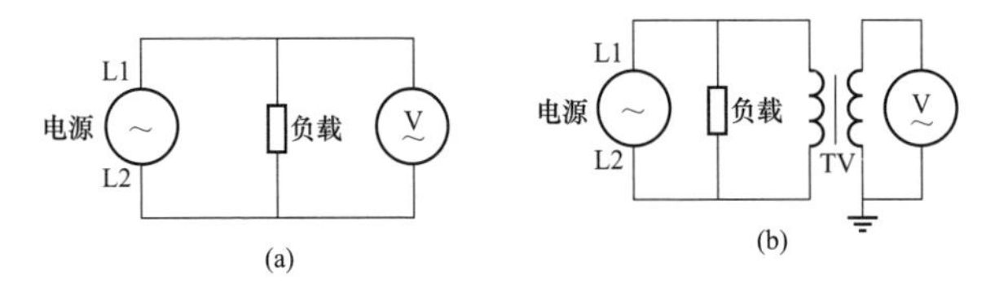

图 6-4　交流电压测量

(a) 交流电压表直接接入；(b) 交流电压表经互感器接入

285. 电阻测量

口诀

电阻测量伏安法，电压、电流须知道；
电流表与负载串，电压表要并其两端。
接线方法有两种，内接、外接有差异；
电压、电流各测量，压、流除得电阻值。

知识要点

电阻的测量，既可用万用表直接测量，也可用电压表和电流表间接测量。使用电压表和电流表测量电阻的方法，叫做伏安法。

伏安法测量电阻，有两种接线方法，一种叫内接法，一种叫外接法。内接法是指电流表与负载串联后，再与电压表并联；外接法是指电压表与负载并联后再与电流表串联。

伏安法不能直接测量出电阻值，需要用电压表的测量值除以电流表的测量值后所得到的数值才是被测电阻值。采用内接法和外接法所测得的电阻值会略有差别，内接法要求电流表的内阻越小越好，外接法要求电压表的内阻越大越好。

用伏安法测量电阻的两种接线如图 6-5 所示。

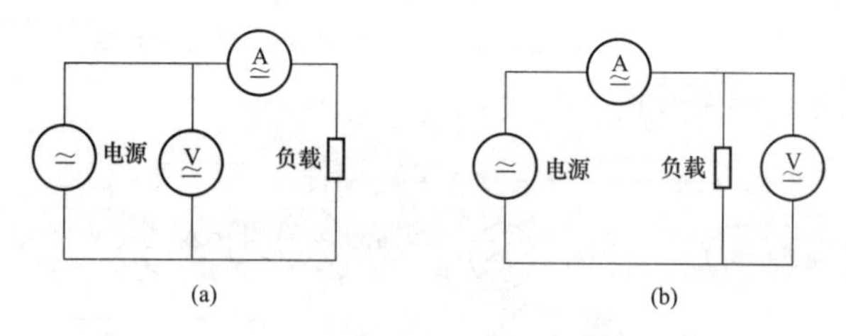

图 6-5　用伏安法测量电阻的两种接线方法

（a）内接法；（b）外接法

286. 单相功率测量

口诀

单相功率要测量，两种方法常用到；
电压、电流伏安法，单瓦特表测量法。
伏安法测量较简单，两表接线不相关；
电压、电流同时测，两值相乘得功率。
瓦特表测量要注意，仪表接线辨仔细；

两个线圈莫搞混，电压、电流区分开。
电流线圈串负载，标识端子接电源；
电压线圈并两端，内接、外接都可以。

知识要点

单相功率，可以用电压表和电流表间接测量（伏安法），也可以用瓦特表直接测量（单表法）。

采用电压表和电流表测量功率，与测量电阻接线方法相同。电压表和电流表接线各自独立，电压表并联在被测电路两端，电流表串联在被测线路之中。将电压表的测量值与电流表的测量值相乘后所得到的数值，就是被测功率值。

采用瓦特表测量，要注意区分仪表的4个接线端子。瓦特表为电动系仪表，内含一个固定线圈（电流线圈）和可动线圈（电压线圈）。标识端子是指标有“*”的同名端或标有“±”的同极性端。测量时，电流线圈的同名端或同极性端必须与电源端相连接，而电压线圈的同名端或同极性端既可与电源端相连，也可与负载端相连。

瓦特表测量单相功率，也有内接法和外接法两种接线方法。内接法是指电压线圈的同名端或同极性端与电流线圈的同名端或同极性端连接在一起，并与电源端相连；外接法是指电压线圈的同名端或同极性端与电流线圈的非同名端或非同极性端连接在一起，并与负荷端相连。

用瓦特表测量单相有功功率的两种接线方法如图6-6所示。

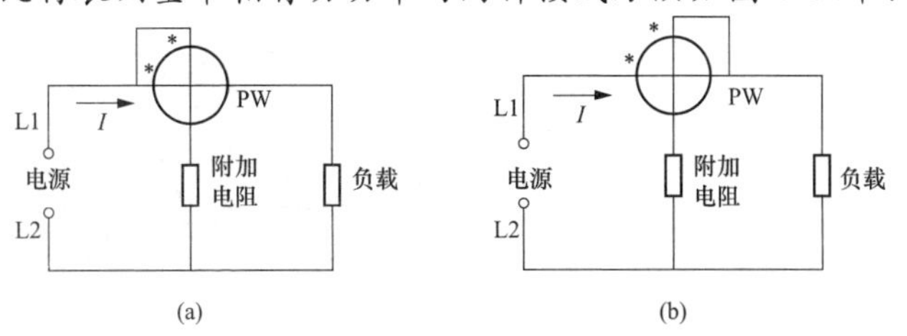

图6-6　用瓦特表测量单相有功功率的两种接线方法

(a) 内接法；(b) 外接法

287. 用单相表测量三相功率

口诀

三相功率要测量，单相表计也可以；
三相负载若平衡，三倍单表测量值。
三相负载不平衡，须用三表来测量；
各表量值不相同，求和可得总功率。
三相三线把电供，负载平衡是或非；
只用两表就可以，两值加得总功率。

知识要点

三相电路功率采用瓦特表测量，可以选择单表法、两表法或三表法进行分相测量。

如果三相电路对称性好，三相负载比较均衡，可以采用单表法测量其中一相的功率，再将测量值增大三倍，就是三相电路的总功率。

如果三相电路对称性较差，三相负载不均衡，必须采用三表法分别测量三相的功率，再将三个测量值相加，就是三相电路的总功率。

如果是三相三线制电路，无论三相负载是否均衡，都可以采用两表法分别测量任意两相的功率，再将两个表的测量值相加，就是三相电路的总功率。

用单相功率表测量三相有功功率的接线方法如图 6-7 所示。

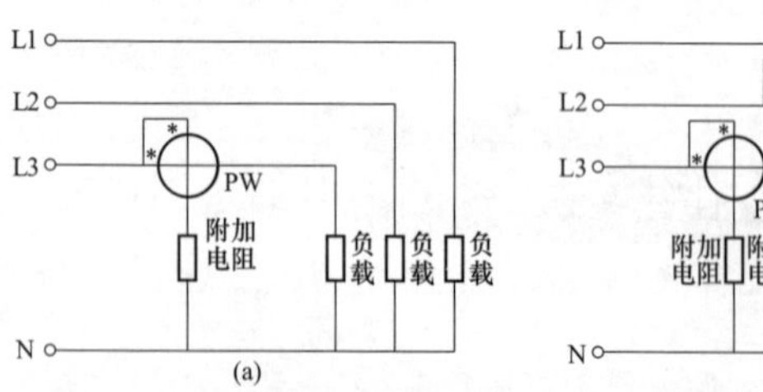

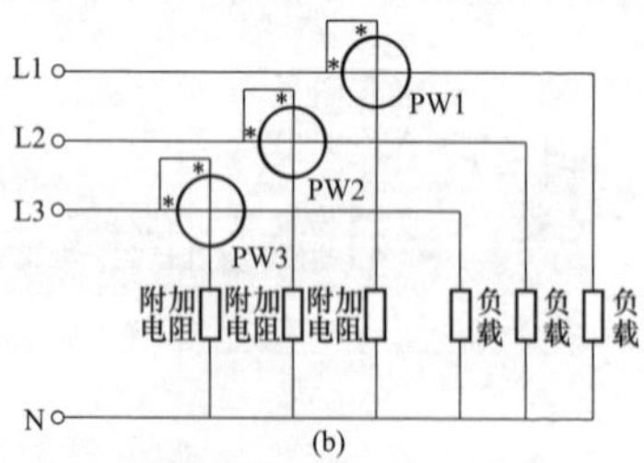

图 6-7　用单相功率表测量三相有功功率的接线方法（一）
（a）对称三相四线制电路；（b）不对称三相四线制电路

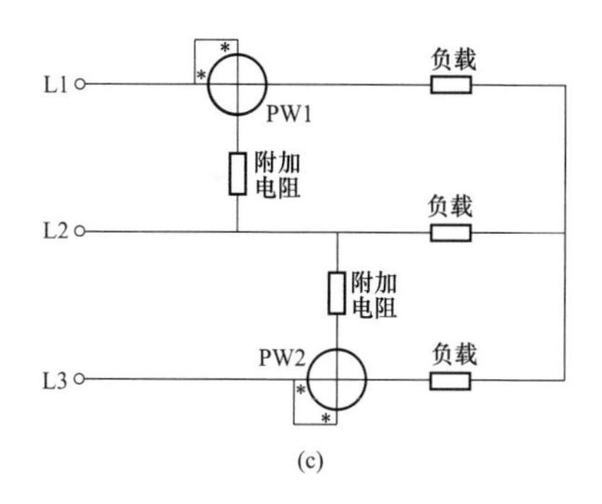

图 6-7　用单相功率表测量三相有功功率的接线方法（二）
（c）三相三线制电路

288. 用三相表测量三相功率

口诀

三相功率要测量，三相功率表应采用；
测量元件分两种，二、三元件要区分。
三相三线把电供，二元件表仅适用；
若是三相四线制，三元件表须使用。
端柱接线要注意，电压、电流辨仔细；
同名端子接一起，相序排列要清晰。

知识要点

三相电路功率测量，应采用三相功率表进行测量。按照内部测量元件的数量，三相功率表可分为二元件和三元件两种结构类型。

二元件功率表适用于测量三相三线制电路的功率；三元件功率表适用于测量三相四线制电路的功率。

使用三相功率表测量三相功率时，要特别注意区分仪表的电压接线端柱和电流接线端柱。要将同名端柱或同极性端柱连接在一起，三相电路的相序排列要正确整齐。

三相功率表实质上是将两个单相功率表（二元件）或者三个单相功率表（三元件）的测量机构集中组装在一个表壳内部，两个或三个可动线圈共同作用于同一个转轴。

289. 单相电能直接测量

口诀

单相电能要测量，单相电能表可担当；
接线方法有两种，跳入、顺入不一样。
跳入接法 1、4 进，3、5 端子向外引；
顺入接法 1、3 进，4、5 端子向外引。
被测电流有大小，测量电表选量程；
直接、间接二选一，根据情况做选择。
间接接入要注意，电流互感器须匹配；
电能计算莫忘记，电表差数乘倍率。

知识要点

单相电路电能的测量，可选择单相电能表直接测量。单相电能表有两种接线方式，分别是跳入式和顺入式。

跳入接线法是指电源端的相线和零线分别连接在电能表的 1 号端子和 4 号端子，负载端的相线和零线分别连接在电能表的 3 号端子和 5 号端子；顺入接线法是指电源端的相线和零线分别连接在电能表的 1 号端子和 3 号端子，负载端的相线和零线分别连接在电能表的 4 号端子和 5 号端子。

电能表有不同的电流量程，应根据使用电压高低和电流大小进行选择。如果被测电流不大（在电能表测量量程范围内），可以采用电能表直接测量；如果被测电流较大（超出电能表的测量量程），必须通过电流互感器，再用电能表间接测量。

电流互感器可将大电流转变为小电流，有多种变比和倍率，要根据被测线路电流的大小进行选择。电能表的测量值（读数差值）必须乘以电流互感器的倍率，才是所要测量的电能值（电能数）。

单相电能直接测量的接线如图 6-8 所示。

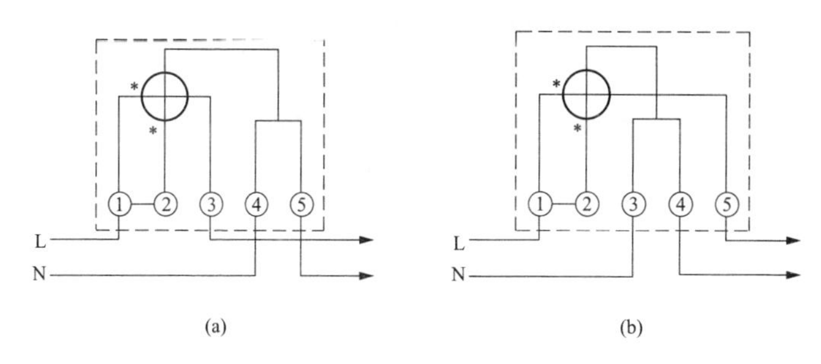

图 6-8　单相电能直接测量的接线

（a）跳入式；（b）顺入式

290. 单相电能表选择

口诀

单相交流电能表，用电计量离不了；
计数单位千瓦时，就是日常所说度。
估算负荷总电流，千瓦总数乘以 5；
选择电表电流值，千瓦 2 倍可满足。
标注电流有两个，括号内外各一数；
外小内大成倍数，2 倍、4 倍都会有。
外数叫作标定值，内数称为过流值；
正常使用标定值，过流使用应限制。

知识要点

单相交流电能表（电度表），是低压用电不可缺少的计量装置。电能表的计量单位为“度”，也就是“千瓦·时”。

单相电能表标注的电流值有两个：一个为标定值（括号外电流值），一个为过电流值（括号内电流值）。标定值是指电能表正常工作时允许长期通过的电流值，过流值是指电能表允许短时间通过的最大电流值。过电流值一般为标定值的两倍或四倍。

选用单相电能表时，标定电流值可以按照负荷千瓦数的两倍选取。单相负荷的总电流，可以依据负荷总千瓦数的5倍进行估算。

291. 单相电能间接测量

口诀

负荷电流超量程，直接接入可不行；
加装电流互感器，电流变小再测量。
L1、2接电路，流过电流实际值；
K1、K2接电表，1进3出5安值。
2孔进入电压线，连接短片要拆开；
另端连接L1，零线进出4、5端。

知识要点

当被测单相线路的电流较大并超出电能表的过电流值时，不能将电能表直接接入线路测量电能，必须加装电流互感器，将大电流转变为小电流（一般标定为5A），供单相电能表间接测量电能用。

电流互感器有4个接线端子，L1、L2接在被测线路端，K1、K2接在电能表的1号、3号端子；电能表的2号端子（与1号端子须断开）引入电源相线、并与L1连接，电能表的4号端子引入电源零线、再从5号端子引出。

单相电能间接测量的接线见图 6-9。

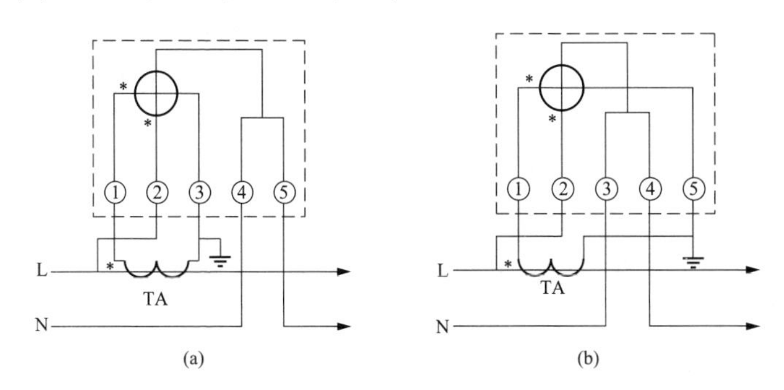

图 6-9　单相电能间接测量的接线

（a）跳入式；（b）顺入式

292. 三相电能测量

口诀

三相电能要测量，三相电能表须使用；
三相三线、四线制，电表选择不相同。
常用三相四线制，三元件电表较适宜；
若是三相三线制，二元件电表就合适。
直接接入线路简，电度等于读数差；
间接接入线路繁，差值、倍率乘积算。

知识要点

三相电路的电能测量，必须使用三相电能表。

同三相功率表构造相似，三相电能表也分为二元件和三元件两种。二元件三相电能表适用于三相三线制电路，三元件电能表适用于三相四线制电路。

三相电能表直接接入适用于小功率用电负荷（负荷电流不大于电能表的标定电流）的电能测量，电能表接线简单，用电量的多少，以电能表抄见读数的差值计算。

三相电能表间接接入适用于大功率用电负荷（负荷电流超过电能表的最大允许电流）的电能测量。电能表必须通过倍率合适的电流互感器与被测电路连接，接线复杂，用电量的多少，须以电能表抄见读数的差值再乘以电流互感器的倍率后计算。

如果选择在高压端进行电能测量，电能表还必须配备合适的电压互感器，电能计算还要用电能表抄见读数的差值再乘以电压互感器的倍率后计算。

三相四线制电路电能测量的接线如图6-10所示。

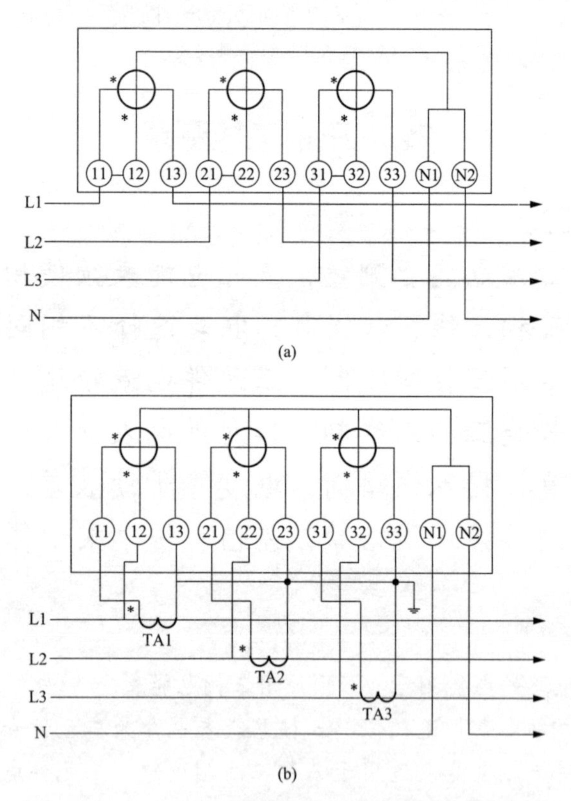

图6-10　三相四线制电路电能测量的接线

（a）直接接入式；（b）间接接入式

三相三线制电路电能测量的接线如图 6-11 所示。

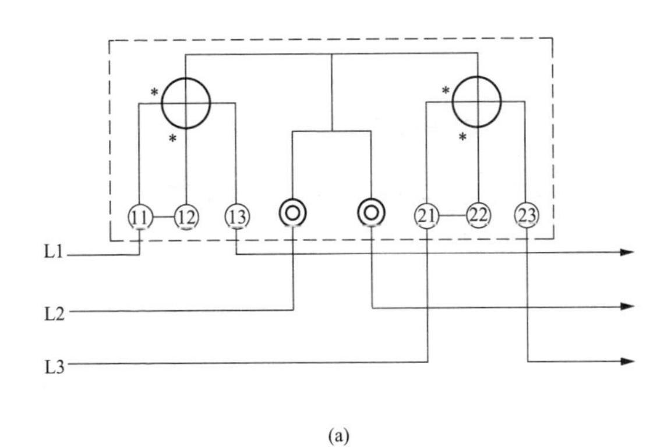

(a)

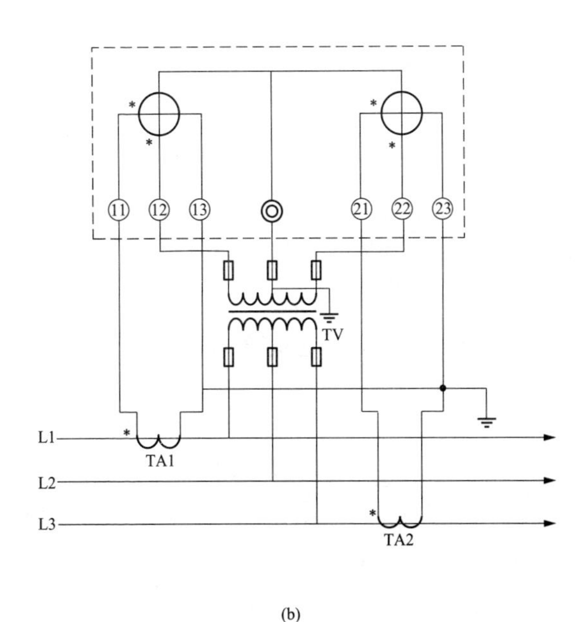

(b)

图 6-11　三相三线制电路电能测量的接线

（a）直接接入式；（b）间接接入式

293. 万用表使用（一）

口诀

万用表又名三用表，电工测量离不了；
电压、电流和电阻，三量测量是基本。
仪表外形有两种，工作原理都相同；
指针式指示较迟缓，数显式读数很直观。
使用之前先查验，仪表是否有缺陷；
打开电源再细看，电池是否需更换。
两个表笔莫错用，红、黑二色区分清；
插孔颜色相对应，红插红来、黑插黑。

知识要点

万用表也叫三用表，是电工常用的测量仪表。万用表最基本的用途是可以测量电压、电流和电阻三种物理量。

万用表有两种外形，一种是指针式，一种是数显式，其工作原理是相同的。有的还带有钳形电流表部分，便于测量交流电流。指针式指示值较稳定，但反应缓慢，数显式读数直观，但数字多变。

在使用万用表之前，应对其进行检查。检查外观是否完好，检查电池是否有电，仪表开关是否正常。检查两个表笔及连线是否完好，表笔与插孔位置是否正确，是否做到红与红、黑与黑相对应。

万用表的内部电路原理如图 6-12 所示。转换开关 S1 的“1、2、3”为交流电压挡，“4、5、6”为直流电流挡，“7、8、9”为直流电阻挡，“10、11、12”为直流电压挡。转换开关 S2 的“1”为电流、电压测量挡，“2”为直流电阻测量挡。

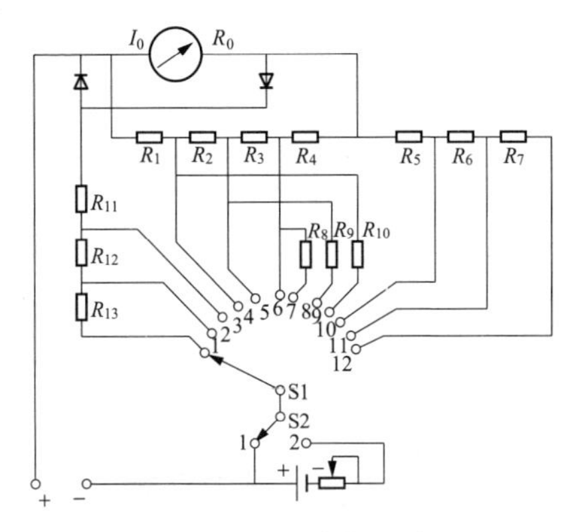

图 6-12　万用表的内部电路原理图

294. 万用表使用（二）

口诀

根据被测三电量，转换开关定对位；
被测电量有大小，仪表量程选合适。
测量直流要注意，正、负极性看仔细；
红色表笔接正极，黑色表笔连负极。
指针式读数量程多，对应标尺要盯对；
仪表正在测试中，转换开关不能动。
测量电压或电流，旁边有人要监护；
仪表用后须断电，擦拭干净善保管。

知识要点

使用万用表时，首先要根据所要测量的电量种类，将功能转换开关转动至相应位置；其次要根据被测电量的大小，将量程转换开关转动至相应位置。

在测量直流电压或电流时，注意区分电源的正、负极，要将万用表的红表笔连接到电源的正极，黑表笔连接到电源的负极。

使用指针式万用表，在读数时要注意所使用的量程范围，并盯准对应的标尺（刻度盘或刻度线），以免读错数值。在测试过程中，不得随便转动转换开关；需要调整时，必须将万用表的表笔与被测线路脱开。

在测量电压和电流时，旁边应当有人监护，莫要一人测量；测量完毕后，要将万用表电源断开，转换开关转至空位挡或交流电压最大量程挡，拔下表笔，将仪表表面擦拭干净后，装入护套或包装盒内。

295. 用指针式万用表测量直流电压

口诀

测量之前先检查，量程选择要适中；
认准电路正、负极，并联接线莫接反。
红色表笔连在正，黑色表笔接负极；
如果表针反向偏，红黑表笔要调换。

知识要点

用指针式万用表测量直流电压，要根据被测电压的大小选择合适的量程挡，分清电源或电路的正、负极性，红表笔接正极、黑表笔接负极，将仪表并联在被测电源或电路的两端。如果指针反转，说明正、负极性相反，必须调换表笔进行测量。

296. 用指针式万用表测量直流电流

口诀

测量之前先检查，量程选择要适中；
认准电路正、负极，串联接线莫接反。
红色表笔连在正，黑色表笔接负极；
如果表针反向偏，红黑表笔要调换。

知识要点

用指针式万用表测量直流电流，要根据被测电流的大小选择合适的量程挡，分清电路的正、负极性，红表笔接正极、黑表笔接负极。测量直流电流时必须将被测电路断开，将仪表串联在被测电路里面。如果指针反转，说明正、负极性相反，必须调换表笔进行测量。

严禁在测量电流时将万用表与被测电路的电源两端直接相连，防止发生短路而将仪表烧坏。

297. 用指针式万用表测量直流电阻

口诀

测量电阻选量程，选完量程再调零；
表笔短接看表针，不在零位要调整。
旋转欧姆调零钮，表针到零才可以；
旋钮到位不归零，电池缺电需更换。
被测电阻禁带电，最好能把首尾断；
表笔连接须良好，手指避让莫接触。
测量数值要准确，表针停留近中间；
测量完毕断电源，旋钮转到高压点。

知识要点

使用指针式万用表测量直流电阻时，首先要将转换开关转至欧姆（Ω）挡，并选定合适的电阻量程挡，再将两表笔短接，观察指针能否回到零位，否则需要调零。

对指针式万用表进行欧姆挡调零时，指针应向右摆动到“0”位；如果指针不能指到“0”位，则说明表内电池电量不足。应予以更换。

被测量线路或者电阻必须断电，严禁带电测量，最好是将被测线路或电阻的首端和尾端都从原线路中断开后进行测量。测量时，两个表笔要与被测线路或电阻的两端连接良好，手指也不要接触到两表笔的测试头。

测量直流电阻时，量程挡的选择要合适。只有当万用表的指针停留在刻度盘的中间位置时，测量的电阻值才比较准确。测量完毕后，要记得将万用表的电源断掉，并将转换开关扳动至空挡或交流电压的最大量程挡。

298. 用指针式万用表测试电容器

口诀

电容好坏要判断，万用电表可承担；
使用电阻“×k”挡，表笔分别接两端。
表针摆动到零位，然后慢慢往回返；
到达某点停下来，摆幅越大越喜欢。
如果表针不摆动，确认内部线路断；
到零不动有短路，摆幅较小有漏电。

知识要点

指针式万用表可用来粗略测试电容器的好坏。测试电容器时，应将万用表转换开关切换至直流电阻挡，并使用“×k”挡，将两表笔接至电容器两端。

当表笔接触到电容器时，如果表针会立即向右摆、接近“0”位，然后再缓慢往回摆动至某一位置后停止，说明电容器是好的；如果指针返回的范围越大，说明电容器性能越好。

当表笔接触到电容器时，如果表针几乎不摆动，说明电容器内部断路；如果表针向右摆动到“0”位不动或者返回范围很小，则说明电容器内部短路或者有漏电现象。

299. 钳形电流表使用

口诀

常用钳形电流表，测量交流很方便；
被测线路不用断，只需钳口把线嵌。
工作原理较简单，相当电流互感器；
一次线圈是导线，二次线圈铁芯缠。
使用仪表要注意，绝缘手套须配置；
不能测量裸导线，量程选择要合适。
钳口清洁啮合紧，每次嵌入线一根；
检测电流求准确，导线放在口中心。

知识要点

钳形电流表是常用的电工测量仪表之一，是专门用来测量交流电流的仪表。用交流钳形表测量电流很方便，不用将被测线路切断，只需要将被测线路嵌入仪表的钳夹中间即可。

钳形电流表的工作原理很简单，相当于一台电流互感器。被测线路相当于一次线圈，二次线圈则缠绕在夹钳（铁芯）上，并与表头相连接。

使用钳形电流表测量电流时，必须手戴绝缘手套。被测线路必须是绝缘导线，不能是裸导线。电流表的量程要选择合适，被测电流不能超过所选择的量程值。

交流钳形表的钳口要保持清洁，啮合要紧密，在每次测量时只允许嵌入一根导线。为确保测量的电流值准确，应尽量使被嵌入的导线位于钳口的中心位置。

钳形电流表的结构原理如图 6-13 所示。

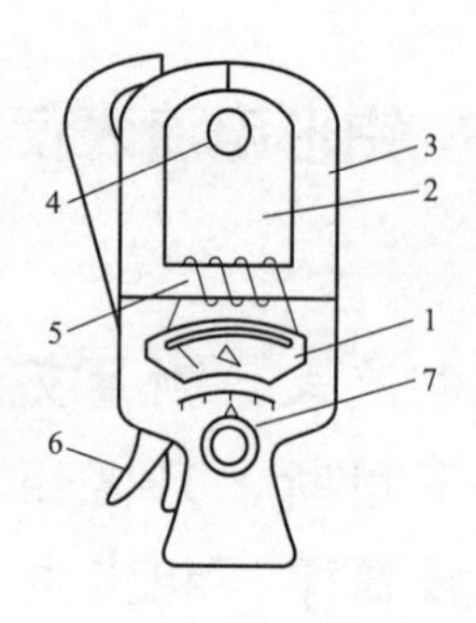

图 6-13　钳形电流表的结构原理图

1—电流表；2—电流互感器；3—铁芯；4—被测导线；

5—二次线圈；6—操作手柄；7—量程选择旋钮

300. 绝缘电阻表使用（一）

口诀

绝缘电阻表有别名，也叫摇表、兆欧表；
摇表功能很单一，绝缘电阻专测试。
手摇发电机很关键，测试电压它负担；
电压等级分四种，根据情况来选择。
最低电压 500 伏，低压设备常使用；
最高电压 5000 伏，特殊场合才能用。
两种电压居中间，1000 伏和 2500；
设备电压超 500，两种仪表均可用。

知识要点

绝缘电阻表也叫摇表（测量时需要用手摇动把手）、兆欧表（绝缘电阻值以兆欧为计量单位)，专门用于测量设备或线路的绝缘电阻。

绝缘电阻表主要由手摇发电机（或晶体管直流变换器）部分和磁电系流比计测量机构部分组成。绝缘电阻表的测试电压有高低区别，主要取决于内部手摇发电机的配置。测量时，手摇发电机发出的测试电压通过被测设备或线路的电阻加在两个可动线圈上，并产生两个不同大小的电流。在永久磁铁磁场的作用下，两个可动线圈反方向转动至平衡状态，带动指针停留在某一位置，指示出被测设备或线路的电阻值。

常用绝缘电阻表的测试电压分为500、1000、2500V和5000V四种。500、1000V绝缘电阻表用于测量额定电压500V及以下的电气设备或线路的绝缘电阻；1000、2500V绝缘电阻表用于测量额定电压500V以上的电气设备或线路的绝缘电阻；有特殊要求的电气设备或线路，必须选用5000V绝缘电阻表测量绝缘电阻。

绝缘电阻表主要由手摇发电机（或晶体管直流变换器）部分和磁电系流比计测量机构部分组成。手摇发电机部分采用离心式调速装置，磁电系流比计测量机构部分由永久磁铁、可动线圈、带缺口的圆柱形铁芯及指针等组成。

绝缘电阻表的结构原理如图6-14所示。

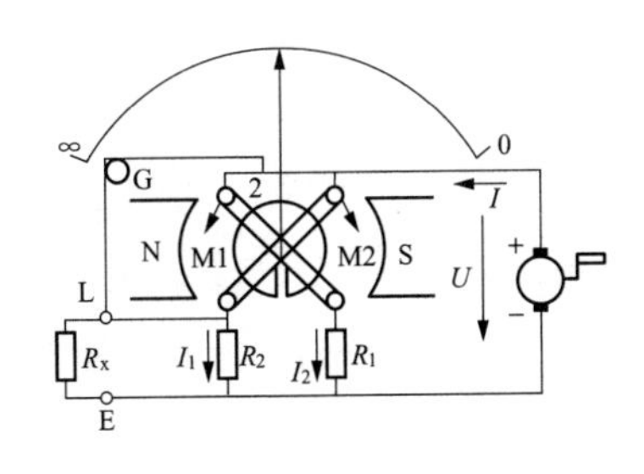

图6-14　绝缘电阻表的结构原理图

301. 绝缘电阻表使用（二）

口诀

摇表上有三端子，L、E、G来标记；
L接设备、E接地，G端专连电缆皮。
连接导线有要求，多股铜线须采用；
三根导线忌绞缠，外皮颜色要分辨。
被测设备不带电，摇表也要做自检；
转动手柄、短接线，观察指针向“0”偏。
摇表放置须平稳，手摇速度要均匀；
每分120来控制，若有短路勿再转。
测试完毕要注意，先取导线后停转；
被测设备要放电，放电之前手莫粘。

知识要点

绝缘电阻表设置有三个接线端子，分别用“L”“E”和“G”标记。其中“L”端连接被测设备或线路的导体端，“E”连接被测设备或线路的接地端，“G”端用于测量电缆时连接在电缆的外皮（绝缘层）上。

绝缘电阻表的连接导线宜采用多股软铜芯绝缘线，三根导线不能相互缠绕，颜色也要区分开，防止在接线时出错。

在测量绝缘电阻之前，必须将被测设备或线路的电源切断并充分放电，对绝缘电阻表的好坏也要进行检查。一只手转动表的把手，另一只手将“L”“E”端的两根连接线很快地短接一下，观察表的指针指示值或读数应为“0”。

测量绝缘电阻时，按要求连接好导线，将仪表放置平稳，一手按住仪表，一手以120r/min的速度匀速转动手柄，观察表针的停留位置，并读出数据。如果被测设备或线路的绝缘电阻值等于“0”，说明其内部有短路故障，应立即停止测量。

测量完毕后，应当首先取下仪表的连接导线，再停止转动把手，以防止被测设备或线路放电对仪表造成损坏。最后还须对被测设备或线路进行人为放电，以免被测设备或线路带有残余危险电压而引发触电事故。

302. 电动机绕组绝缘电阻测试

口诀

电机绕组有绝缘，相间、对地不相同；
可用摇表来测试，L、E端子对应连。
摇表电压须选择，高压、低压应区分；
低压电机500伏，高压电机2500。
相间绝缘要测试，每相绕组须独立；
L、E连接不同相，三相绕组轮换量。
绝缘电阻有三值，UV、VW、WU；
三个数据互比较，问题绕组可知晓。
相地绝缘要测试，E端必须连接地；
L端三相轮流换，同样可得三个值。
绝缘电阻有要求，不低每伏1000欧；
潮湿环境要求低，每伏不小500欧。

知识要点

交流电动机绕组的绝缘电阻的大小，是判断和衡量电动机绕组好坏与性能优劣的一个重要指标。

电动机绕组的绝缘电阻须使用绝缘电阻表进行测量，绝缘电阻分为相与相之间的绝缘和相对地之间的绝缘两种。测量时，须将仪表的“L”“E”两个端钮与被测绕组或接地端连接。

要根据被测电动机的额定工作电压选择测试电压不同的绝缘电阻表。低压电动机可以选择测试电压为500V的绝缘电阻表；高压电动机必须选择测试电压为2500V的绝缘电阻表。

要测量电动机两相绕组之间的绝缘电阻值，其三相绕组必须是各自独立的（内部没有公共连接头），接线端子盒内有六个接线端子。测量时，拆下接线端子上的短接片，将仪表的“L”“E”两个端子分别连接在两相绕组上，并进行轮换，可测量出三个绝绝缘电阻值（R_{UV}、R_{VW}、R_{WU}）。比较三个测量值，可以判断出绕组相与相之间绝缘性能的好坏。

如果三相绕组是各自独立的（内部没有公共接头），接线盒内有六个接线端子，可以分别对每一相绕组对地的绝缘电阻值进行测量；测量时，拆下接线端子上的短接片，将仪表的“E”端钮连接在外壳上，“L”端钮依次连接在每一相绕组的接线端子上，可测量出三个绝缘电阻值（R_{UE}、R_{VE}、R_{WE}）；比较三个测量值，可以判断出三相绕组相对地之间绝缘性能的差别。

如果三相绕组不能独立出来（内部有公共接头），那只能测量出三相绕组共同对地之间的一个绝缘电阻值；如果绝缘电阻值很小，则必须将绕组内部的公共接头拆开，再对每一相绕组进行测量，以确认是哪一相绕组的绝缘电阻值降低了。

电动机绕组的绝缘电阻值应满足相关要求。定子绕组绝缘电阻不得小于1000Ω/V，转子绕组绝缘电阻不得小于500Ω/V；如果是潮湿环境，绕组绝缘电阻值不得小于500Ω/V。低压电动机绕组绝缘电阻不得低于0.5MΩ。

303. 电力电缆绝缘电阻测试

口诀

电力电缆投运前，先用摇表测一遍；
相相、相零和相地，绝缘电阻合规范。
电缆电压有高低，摇表电压要选对；
低压电缆选 1000，高压电缆 2500。
电缆测试有要求，G 端须与外皮连；
相相 L、E 任意连，零线、地线连 E 端。
电缆绝缘有规定，电阻要随电压增；
低压不小 100 兆，高压不低 1000 兆。

知识要点

电力电缆在安装完成投运之前，必须进行绝缘电阻的测量。高压电力电缆在绝缘电阻符合要求后，方可进行电压预试验等工作。电力电缆绝缘电阻测量分为相与相之间、相对零和相对地之间三种情况。

测量电力电缆绝缘电阻，要根据电缆工作电压高低选择测试电压不同的绝缘电阻表。低压电力电缆选用 1000V 的绝缘电阻表测量，高压电力电缆选用 2500V 的绝缘电阻表测量。

测量电力电缆绝缘电阻，不同于其他设备或线路。除要使用仪表的“L”“E”两个接线端子外，还必须使用仪表的“G”接线端子，要将其与电力电缆的外皮（外绝缘层）相连接。

测量电力电缆相与相之间的绝缘电阻，将“L”“E”两个端子连接至电缆的任意两相导体上，并将“G”端子与电缆的外绝缘层相连接；测量电力电缆相对零之间的绝缘电阻，将“L”“E”端子分别连接至电缆的相导体、零导体上，并将“G”端子与电缆的外绝缘层相连接；测量电力电缆相对地之间的绝缘电阻，将“L”“E”端子分别连接至电缆的相导体、地导体上，并将“G”端子与电缆的外绝缘层相连接。

电力电缆的绝缘电阻有要求，不同标称电压的电力电缆要求的绝缘电阻值大小不同（≥100MΩ/kV）。低压电力电缆的绝缘电阻不能小于100MΩ，高压电力电缆的绝缘电阻不能低于1000MΩ。

304. 电力变压器绕组绝缘电阻测试

口诀

变压器绝缘要测试，方法同于电动机；
高压摇表须使用，电压不低2500。
绕组分为原、副边，每边又有三相别；
原边在里、副边外，防止高压窜外壳。
绕组连接角或星，三相绝缘难测量；
相间绝缘不易坏，匝间短路多发生。
原、副绝缘很重要，防止电压互干扰；
绕组对地绝缘值，不得低于1000兆。

知识要点

电力变压器绝缘电阻的测量方法，与电动机绝缘电阻测量方法相同。区别在于，电力变压器必须使用测试电压为2500V的绝缘电阻表进行测量。

电力变压器的绕组分为高压边绕组（原边）和低压边绕组（副边），两边绕组各分为三相。通常高压绕组紧靠铁芯绕制，低压绕组包裹在高压绕组外面，以防止高压绕组绝缘损坏后高电压对外壳产生危险电压。

电力变压器两边的三相绕组内部连接成三角形或者星形，因此相与相之间的绝缘电阻不能直接测量。绕组的相间绝缘一般不容易损坏，而同一相绕组的匝间短路会较多发生。

电力变压器高压边绕组（原边）和低压边绕组（副边）之间的绝缘非常重要，两边的电压必须相互隔离，不能相互干扰。无论是高压边绕组，还是低压边绕组，对地、对外壳的绝缘电阻值均不能低于 1000MΩ。

305. 接地电阻测量仪

口诀

接地电阻测量仪，接地电阻能测试；
型号、量程有不同，依据场所选合适。
仪表设置三端子，用 E、P、C 来标记；
E 端连接接地体，P、C 连接两探极。
探极插入土壤中，与接地体一线直；
P 极插在中间位，距离两点 20 米。
仪表放置要平稳，检查、调零当第一；
倍率、读数不好选，量程调整高往低。
摇动手柄慢提速，匀速 120 宜保持；
指针偏转左或右，倍率、读数多调试。
指示盘调节要仔细，指针须停“0”位置；
接地电阻欧姆值，倍率、读数两乘积。
接地电阻小 1 欧，四端子表须测试；
P1、C1 连探极，P2、C2 连接地体。
先摇、后接行在先，先拆、后停结束时；
新型仪表智能化，测量接地更容易。

知识要点

接地电阻测量仪又叫接地摇表，是专门用来测量设备或线路接地装置的接地电阻。常用的型号有 ZC-8 型和 ZC-29 型，其测量量程有 10Ω、100Ω 和 1000Ω 三种，可根据实际使用情况进行选择。

接地电阻测量仪主要由手摇发电机、电流互感器、滑线电阻和检流计等组成，利用电桥平衡补偿原理测量接地电阻。仪表设有“E、P、C”三个测量接线端子和两根探极。“E”端连接地体，“P”端连电位探极，“C”端连电流探极。

在用仪表测量前，将电位探极（P）、电流探极（C）分别插入土壤中，并要与被测接地极（E）排列成一条直线。电流探极必须插在电位探极和被测接地体的中间位置，并分别距离两者 20m。

用仪表测量时，必须将仪表放置平稳，检查、校验并调零，使检流计指针位于仪表盘中心线上。根据被测接地电阻的大小选择合适的“倍率盘”（“×1”较为常用）和“读数盘”，可试着从高往低进行多次选择。用手转动手柄，逐渐提高转速，后保持 120r/min 的速度匀速转动，观察仪表指针的偏转方向。如果指针偏转过快，则应立即停止转动，必须重新选择倍率和读数。直到指针向左或向右缓慢偏转时，再调节读数盘将检流计的指针调至中心线即可。被测接地体的接地电阻值，就是“倍率盘”示数和“读数盘”示数的乘积值。

如果被测接地体的接地电阻小于 1Ω，则必须使用具有 4 个接线端子的接地电阻测量仪。测量时，“P1”“C1”端子分别连接电位探极、电流探极，“P2”“C2”端子连接接地极，并且“P1”“P2”端子的连线要在“C1”“C2”端子连线的中间位置。

接地电阻测量仪与绝缘电阻表的使用方法相似。在测量开始时，应当先摇动手柄，后连接接地线；在测量结束时，应当先断开接地线，后停止摇动手柄。

随着科技技术的飞速发展，数字化、智能化的接地电阻测量仪也越来越多，接地电阻的测量也越来越方便，测量时既不需要断开接地体与被保护设备或线路之间的连接线，也不需要接入辅助电极。

接地电阻测量仪是利用电桥平衡补偿原理制成的，主要由手摇发电机（或晶体管直流变换器）、电流互感器、滑线电阻和检流计等组成。接地电阻测量仪接线原理如图 6-15 所示。

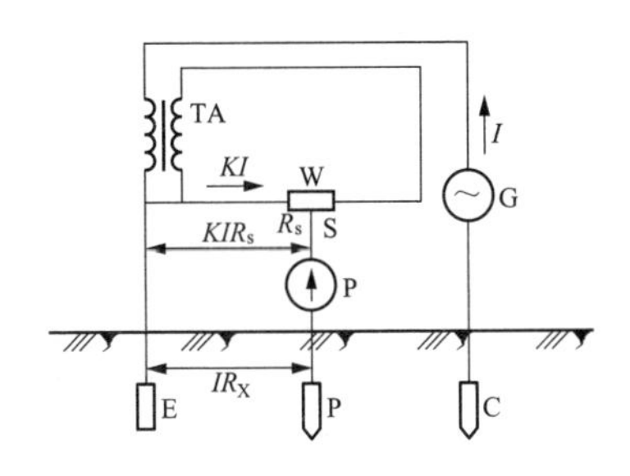

图 6-15　接地电阻测量仪接线原理图

306. 直流电桥

口诀

直流电桥分两种，单臂、双臂有分工；
大于 1 欧用单臂，1 欧以下双臂用。
单臂电桥惠斯登，双臂电桥凯尔文；
测量原理都相同，桥臂平衡须利用。
仪表放置要平稳，使用之前先调零；
打开检流计锁扣，调零旋钮可转动。
被测电阻接里面，倍率挡位适当选；
标准电阻可调变，再把电桥平衡观。
电源按钮向下按，检流计按钮轻轻点；
指针偏向“+”或“—”，标准电阻增或减。
标准电阻反复调，直到指针停零位；
被测电阻值多少，标准电阻乘倍率。

测量完毕要注意，先要断开检流计；
电源按钮后断开，检流计锁扣要锁上。
双臂电桥要接线，四个端子细分辨；
P1、P2 接电阻，C1、C2 外侧连。

知识要点

直流电桥是用来专门测量设备或线路直流电阻的一种仪表。常见的直流电桥分为单臂电桥和双臂电桥两种。单臂电桥用于直流电阻大于 1Ω 的测量；当直流电阻不大于 1Ω 时，应采用双臂电桥测量。

单臂电桥又叫惠斯登电桥，双臂电桥又名凯尔文电桥。无论是单臂电桥，还是双臂电桥，其测量原理是相通的，都利用了桥臂电阻平衡原理。也就是说，当电桥四个臂的直流电阻达到平衡时，通过检流计的电流值等于零。

在开始测量前，须将电桥放置平稳，并打开检流计的锁扣，旋转调零旋钮对仪表进行调零，使检流计的指针指在“0”位。

用仪表测量时，将被测电阻连接在仪表的测量端，根据被测电阻值的大小选择合适的“倍率”挡位，并反复调整标准电阻的“阻值”挡位，观察电桥的平衡情况。

观察电桥是否达到平衡，应先按下仪表的电源按钮，后轻轻按动检流计的通断按钮。如果检流计的指针向“＋”位摆动，则应当增大标准电阻的阻值；如果检流计的指针向“－”位摆动，则应当减小标准电阻的阻值。如此反复，调整标准电阻，直到检流计的指针停留在中间的“0”位不动，说明电桥已经达到平衡状态。被测电阻的阻值就等于标准电阻的阻值与选择倍率的乘积。

在测量结束时，应当先断开检流计的通断按钮，再断开仪表的电源按钮，并将检流计的锁扣要锁上。防止仪表长时间通电，或者损坏检流计及其指针。

用双臂电桥测量小直流电阻时，要注意仪表的4个端子的接线是否正确。不但要把“P1”“P2”两个端子分别连接在被测电阻两端，还必须将“C1”“C2”两个端子分别连接在“P1”“P2”两个端子的外侧。“P1”“P2”两个端子必须与被测电阻两端相连接，“C1”“C2”两个端子可以分别连接在“P1”“P2”两个端子上。

直流电桥的工作原理如图6-16所示。

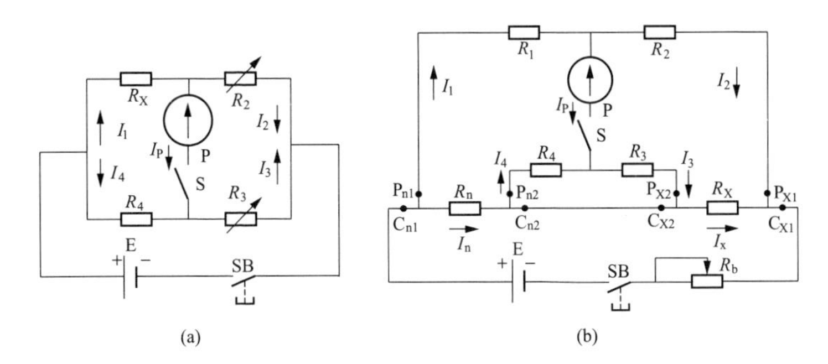

图6-16　直流电桥的工作原理图

（a）单臂直流电桥；（b）双臂直流电桥

附录 A　工作票格式

一、第一种工作票

变电站（发电厂）第一种工作票

单位：________　　编号：________

1. 工作负责人（监护人）：________　　班组：________

2. 工作班人员（不包括工作负责人）：

____

____

____

____共______人。

3. 工作的变电站、配电站名称及其双重名称：

____

4. 工作任务：

工作地点及设备双重名称	工作内容

5. 计划工作时间：

自____年___月___日___时___分至____年___月___日___时___分。

6. 安全措施（必要时可附页绘图说明）：

应拉断路器（开关）、隔离开关（刀闸）	已执行*
应装接地线、应合接地开关 （注明确实地点、名称及接地线编号*）	已执行
应设遮栏、应挂标示牌及防止二次回路误碰等措施	已执行

*已执行栏目及接地线编号由工作许可人填写。

工作地点保留带电部分或注明事项 （由工作票签发人填写）	补充工作地点保留带电部分和安全措施 （由工作许可人填写）

工作票签发人签名：____签发日期：___年___月___日___时___分

7. 收到工作票时间：____年___月___日___时___分。

运维人员签名：__________ 工作负责人签名：__________

8. 确认本工作票1～7项：

工作负责人签名：__________ 工作许可人签名：__________

许可开始工作时间：____年___月___日___时___分。

9. 确认工作负责人布置的工作任务和安全措施：

工作班组人员签名：

____

____

____

____

10. 工作负责人变动情况：

原工作负责人________离去，变更________为工作负责人。

工作票签发人：______ ______年___月___日___时___分。

11. 作业人员变动情况（变动人员姓名、日期及时间）：

____

____

____

____

工作负责人签名：________

12. 工作票延期：

有效期延长到____年___月___日___时___分。

工作负责人签名：________ ____年___月___日___时___分。

工作许可人签名：________ ____年___月___日___时___分。

13. 每日开工和收工时间（使用一天的工作票不必填写）：

收工时间				工作负责人	工作许可人	开工时间				工作许可人	工作负责人
月	日	时	分			月	日	时	分		

14. 工作终结：

全部工作于____年___月___日___时___分结束，设备及安全措施已恢复至开工前状态，工作人员已全部撤离，材料工具已清理完毕，工作已终结。

工作负责人签名：________ 工作许可人签名：________

15. 工作票终结：

临时遮拦、标示牌已拆除，常设遮挡已恢复。未拆除或未拉开的接地线编号__________等共______组、接地开关（小车）共______副（台），已汇报值班调控人员。

工作许可人签名：________ ____年___月___日___时___分。

16. 备注：

（1）指定专责监护人________负责监护______________________（地点及具体工作）。

（2）其他事项：______________________________。

电力线路第一种工作票

单位：________ 编号：________

1. 工作负责人（监护人）：________ 班组：________

2. 工作班人员（不包括工作负责人）：

____

____

________________________________共______人。

3. 工作线路名称或设备双重名称（多回路应注明双重称号）：

____

4. 工作任务：

工作地点或地段（注明分、支线路名称、线路的起止杆号）	工作内容

5. 计划工作时间：

自____年___月___日___时___分至____年___月___日___时___分。

6. 安全措施（必要时可附页绘图说明）：

(1) 应改为检修状态的线路间隔名称和应拉开的断路器（开关）、隔离开关（刀闸）、熔断器（包括分支线、用户线路和配合的停电线路）：________________

____

____

(2) 保留或邻近的带电线路、设备：________________

____

____

(3) 其他安全措施和注意事项：________________

____

____

(4) 应挂的接地线：

挂设位置（线路名称及杆号）	接地线编号	挂设日期	拆除时间

工作票签发人签名：________ ____年___月___日___时___分。

工作负责人签名：________ ________年___月___日___时___分收到工作票。

7. 确认工作票1～6项，许可工作开始。

许可方式	许可人	工作负责人签名	许可的工作时间
			年 月 日 时 分
			年 月 日 时 分
			年 月 日 时 分
			年 月 日 时 分

8．确认工作负责人布置的工作任务和安全措施：

工作班组人员签名：

____

____

____

____

9．工作负责人变动情况：

原工作负责人________离去，变更________为工作负责人。

工作票签发人：________ ____年___月___日___时___分。

10．作业人员变动情况（变动人员姓名、日期及时间）：

____

____

____

____

工作负责人签名：________

11．工作票延期：

有效期延长到____年___月___日___时___分。

工作负责人签名：________ ____年___月___日___时___分。

工作许可人签名：________ ____年___月___日___时___分。

12．工作票终结：

（1）现场所挂的接地线编号________共______组，已全部拆除、带回。

（2）工作终结报告：

终结报告方式	许可人	工作负责人签名	终结报告时间
			年　月　日　时　分
			年　月　日　时　分
			年　月　日　时　分
			年　月　日　时　分

13. 备注：

(1) 指定专责监护人__________负责监护____________________

____

______________________________（人员、地点及具体工作）。

(2) 其他事项：________________________________

____

____

电力电缆第一种工作票

单位：________　编号：________

1. 工作负责人（监护人）：________　班组：________

2. 工作班人员（不包括工作负责人）：

____

____

________________________________共_____人。

3. 电力电缆名称：

____

4. 工作任务：

工作地点或地段	工作内容

5. 计划工作时间：

自____年___月___日___时___分至____年___月___日___时___分。

6. 安全措施（必要时可附页绘图说明）：

（1）应拉开的设备名称、应装设绝缘挡板：			
变电站、配电站或线路名称	应拉开的断路器（开关）、隔离开关（刀闸）、熔断器以及应装设的绝缘挡板（注明设备双重名称）	执行人	已执行

（2）应合接地开关或应装接地线：		
接地开关双重名称和接地线装设地点	接地线编号	执行人

（3）应设遮拦、应挂标示牌：	

（4）工作地点保留带电部分或注意事项（由工作票签发人填写）	（5）补充工作地点保留带电部分和安全措施（由工作许可人填写）

工作票签发人签名：______　签发日期：____年___月___日___时___分。

7. 确认本工作票1～6项：

工作负责人签名：________

8. 补充安全措施：

____

____

____

工作负责人签名：________

9. 工作许可：

(1) 在线路上的电缆工作：

工作许可人______用______方式许可，自____年___月___日___时___分起开始工作。

工作负责人签名：________

(2) 在变电站或发电厂内的电缆工作：

安全措施相所列措施中________（变电站、配电站/发电厂）部分已执行完毕，工作许可时间____年___月______日______时______分。

工作许可人签名：________　工作负责人签名：________

10. 确认工作负责人布置的工作任务和安全措施：

工作班组人员签名：

____

____

____

____

11. 每日开工和收工时间（使用一天的工作票不必填写）：

收工时间				工作负责人	工作许可人	开工时间				工作许可人	工作负责人
月	日	时	分			月	日	时	分		

12. 工作票延期：

有效期延长到____年___月___日___时___分。

工作负责人签名：________ ____年___月___日___时___分。

工作许可人签名：________ ____年___月___日___时___分。

13. 工作负责人变动情况：

原工作负责人________离去，变更________为工作负责人。

工作票签发人：________ ________年___月___日___时___分。

14. 作业人员变动情况（变动人员姓名、日期及时间）：

____

____

____

____

工作负责人签名：________

15. 工作终结：

（1）在线路上的电缆工作：

作业人员已全部撤离，材料工具已清理完毕，所装的工作接地线共____副已全部拆除，工作终结。工作负责人______于______年___月___日___时___分向工作许可人______用______方式汇报。

工作负责人签名：________

所挂的接地线编号________共________组，已全部拆除、带回。

（2）在变、配电站或发电厂内的电缆工作：

在________（变电站、配电站/发电厂）工作于____年___月___日___时___分结束，设备及安全措施已恢复至开工前状态，作业人员已全部撤离，材料工具已清理完毕。

工作负责人签名：________ 工作许可人签名：________

16. 工作票终结：

临时遮栏、标示牌已拆除，常设遮栏已恢复；

未拆除或拉开的接地线编号______等共______组、接地开关共______副（台），已汇报调度。

工作许可人签名：________

17. 备注：

（1）指定专责监护人________负责监护______________________

____

______________________________________（地点及具体工作）。

（2）其他事项：____

____

____

配电第一种工作票

单位：________　　编号：________

1. 工作负责人：________　　班组：________

2. 工作班人员（不包括工作负责人）：

____

____

____共______人。

3. 工作任务：

工作地点或设备（注明变电站、配电站、线路名称、设备双重名称及起止杆号）	工作内容

4. 计划工作时间：

自____年___月___日___时___分至____年___月___日___时___分。

5. 安全措施：

应改为检修状态的线路、设备名称，应断开的断路器（开关）、隔离开关（刀闸）、熔断器，应合上的接地开关，应装设的接地线、绝缘隔板、遮栏（围栏）和标示牌等，装设的接地线应明确具体位置，必要时可附页绘图说明。

（1）调控或运维人员（变电站、配电站、发电厂）应采取的安全措施	已执行

（2）工作班完成的安全措施	已执行

（3）工作班装设（或拆除）的接地线			
线路名称说设备双重名称和装设位置	接地线编号	装设时间	拆除时间

（4）配合停电线路应采取的安全措施	已执行

（5）保留或邻近的带电线路、设备：________________________

____

____

（6）其他安全措施和注意事项：________________________

____

____

工作票签发人签名：________ ____年___月___日___时___分。

工作负责人签名：________ ____年___月___日___时___分。

（7）其他安全措施和注意事项补充（由工作负责人或工作许可人填写）：

____

____

6. 工作许可：

许可的线路或设备	许可方式	工作许可人	工作负责人签名	许可的工作时间
				年 月 日 时 分
				年 月 日 时 分
				年 月 日 时 分
				年 月 日 时 分

7. 工作任务单登记：

工作任务单编号	工作任务	小组负责人	工作许可时间	工作结束报告时间

8. 现场交底，工作班成员确认工作负责人布置的工作任务、人员分工、安全措施和注意事项并签名：

____

____

____

9. 人员变更：

（1）工作负责人变动情况：

原工作负责人________离去，变更________为工作负责人。

工作票签发人：________ ____年___月___日___时___分。

原工作负责人签名确认：______新工作负责人签名确认：______

___年___月___日___时___分。

（2）工作人员变动情况：

新增人员	姓名					
	变更时间					
离开人员	姓名					
	变更时间					

10. 工作票延期：

有效期延长到____年___月___日___时___分。

工作负责人签名：________ ____年___月___日___时___分。

工作许可人签名：________ ____年___月___日___时___分。

11. 每日开工和收工记录（使用一天的工作票不必填写）

收工时间	工作负责人	工作许可人	开工时间	工作许可人	工作负责人

12. 工作终结：

（1）工作班现场所装设接地线共______组、个人保安线共______组，已全部拆除，工作班人员已全部撤离现场，材料工具已清理完毕，杆塔、设备上已无遗留物。

（2）工作终结报告：

终结的线路或设备	报告方式	工作负责人	工作许可人	终结报告时间
				年 月 日 时 分
				年 月 日 时 分
				年 月 日 时 分
				年 月 日 时 分

13. 备注：

(1) 指定专责监护人________负责监护________________________

____

____(地点及具体工作)。

(2) 其他事项：____

____

____

二、第二种工作票

变电站（发电厂）第二种工作票

单位：________ 编号：________

1. 工作负责人（监护人）：________ 班组：________

2. 工作班人员（不包括工作负责人）：

____

____

____共_____人。

3. 工作的变电站、配电站名称及其双重名称：

____

4. 工作任务：

工作地点或地段	工作内容

5. 计划工作时间：

自____年___月___日___时___分至____年___月___日___时___分。

6. 工作条件（停电或不停电，或邻近及保留带电设备名称）：

____

____

____

7. 注意事项（安全措施）：____________________

____

____

____

工作票签发人签名：________签发日期：____年___月___日___时___分。

8. 补充安全措施（工作许可人填写）：

____

____

____

9. 确认本工作票1～8项：

工作负责人签名：________ 工作许可人签名：________

许可工作时间：____年___月___日___时___分。

10. 确认工作负责人布置的工作任务和安全措施：

工作班人员签名：

____

____

____

11. 工作票延期：

有效期延长到____年___月___日___时___分。

工作负责人签名：________ ____年___月___日___时___分。

工作许可人签名：________ ____年___月___日___时___分。

12. 工作票终结：

全部工作于____年___月___日___时___分结束，作业人员已全部撤离，材料工具已清理完毕。

工作负责人签名：________ ____年___月___日___时___分。

工作许可人签名：________ ____年___月___日___时___分。

13. 备注：____

____

____

电力线路第二种工作票

单位：________ 编号：________

1. 工作负责人（监护人）：________ 班组：________

2. 工作班人员（不包括工作负责人）：

____

____

____共_____人。

3. 工作任务：

线路或设备名称	工作地点、范围	工作内容

4. 计划工作时间：

自____年___月___日___时___分至____年___月___日___时___分。

5. 注意事项（安全措施）：

____

____

____

工作票签发人签名：________　______年___月___日___时___分。

工作负责人签名：________　______年___月___日___时___分。

6. 确认工作负责人布置的工作任务和安全措施：

工作班组人员签名：

____

____

____

7. 工作开始时间：

____年___月___日___时___分　工作负责人签名________

8. 工作完工时间：

____年___月___日___时___分　工作负责人签名________

9. 工作票延期：

有效期延长到____年___月___日___时___分。

10. 备注：

____

____

____

电力电缆第二种工作票

单位：________　　编号：________

1. 工作负责人（监护人）：________　　班组：________

2. 工作班人员（不包括工作负责人）：

____

____

______________________________________共_____人。

3. 工作任务：

电力电缆名称	工作地点或地段	工作内容

4. 计划工作时间：

自____年___月___日___时___分至____年___月___日___时___分。

5. 工作条件和安全措施：

____

____

____

工作票签发人签名：________ 签发日期：________年___月___日___时___分。

6. 确认本工作票1～5项：

工作负责人签名：________

7. 补充安全措施（工作许可人填写）：

____

____

____

8. 工作许可：

(1) 在线路上的电缆工作：

工作开始时间：____年___月___日___时___分。

工作负责人签名：________

(2) 在变电站或发电厂内的电缆工作：

安全措施项所列措施中________（变电站、配电站/发电厂）部分已执行完毕，许可自________年___月___日___时___分起开始工作。

工作许可人签名：________工作负责人签名：________

9. 确认工作负责人布置的工作任务和安全措施：

工作班组人员签名：

____

____

____

____

10. 工作票延期：

有效期延长到______年____月___日___时___分。

工作负责人签名：________ ______年____月___日___时___分。

工作许可人签名：________ ______年____月___日___时___分。

11. 工作票终结：

(1) 在线路上的电缆工作：

工作结束时间：______年____月___日___时___分。

工作负责人签名：________

(2) 在变电站、配电站或发电厂内的电缆工作：

在________（变电站、配电站/发电厂）工作于______年___月___日___时___分结束，作业人员已全部撤离，材料工具已清理完毕。

工作负责人签名：________ 工作许可人签名：________

12. 备注：

____

____

____

配电第二种工作票

单位：________ 编号：________

1. 工作负责人：________ 班组：________

2. 工作班人员（不包括工作负责人）：

____

____

____共_____人。

3. 工作任务：

工作地点或设备（注明变电站、配电站、线路名称、设备双重名称及起止杆号）	工作内容

4. 计划工作时间：

自____年___月___日___时___分至____年___月___日___时___分。

5. 工作条件和安全措施（必要时可附页绘图说明）：

____

____

____

工作票签发人签名：________ ____年___月___日___时___分。

工作负责人签名：________ ____年___月___日___时___分。

6. 现场补充的安全措施：

____

____

____

7. 工作许可：

许可的线路或设备	许可方式	工作许可人	工作负责人签名	许可的工作时间
				年 月 日 时 分
				年 月 日 时 分
				年 月 日 时 分
				年 月 日 时 分

8. 现场交底，工作班成员确认工作负责人布置的工作任务、人员分工、安全措施和注意事项并签名：

____

____

____

工作开始时间：______年___月___日___时___分。

工作负责人签名：________

9. 工作票延期：

有效期延长到____年___月___日___时___分。

工作负责人签名：________ ____年___月___日___时___分。

工作许可人签名：________ ____年___月___日___时___分。

10. 工作完工时间：____年___月___日___时___分。

工作负责人签名：________

11. 工作终结：

（1）工作班人员已全部撤离现场，材料工具已清理完毕，杆塔、设备上已无遗留物。

（2）工作终结报告：

终结的线路或设备	报告方式	工作负责人	工作许可人	终结报告（或结束）时间
				年 月 日 时 分
				年 月 日 时 分
				年 月 日 时 分
				年 月 日 时 分

12. 备注：

（1）指定专责监护人________负责监护______________________

____

______________________________（地点及具体工作）。

（2）其他事项：______________________________

____

____

三、带电作业工作票

变电站（发电厂）带电作业工作票

单位：________　　编号：________

1. 工作负责人（监护人）：________　　班组：________

2. 工作班人员（不包括工作负责人）：

____

____

____共_____人。

3. 工作的变电站、配电站名称及其双重名称：

____

4. 工作任务：

工作地点或地段	工作内容

5. 计划工作时间：

自____年___月___日___时___分至____年___月___日___时___分。

6. 工作条件（等电位、中间点位或地电位作业，或邻近带电设备名称）：

____

____

____

7. 注意事项（安全措施）：______________________________________

____

____

____

工作票签发人签名：______签发日期：____年___月___日___时___分。

8. 确认本工作票1～7项：

工作负责人签名：________

9. 指定________为专责监护人。　专责监护人签名：________

10. 补充安全措施（工作许可人填写）：

____

____

____

11. 许可工作时间：____年___月___日___时___分。

工作许可人签名：________　工作负责人签名：________

12. 确认工作负责人布置的工作任务和安全措施：

工作班人员签名：

____

____

____

13. 工作票终结：

全部工作于____年___月___日___时___分结束，作业人员已全部撤离，材料工具已清理完毕。

工作负责人签名：________　工作许可人签名：________

14. 备注：______________________________________

____

____

电力线路带电作业工作票

单位：________　　编号：________

1. 工作负责人（监护人）：________　班组：________

2. 工作班人员（不包括工作负责人）：

____

____

____共_____人。

3. 工作任务：

线路或设备名称	工作地点、范围	工作内容

4. 计划工作时间：

自____年____月___日___时___分至____年___月___日___时___分。

5. 停用重合闸线路（应写线路名称）：

____

____

6. 工作条件（等电位、中间电位或地电位作业，或邻近带电设备名称）：

____

____

7. 注意事项（安全措施）：

____

____

____

工作票签发人签名：________ 签发日期：____年____月___日___时___分。

8. 确认本工作票1～7项：

工作负责人签名：________

9. 工作许可：

调控许可人（联系人）________ 许可时间：____年___月___日___时___分。

工作负责人签名：________ ____年___月___日___时___分。

10. 指定________为专责监护人。 专责监护人签名：________

11. 补充安全措施：

____

____

____

12. 确认工作负责人布置的工作任务和安全措施：

工作班组人员签名：

____

____

____

13. 工作终结汇报调控许可人（联系人）________。

工作负责人签名：________ ____年___月___日___时___分。

14. 备注：

____

____

____

配电带电作业工作票

单位：________ 编号：________

1. 工作负责人（监护人）：________ 班组：________

2. 工作班人员（不包括工作负责人）：

____

____

____共_____人。

3. 工作任务：

线路名称或设备双重名称	工作地段、范围	工作内容及人员分工	工作内容

4. 计划工作时间：

自____年___月___日___时___分至____年___月___日___时___分。

5. 安全措施：

（1）调控或运维人员应采取的安全措施：

线路名称或设备双重名称	是否需要停用重合闸	作业点负荷侧需要停电的线路、设备	应装设的安全遮栏（围栏）和悬挂的标示牌

（2）其他危险点预控措施和注意事项：

____

____

____

工作票签发人签名：________ ____年___月___日___时___分。

工作负责人签名：________ ____年___月___日___时___分。

6. 确认本工作票1～5项正确完备，许可工作开始：

许可的线路或设备	许可方式	工作许可人	工作负责人签名	许可的工作时间
				年 月 日 时 分
				年 月 日 时 分
				年 月 日 时 分
				年 月 日 时 分

7. 现场补充的安全措施：

____

____

____

8. 现场交底，工作班成员确认工作负责人布置的工作任务、人员分工、安全措施和注意事项并签名：

____

____

____

9. 工作终结：

（1）工作班人员已全部撤离现场，材料工具已清理完毕，杆塔、设备上已无遗留物。

（2）工作终结报告：

终结的线路或设备	报告方式	工作负责人	工作许可人	终结报告时间
				年 月 日 时 分
				年 月 日 时 分
				年 月 日 时 分
				年 月 日 时 分

10. 备注：

____

____

____

四、事故（故障）紧急抢修单

变电站（发电厂）事故紧急抢修单

单位：________ 编号：________

1. 工作负责人（监护人）：________ 班组：________

2. 工作班人员（不包括工作负责人）：

____

____

____共_____人。

3. 抢修任务（抢修地点和抢修内容）：

____

____

____

4. 安全措施：

____

____

____

5. 抢修地点保留带电部分或注意事项：

____

____

____

6. 上述1～5项由抢修工作负责人________根据抢修任务布置人________的布置填写。

7. 经现场勘察需补充下列安全措施：

____

____

____

经许可人（调控/运维人员）________同意（___月___日___时___分）后，已执行。

8. 许可抢修时间____年___月___日___时___分。

许可人（调控/运维人员）：________

9. 抢修结束汇报：

本抢修工作于____年___月___日___时___分结束。

现场设备状况及保留安全措施：

____

____

____

抢修班人员已全部撤离现场，材料、工具已清理完毕，事故紧急抢修单已终结。

抢修工作负责人：________ 许可人（调控/运维人员）：________

填写时间：____年___月___日___时___分。

10. 备注：

____

____

____

配电故障紧急抢修单

单位：________ 编号：________

1. 抢修工作负责人：________班组：________

2. 抢修班人员（不包括抢修工作负责人）：

____

____

____共_____人。

3. 抢修工作任务

工作地点或设备 （注明变/配电站、线路名称、设备双重名称及起止杆号）	工作内容

4. 安全措施：

内　　容	安全措施
由调控中心完成的线路间隔名称、状态（检修、热备用、冷备用）	
现场应断开的断路器（开关）、隔离开关（刀闸）、熔断器	
应装设的遮栏、围栏及悬挂的标示牌	
应装设的接地线的位置	
保留带电部位及其他安全注意事项	

5. 上述1～4项由抢修工作负责人________根据抢修任务布置人________的指令，并根据现场勘察情况填写。

6. 许可抢修时间____年___月___日___时___分。

工作许可人：________

7. 抢修结束汇报：

本抢修工作于____年___月___日___时___分结束。

抢修班人员已全部撤离现场，材料、工具已清理完毕，故障紧急抢修单已终结。

现场设备状况及保留安全措施：

____

____

____

抢修工作负责人：________　工作许可人：________

填写时间：____年___月___日___时___分。

8. 备注：

____

____

____

五、低压工作票

低压工作票

单位：________　　编号：________

1. 工作负责人：________　　班组：________

2. 工作班人员（不包括工作负责人）：

____

____

____共______人。

3. 工作的线路名称或设备双重名称（多回路应注明双重称号及方位）、工作任务：

____

____

4. 计划工作时间：

自____年___月___日___时___分至____年___月___日___时___分。

5. 安全措施（必要时可附页绘图说明）：

（1）工作的条件和应采取的安全措施（停电、接地、隔离和装设的安全遮栏、围栏、标示牌等）：

____

____

（2）保留的带电部位：

____

____

（3）其他安全措施和注意事项：

____

____

工作票签发人签名：________　____年___月___日___时___分。

工作负责人签名：________　____年___月___日___时___分。

6. 工作许可：

（1）现场补充的安全措施：

____

____

（2）确认本工作票安全措施正确完备，许可工作开始。

许可方式：________ 许可工作时间：____年___月___日___时___分。

工作许可人签名：________ 工作负责人签名：________

7. 现场交底，工作班成员确认工作负责人布置的工作任务、人员分工、安全措施和注意事项并签名：

____

____

8. 工作票终结：

工作班现场所装设的接地线共______组、个人保安线共______组已全部拆除，工作班人员已全部撤离现场，材料、工具已清理完毕，杆塔、设备上已无遗留物。

工作负责人签名：________ 工作许可人签名：________

工作终结时间：____年___月___日___时___分。

9. 备注：

____

____

附录 B　部分常用电气设备图形文字符号

类别	名称	图形符号	文字符号	类别	名称	图形符号	文字符号
开关	控制开关		SA	控制按钮	动合按钮		SB
	手动开关		SA		动断按钮		SB
	旋钮开关		SA		复合按钮		SB
	隔离开关		QS		急停按钮		SB
	三极隔离开关	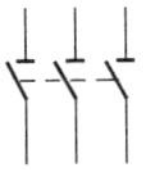	QS		钥匙操作式按钮		SB
	负荷开关		QL	位置开关	动合触头		SQ
	三极负荷开关	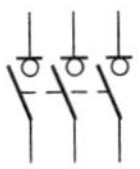	QL		动断触头		SQ
	断路器		QF		复合触头		SQ
	三极断路器	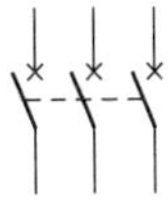	QF	熔断器	熔断器		FU

续表

类别	名称	图形符号	文字符号	类别	名称	图形符号	文字符号
电抗器	扼流圈	或	L	中间继电器	线圈		KM
接触器	线圈操作器件		KM		动合触头		KM
	动合主触头		KM		动断触头		KM
	动合辅助触头		KM	热继电器	热元件		KH
	动断辅助触头		KM		动断触头		KH
时间继电器	通电延时（缓吸）线圈		KT	电流继电器	过电流线圈	$I>$	KA
	断电延时（缓放）线圈		KT		欠电流线圈	$I<$	KA
	瞬时闭合的动合触头		KT		动合触头		KA
	瞬时断开的动断触头		KT		动断触头		KA
	延时闭合的动合触头	或	KT	电压继电器	过电压线圈	$U>$	KV
	延时断开的动断触头	或	KT		欠电压线圈	$U<$	KV

续表

类别	名称	图形符号	文字符号	类别	名称	图形符号	文字符号
时间继电器	延时断开的动合触头	或	KT	电压继电器	动合触头		KV
	延时闭合的动断触头	或	KT		动断触头		KV
电磁操作器件	电磁铁的一般符号	或	YA	变压器	三绕组变压器	或	T
	电磁制动器		YB		双绕组变压器	或	T
	电磁离合器		YC		自耦变压器	或	T
	电磁阀		YV	互感器	电压互感器	或	TV
	温度继电器动合触头	t	KT		电流互感器		TA
非电量控制的继电器	速度继电器动合触头	n	KS	交流电动机	三相笼型异步电动机	M 3~	M
	压力继电器动合触头	p	KP		三相绕线转子异步电动机	M 3~	M

续表

类别	名称	图形符号	文字符号	类别	名称	图形符号	文字符号
配电箱	电动机启动器		QS	直流电动机	他励直流电动机	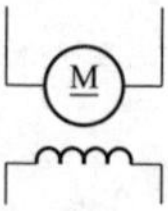	M
	动力配电箱		AP		并励直流电动机	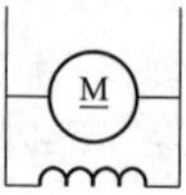	M
	照明配电箱		AL		串励直流电动机	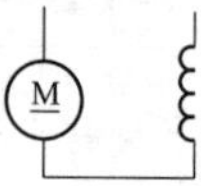	M

参 考 文 献

[1] 王曹荣．电工安全必读．2版．北京：中国电力出版社，2015

[2] 王曹荣．低压供配电技术问答．北京：中国电力出版社，2011